PUTONG GAODENG
YUANXIAO
YINGYONGXING
BENKE GUIHUA JIAOCAI

普通高等院校应用型本科规划教材

C语言
程序设计基础 （第三版）

主编 刘莹 王宁 杨雪梅

C YUYAN
CHENGXU SHEJI JICHU

重庆大学出版社

内容提要

本书针对程序设计语言的初学者,以 C 语言为载体,以微软 Visual C++6.0 为环境,通过讨论 C 程序设计的一般过程和方法,重点介绍了结构化程序设计的基本思想和实现方法。本书坚持"理论够用,程序设计实际能力为重"的宗旨,通过数据组织、控制结构、文件处理等程序设计基础知识的讨论,向读者介绍使用 C 语言进行程序设计的基本方法。通过对指针与函数关系、指针与数组关系、指针数组、动态数组实现方法、构造数据类型使用方法等方面的讨论,向读者介绍 C 语言特有的一些重要知识,使读者能够循序渐进地掌握使用 C 语言开发各类常见应用程序的基本技能。

本书在附录中还提供了 ASCII 码表、C 程序设计中常用的标准库函数、使用 Visual C++6.0 集成环境开发 C 程序的基本方法等重要学习资料。

本书覆盖了 C 语言的应用基础,内容深入浅出,语言流畅,例题丰富,适合作为第一门程序设计语言课程教材,对于程序设计爱好者也是较好的入门教材或参考书。

图书在版编目(CIP)数据

C 语言程序设计基础/刘莹,王宁,杨雪梅主编.--
3 版.--重庆:重庆大学出版社,2017.8
ISBN 978-7-5689-0703-3

Ⅰ.①C… Ⅱ.①刘… ②王… ③杨… Ⅲ.①C 语言—
程序设计—高等学校—教材 Ⅳ.①TP312.8

中国版本图书馆 CIP 数据核字(2017)第 176933 号

C 语言程序设计基础
(第三版)

主 编 刘 莹 王 宁 杨雪梅
责任编辑:章 可 版式设计:章 可
责任校对:秦巴达 责任印制:张 策

*

重庆大学出版社出版发行
出版人:易树平
社址:重庆市沙坪坝区大学城西路 21 号
邮编:401331
电话:(023)88617190 88617185(中小学)
传真:(023)88617186 88617166
网址:http://www.cqup.com.cn
邮箱:fxk@cqup.com.cn(营销中心)
全国新华书店经销
重庆市国丰印务有限责任公司印刷

*

开本:787mm×1092mm 1/16 印张:20.75 字数:483 千
2015 年 8 月第 1 版 2017 年 8 月第 3 版 2017 年 8 月第 5 次印刷
ISBN 978-7-5689-0703-3 定价:45.00 元

前　言

　　计算机程序设计能力是理工科大学生应具有的基本素养之一。培养学生的逻辑思维能力、抽象能力和基本的计算机程序设计能力,引导学生进入计算机程序设计的广阔空间是大学计算机程序设计课程的主要目标。

　　计算机程序设计的主要任务就是用合适的计算机程序设计语言对解决问题的方法进行编码处理,即编制程序。C 语言功能丰富、表达能力强、程序执行效率高、可移植性好;C 语言既有高级计算机程序设计语言的特点,同时又具有部分汇编语言的特点,因而 C 语言具有较强的系统处理能力;C 语言是一种结构化程序设计语言,支持自顶向下、逐步求精的程序设计技术,通过 C 语言函数结构可以方便地实现程序的模块化;在 C 语言的基础之上发展起来的面向对象程序设计语言如 C++、Java、C#等与 C 语言有许多的共同特征,掌握 C 语言对学习进而应用这些面向对象的程序设计语言有极大的帮助。

　　本书编撰的宗旨是"理论够用,程序设计实际能力为重",从结构化程序设计技术出发,以 C 程序设计语言为载体,介绍了 C 语言的基本语法、语义并对学习 C 语言过程中可能遇到的各种常见典型问题进行了分析,通过对程序设计技术基础范畴内各种典型问题的求解方法的描述以及相应 C 语言代码的描述,展现了在程序设计过程中如何对问题进行分析,如何组织数据和如何描述解决问题的方法,展现了在计算机应用过程中如何将方法和编码相联系的具体程序设计过程,进而向读者介绍了计算机结构化程序设计的基本概念、基本技术和方法。

　　本书的主要内容分为相辅相成的两个部分,第一部分包括第 1 章—第 7 章,主要介绍计算机程序设计高级语言共性的基础知识,包含的主要内容有:基本数据类型的使用,运算符和表达式计算基础,标准库函数的使用方法和顺序程序设计,结构化程序设计,函数调用中的数值参数和地址值参数传递,变量的作用域和生存期,数组使用和字符串处理基础,函数调用中的数组参数传递,文件数据处理基础。对于需要了解和掌握结构化程序设计基本思想的读者,通过这部分的学习可较为全面地掌握结构化程序设计的基本思想。第二部分包括第 8 章—第 11 章,主要介绍 C 语言特有的一些重要知识,包含的主要内容有:返回指针值的函数,指向函数的指针以及指向函数指针变量作函数的形式参数,数组与指针的关系,指针数组,命令行参数,用指针实现动态数组的方法,结构体数据类型,联合体数据类型,用 typedef 关键字描述复杂数据类型,编译预处理基础,位运算与枚举类型。通过第二部分内容的学习,读者可以较为全面地掌握 C 语言的基础知识。

本书选用 Microsoft Visual C++ 6.0 作为教学环境,书中的所有教学示例都在 Microsoft Visual C++ 6.0 集成开发环境中通过。附录中还提供了 ASCII 码表、C 程序设计中常用的标准库函数、使用 Visual C++ 6.0 IDE 开发 C 程序的基本方法等重要学习资料。

本书适于高等院校本科各专业作为程序设计语言类课程教材,同时可作为计算机专业本科学生、计算机应用开发人员、程序设计爱好者、计算机等级考试应试者在学习程序设计语言和程序设计技术时的参考资料。

参加本书编撰的作者都是长期从事程序设计课程教学的一线教师,在教材内容选取、章节教学顺序安排上都尽可能考虑了 C 语言基础内容与初学程序设计难度上的平衡,通过丰富的例题、流畅的语言对教学内容进行了深入浅出的描述。参加本书编撰的教师有:刘莹、王宁、杨雪梅。各章节编写分工如下:刘莹(第 1—4 章),王宁(第 5—7 章),杨雪梅(第 8—11 章)。全书由刘莹进行内容调整、修改,统一定稿。郑先锋副教授、熊壮副教授负责了全书的审阅。感谢职宏雷高工对本书提出的宝贵意见和在编写过程中提供的帮助。

限于编者水平,书中存在错误和不妥之处在所难免,恳请读者不吝指教。如需要联系作者,可发邮件至 ly640828@163.com 或 1062622134@qq.com。

编 者

2017 年 6 月

授课内容和知识点分配建议

章节内容	基本内容		文科	理工	计算机
1.为什么要学 C 语言	C 语言的发展历程				
	学习 C 语言的原因				
	编程的基础知识,软件开发的基本过程				
2.C 程序设计初步	C 程序的结构和处理过程				
	基本数据类型				
	数据的输入与输出				
	基本的运算符和表达式				
	数据类型转换				
	C 语言标准库	C 标准库函数使用方法			
		常用的标准数学函数	⊘		
3.分支结构程序设计	生活中的问题求解方法				
	计算机问题求解的特点				
	算法的概念及其描述方法				
	关系运算和逻辑运算				
	单分支程序设计				
	复合语句在程序中的使用				
	双分支程序设计				
	多分支程序设计				
4.循环结构程序设计	while 循环控制结构				
	do… while 循环控制结构				
	for 循环控制结构				
	空语句及其在程序中的使用		⊘	⊘	
	循环的嵌套结构				
	流程的转移控制	goto	⊘	⊘	
		break			
		continue			
	基本控制结构的简单应用	穷举方法			
		迭代方法			
		一元高阶方程的迭代	⊘	⊘	

续表

章节内容	基本内容		文科	理工	计算机
5.函数	分而治之与信息隐藏				
	函数的定义和调用				
	函数调用中的指针参数传递				
	函数的嵌套调用和递归调用		⊘		
	变量的作用域				
	变量的存储类型		⊘		
6.数组和字符串	数组的定义及数组元素的引用	一维数组定义和引用			
		二维数组和多维数组	⊘		
	字符数组和字符串				
	函数调用中的数组参数传递	一维数组作函数参数			
		二维数组作函数参数	⊘		
	数组的简单应用	数组元素随机生成	⊘		
		基于数组的排序算法	⊘		
		基于数组的查找方法	⊘		
7.C程序文件处理基础	文件处理基础		⊘		
	文件处理中数据的读/写方法	单个字符数据读写	⊘		
		字符串数据读写	⊘	⊘	
		格式化数据读写	⊘		
		数据块的读写	⊘	⊘	
	随机存取文件处理基础		⊘	⊘	
8.指针	指针与函数	返回指针值的函数	⊘		
		指向函数的指针变量	⊘	⊘	
	指针与一维数组		⊘		
	指针与二维数组	多级指针定义和引用	⊘	⊘	
		指向二维数组元素的指针变量	⊘		
		指向二维数组的指针变量	⊘		
	指针数组与命令行参数	指针数组的定义和引用	⊘		
		命令行参数	⊘	⊘	
	使用指针构建动态数组		⊘	⊘	
	指针与字符串		⊘		
9.编译预处理基础	宏定义预处理命令及其简单应用				
	文件包含预处理命令及其简单应用				
	条件编译预处理命令及其简单应用		⊘	⊘	
10.结构体和联合体	结构体类型的定义和使用		⊘		
	结构体数组		⊘	⊘	
	结构体数据类型与指针的关系		⊘		
	联合体数据类型		⊘		
11.枚举类型和位运算	枚举类型及其简单应用		⊘	⊘	
	位运算及其应用		⊘		

目　录

第 1 章　为什么要学 C 语言

　　为什么要学 C 语言？这个问题每年在中华大地都会被问上几百万次。不同学校和不同专业的人可能会给出不同的回答。但是，很多学生，尤其是有独立思考精神的学生，往往会对得到的回答表示怀疑。这种怀疑直接导致的后果就是学习目标不明确，进而学习兴趣不足，再继续就是不爱学习了。

　　让我们来了解一下 C 语言的传奇身世，再解释为什么要学 C 语言的问题。

1.1　游戏和 C 语言

　　1969 年的美国贝尔实验室是当时科技界的梦工厂，集结着世界上最富创造力的科学家和工程师，其中包括数位诺贝尔奖获得者。他们一起创造了无数影响着全人类的发明，如数码相机的核心——电荷耦合器件（Charge-Coupled Device，CCD）。

　　这些人的成就貌似高不可攀，但其实他们也都是凡人，在某些方面和我们也是非常相似的。例如，当他们见到一台功能强大的计算机时，心里最先想到的也可能是用它来玩游戏。那个时代，计算机是大型机构才能拥有的奢侈品，在这上面玩游戏确实是奢侈的。

　　那时候是没有商业游戏的，想玩游戏，首先要发挥 DIY（Do It Yourself）精神，自己编写游戏。自己编的游戏被别人喜欢，是当时最有面子的事情。有一个叫 Ken Thompson（以下尊称为 ken）的工程师，当时 26 岁，看到阿波罗 11 号载人飞船登月成功，觉得挺酷，于是设计了一款叫"Space Travel"的游戏。在游戏中，玩家驾驶着宇宙飞船，在虚拟的太阳系里穿梭，欣赏美景的同时，还可以在各个行星、卫星表面降落。这个游戏先是在 Multics 系统上编写，后来又在 GECOS 系统上重写。能运行这两个系统的机器都是笨重的大型机，虽然运算能力出众，但显示效果很差，而且机时费非常高，玩一次需要支付 75 美元（当时美国人均月收入大约 200 美元）。这实在是太贵了。于是他与同事 Dennis M. Ritchie（以下尊称为 dmr）一起寻找免费的"游戏机"，后来他们找到了一台由 DEC 公司制造的 PDP-7 小型机，它拥有当时最先进的图形处理能力。那时计算机的主要用途是数据处理，图形处理能力并不太受重视，所以 PDP-7 很少被使用。ken 和 dmr 决定使用它来玩游戏。

　　然而，游戏的运行需要操作系统的支持。PDP-7 当时还是"裸机"，没有能在其上运行的操作系统。于是，他们开始为 PDP-7 编写操作系统，并给这个系统起了一个名字——UNIX。直到今天，UNIX 仍然是最受信任的操作系统，它既支撑着军队、政府、电力公司、电信公司和银行等大型机构的关键业务，也是苹果 Mac 系列计算机的动力之源，甚至 iPhone 的魅力也部分拜其所赐。如图 1.1 所示，从左至右分别为 ken 和 dmr。

　　UNIX 起初是用汇编语言编写的，那是一种更接近机器而不是人的语言。计算机能直接读懂的语言称为机器语言，它所有的语句都是由"0"和"1"两个数字构成的，人很难读懂

图 1.1 ken 和 dmr

和记忆,而人的自然语言机器又很难理解,于是人们开始琢磨怎么让计算机读懂自然语言。基本思路是设计一个翻译程序,直接把自然语言翻译成机器语言,这种翻译程序被命名为"编译器"。但是直接理解自然语言太难了,折中的办法是设计一种尽量接近自然语言,且还能被精确翻译为机器语言的语言,这种语言就是人们常说的编程语言。学编程的过程,其实就是学习怎样用编程语言说话并让编译器听懂的过程。第一种编程语言肯定是最接近机器而远离人类的,它就是汇编语言。虽然看上去有点像自然语言,如加法叫"ADD",减法叫"SUB",但它的语法完全是为机器服务的,每一行语句都和一条机器指令严格对应。不同计算机的机器指令是不一样的,所以针对一种计算机编写的汇编程序不能在另一种计算机上直接使用,必须重写(Space Travel 就被重写过很多次)。用专业术语来说,汇编语言缺少可移植性。

因为 Space Travel 的吸引力,使得很多人都希望他们的计算机上也能安装 UNIX。于是 ken 和 dmr 决定改用高级语言编写 UNIX,这样它就可以在更多类型的计算机上运行。

除了机器语言和汇编语言以外,几乎所有编程语言都被统称为高级语言。它的特点是更接近自然语言,而与机器语言联系不紧密。不同的高级语言编译器可以把同样的高级语言程序翻译成适应不同机器的指令,因而高级语言大多具有较好的可移植性。

在高级语言的选择上,ken 和 dmr 遇到了麻烦,虽然可供选择的高级语言有很多,如现在还在被使用的有 Basic 和 Fortran 等,但这些语言都是面向应用程序编写而设计的,层次太高,使机器能理解太困难,都假想其是在一个操作系统上运行,所以不适合用来开发操作系统。所以他们最后决定自己设计一种适合编写 UNIX 的高级语言。那一年是 1972 年,ken 继续完善 UNIX,dmr 设计新语言,两人一起开发编译器。因为该语言以 ken 早年设计的 B 语言为基础,所以就自然而然地被命名为 C 语言。

1983 年,因为 UNIX 和 C 语言的巨大成功,ken 和 dmr 共同获得了计算机界的最高奖——图灵奖。

UNIX 和 C 其实是可以为 ken 和 dmr 带来大量财富的。然而,他们从一开始就没有想去申请专利、商标、软件著作权等法律保护,而是把所有的一切,包括最宝贵的源代码,都全部公开发布。对他们来说,自己写的程序有人使用,就是最大的快乐,也是最大的财富。这恰好使得很多机构和个人都具有了自如地为 UNIX 和 C 添加代码、做各种贡献的条件,因而又极大地促进了它们的发展。

1.2 C语言的流行趋势

最受欢迎的语言一定是被用得最多的。C语言现在用得多吗?

图1.2所示的是Tiobe在2017年4月公布的程序设计语言受欢迎程度的趋势图,横坐标代表统计时间(年份),纵坐标代表使用率(%)。从图中可以看到,C语言始终处于前两位。

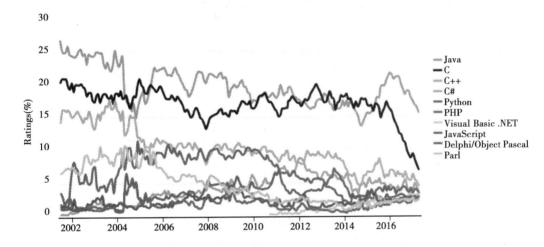

图1.2 2017年4月统计的10大流行编程语言的流行趋势图

dmr曾经说过一句话:"C诡异离奇,缺陷重重,并获得巨大成功。"因为诡异且有缺陷,所以会被尽量避免使用,取而代之的是弥补了这些缺陷的语言。因为C语言确实获得了巨大成功,所以它至今仍大受欢迎。但为什么却被尽量避免使用呢?那是因为C语言有自身的缺陷。

1.3 C语言的优与劣

C语言设计原则的第一条是:"信任程序员"。对程序设计语言了解不多的人,对这句话可能没有特别的感受。但对真正的程序员来说,凭这句话就足以一直钟爱C语言。

在C语言盛行的年代,计算机的价格相当昂贵,并且运算速度较慢,内存都是以千字节(KB)为单位。所以,那时候对程序最基本的要求就是运行效率。C语言完全满足人们对效率的苛求,精心设计的代码可以极大地节约计算机资源,又不像汇编语言那样难用,所以受到程序员的欢迎。后来,硬件价格越来越便宜,性能也越来越高,程序的运行效率已经不是追求的主要目标,安全性、稳定性和易于维护等变得重要起来,C语言的弊端便显现了。

C语言给程序员最大的发挥空间,让他们可以自由地编写代码,不去质疑这些代码是否合理,因为它"信任程序员",相信程序员的决定一定是正确的,即便有错误,也一定能自己修正。无限制的自由也成为了C语言最大的弱点,随着软件规模的膨胀,需要的程序越来越多,C语言的自由使得程序的错误率大幅度提高。

1.4　为什么学习C语言

现在,还需要使用C语言的地方大概只限于下面3个领域:

(1)C语言仍然是编写操作系统的不二之选。它为操作系统而生,能更直接地与计算机底层打交道,精巧、灵活、高效。最重要的是操作系统的开发者都是最顶尖的程序员,他们有充足的能力和经验驾驭C语言。

(2)在对程序的运行效率有苛求的地方,如现在火爆的"云计算"领域,云平台作为基础架构,对性能的要求非常高,那么C语言就是首选了,因为C语言是目前执行效率最高的高级语言。

(3)在需要继承或维护已有C代码的地方,还需要C语言。有很多影响深远的软件和程序库最早都是用C语言开发的,所以还要继续应用C语言。但是,它们中的很多已经开始使用其他语言重写,那些C语言的代码早晚有一天会被抛弃。

因为学过C语言的人最多,熟悉C语言风格语法的人更多,所以C语言成为思想交流的首选媒介语言。例如,书籍里如果必须要出现程序,最常见的是C语言程序;在涉及编程能力考查的笔试、面试时,C语言通常都是必考的。

坦率地说,C语言应用面有些窄,市场的需求量也不大。不过因为真正能驾驭C语言的人数量很少,小于市场需求,所以程序员的薪水还是较高的。2017年中国软件开发者薪资大调查显示,最赚钱的4种编程语言是:Java、C++、Python、C语言。但对于并不想成为开发高手,或者兴趣不在底层开发的人来说,学它能有多大用处呢?如果单纯从"用不上"这个角度得出"学C语言没有用"的结论,是有失公允的。即便对计算机及相关专业而言,C语言的"用处"也不算大。学习C语言的意义并不在于使用它,而在于它可以让人们了解很多基本原理。

这里不妨根据未来的职业需求,把读者分为三类:

(1)不需要编程;

(2)需要编程,但不使用C语言;

(3)需要编程,且要使用C语言。

对于第三类读者,不仅要好好学C语言,而且要精深地学。

对于第二类读者,学习C语言最大的好处是可以更直接地体会计算机最基本的工作模式和方式。换而言之,就是能了解一些计算机底层的原理。这是在其他高级语言中很难体会到的。这些原理虽然也不常直接用到,但它们潜移默化的影响是惊人的,总是能在关键时刻发挥作用。另一个好处是C语言很适合作为入门级语言。这并不是C语言自身决定的,而是中国庞大的C语言教育体系决定的。关于C语言的书籍、资料、论坛、习题和教辅资料等是最多的,而且无一例外都是面向程序设计的初学者。相比之下,其他语言的很多教材是假定读者已经有了一定的编程经验,不介绍或只简单介绍那些通用的基本概念、理论与思维,直接跳到语言自身的特性。当然,像Java、C++等语言也有很好的面向初学者的教材,直接学习它们可以了解更新的编程思想,距离实际应用更近,成效更显著。好在大多数主流编程语言都是与C语言一脉相承的,使得从C语言入门后,再学其他语言,并不会感到困难。

C语言给予第一类读者的最大好处是为读者打开一扇了解计算机的窗口。在几乎做任何事情都离不开计算机的今天,越了解计算机也就意味着越能利用好计算机。

美国卡内基·梅隆大学计算机科学系前系主任周以真教授在2006年发表了一篇著名的文章——《计算思维(Computational Thinking)》。文中谈到"计算机科学的教授应当为大学新生开一门称为'怎么像计算机科学家一样思维'的课,面向非专业的,而不仅仅是计算机科学专业的学生",这是因为"机器学习已经改变了统计学。……计算生物学正在改变着生物学家的思考方式。类似地,计算博弈理论正改变着经济学家的思考方式,纳米计算改变着化学家的思考方式,量子计算改变着物理学家的思考方式",所以"计算思维代表着一种普遍的认识和一类普适的技能,每一个人,不仅仅是计算机科学家,都应热心于它的学习和运用"。不过遗憾的是,我们现在还很少有学校开设这样的课程。所以程序设计课在某种程度上肩负了传播计算思维的责任。这也是对于不需要编程的学生而言,最大意义之所在。通过学习编程,了解什么是抽象、递归、复用、折中等计算思维,能在各行各业中更有效地利用计算机工具解决复杂问题。

1.5　什么是"编程"

已经确定要学习C语言,现在开始正式进入程序的世界。先了解一下什么是编程。

"编程"是"编写程序"的简称,术语称为"程序设计"。程序是计算机的主宰,控制着计算机该去做什么事。所有托付给计算机去做的事情都要被编成程序。假如没有程序,那么计算机什么事情都干不了。如果程序是"好"程序,那么计算机在它的指挥下可以又快又好地完成工作;如果程序有错误,那么计算机也会严格按照错误的指令去工作,造成的后果都不是我们所期望的。

如果想让计算机做一件事情,但是没有现成的程序可用,就需要编程。编程的第一步是"需求分析",就是要弄清楚我们到底要让计算机做什么。这个过程貌似无甚复杂,也确实让不少人对它不屑一顾。但忽视它的结果就像考试时审题审得不对,后面的解题再漂亮,也拿不到分数,必须从头返工。所以有经验的程序员都会对需求分析相当谨慎。需求分析中最难的事情是开发者和用户之间的交流。用户不懂开发,开发者不懂用户的专业和业务,使双方都会有对牛弹琴的感觉,导致需求分析的过程可能要持续好几个月,甚至数年。如果开发者之前对专业就有所了解,或者用户懂一点开发,这件事就好办得多了。这也是非计算机专业的学生学习程序设计的好处。

编程的第二步是"设计",就是搞明白计算机该怎么做这件事。设计的内容主要包括两方面:一方面是设计算法、数学建模,用数学方法对问题进行求解;另一方面是设计程序的代码结构,使程序更易于修正、扩充、维护等。数学部分往往属于非计算机专业范畴,程序设计部分则属于计算机专业范畴,两者的配合非常重要。并不是所有的数学模型都能用程序高效实现,而有些数学中难以处理的问题,却可以利用计算机的特点巧妙解决。计算思维就体现在这里。

编程的第三步才是真正"编写程序",即把设计的结果变成一行行代码,输入程序编辑器中。虽然 Windows 内置的记事本也可用来编写程序,但一个顺手的编辑器可让编码的过程充满惬意。有经验的程序员喜欢使用 VIM 或 Emacs,如果有钻研精神,可以试试。新手一般会选择更容易入门的集成开发环境(IDE),如 Code∷Blocks、Microsoft visual Studio 等。

编程的第四步是"调试程序",就是将源代码编译,变成可执行的程序,然后运行之,看看能否满足第一步的要求。如果不满足,就要查找问题,修改代码,再重新编译、运行,直到满意为止。用到的主要工具是编译器和调试器,它们一般都已经内置在 IDE 中。如果不使用 IDE,只使用编辑器,则需要单独安装。推荐使用 gcc 编译器和 gdb 调试器。两者占据 UNIX/Linux 平台的主流,在 Windows 平台上亦可使用。

这个过程说起来简单,但每一个环节都有很多学问在里面。本书主要讲述的是第三步和第四步。前两步虽然也有涉及,但因为程序的规模较小,所以体现得并不多。但读者必须知道,待将来编写大规模的程序时,前两步的重要性是超过后两步的。

习题 1

简答题

1.查找资料,总结图 1.2 中列出的 10 种编程语言各自的特点和主要应用领域。(计算机专业)

2.查找资料,解释什么是图灵测试?(计算机专业)

3.程序和软件有何不同?(非计算机专业)

4.人与计算机之间用什么语言交流? 如何实现更有效的人机交流?(非计算机专业)

5.程序开发的基本步骤是什么?(非计算机专业)

第2章 C程序设计初步

2.1 C程序结构和处理过程

  C语言是20世纪70年代初期在贝尔实验室开发出来的一种广为使用的编程语言。C语言早期主要用于UNIX系统,由于其具有强大的功能,很快被移植到其他操作系统平台下,在各类大、中、小和微型计算机上得到了广泛的使用。

  1988年,美国国家标准化协会(American National Standards Institute,ANSI)在综合各种C语言版本的基础上制定了C语言文本标准,称为ANSI C标准。1990年,国际标准化组织(the International Organization for Standardization,ISO)公布了以ANSI C为基础制定的C语言国际标准ISO C,即人们通称的标准C。1988年以后推出的各种C语言版本与标准C都是兼容的。1999年,国际标准化组织又对C语言标准进行了修订,在原C语言特征的基础上,增加了一些面向对象的特征,命名为ISO/IEC 9899:1999,简称C99。目前流行的版本多是以ANSI C标准为基础开发的,但不同版本之间的语言功能和语法规则略有差别。

  C语言的特点如下:

- 语言简洁、紧凑。C语言共有30多个关键字,9种控制语句,程序书写形式自由。
- 功能强大。C语言共有34种运算符,并把括号、赋值、强制类型转换都作为运算符处理,从而使表达式多样化,并可以实现比较复杂的运算。同时C语言包含整型、实型、数组类型、枚举类型等数据类型,丰富的数据类型使得C语言可以表达各种复杂的数据结构,具有很强的数据处理能力。
- 模块化和结构化的语言。C程序由3种基本结构组成,分别是顺序结构、选择结构和循环结构,这三种结构组合可以完成任何复杂的任务。同时,C语言将函数作为程序设计的基本单位,使得代码可以重用,程序便于维护和调试。
- 语法灵活,规则简洁。C语言的语法限制不太严格,程序设计和书写形式自由度大。
- 具备低级语言和高级语言的双重功能。C语言可以直接访问内存的物理地址,能进行位(bit)操作,实现对硬件的编程,也可以用于开发操作系统等项目。
- 程序效率高。C语言程序生成目标代码质量高,程序执行速度快。
- 可移植性好。在IBM PC的Windows操作系统上编写的C语言程序,不用修改或稍作修改,就可在其他计算机系统和操作系统运行。

2.1.1 C程序的基本结构

  下面通过两个示例来了解C语言源程序结构的特点,细节部分在后面的章节中逐步介绍。

【例 2.1】 在屏幕上输出信息:"欢迎大家学习 C 语言!"。

```
/* Name: ex0201.c */              //注释语句
#include <stdio.h>                //预处理命令
int main()                        //主函数
{
    printf("欢迎大家学习 C 语言! \n");  //输出字符串
    return 0;
}
```

程序说明:

①第 1 行/* … */括起来的为注释信息,用于说明程序的功能或程序的名字,对于程序的编译和运行不起作用。

②第 2 行中#include 是一个文件包含命令,作用是把头文件 stdio.h 包含到本程序中,成为程序的一部分。C 语言提供的头文件中包含各种标准库函数的函数原型,在程序中调用某个标准库函数时,必须将该函数原型所在的头文件包含进来。本程序中的头文件 stdio.h 中的函数主要处理数据流的标准输入/输出。

③第 3 行中的 main 是函数名,表示主函数。每个 C 程序必须有一个 main 函数,也只能有一个主函数。

④第 5 行是由 printf 函数构成的语句。printf 函数是 C 语言提供的标准输入输出库函数,作用是将有关信息输出到显示器屏幕上。

⑤第 6 行是函数返回语句,return 0 表示 main()正常结束。

【例 2.2】 从键盘输入两个整数,求两个数的和并将结果输出到屏幕上。

```
/* Name: ex0202.c */
#include <stdio.h>
int main()                              //主函数
{
    int numAdd(int  a,int  b);          //函数声明
    int x,y,z;                          //变量说明
    printf("please input x,y:\n");
    scanf("%d,%d",&x,&y);               //输入 x,y 值,注意书写格式
    z=numAdd(x,y);
    printf("%d+%d=%d\n",x,y,z );        //输出结果
    return 0;
}
int numAdd(int a,int b)                 //定义 numAdd 函数
{
    int c;
     c=a+b;
    return c;
}
```

程序说明：

①本程序中包括两个函数，主函数 main 和被调用的函数 numAdd。numAdd 函数是一个用户自定义的函数，其功能是求两个数的和。

②C 程序中，每个函数都是一个相对独立的代码块，它们在程序中书写的顺序是任意的。被调用函数的定义如果出现在调用点之后，要对被调用函数进行声明。例如在本例中，主函数 main 调用了 numAdd 函数，而 numAdd 函数的定义在主函数之后，所以在主函数中对 numAdd 函数进行声明。关于函数有关知识，将在后面章节进行详细介绍。

上面两个简单 C 程序示例包含了 C 语言程序的基本组成部分，这些基本成分有：

①预处理命令。预处理是 C 语言编译程序提供的一项重要功能，它是对源文件进行编译之前，编译系统自动进行的一些准备工作。C 语言程序中，凡是以"#"开头的均为预处理命令，通常放在程序的开头，每条预处理命令单独占一行。预处理命令不是 C 语句，所以不需要用"；"结束。每个完整的 C 程序都会涉及数据的输入或输出，都需要使用预处理命令：#include <stdio.h>或者#include "stdio.h"将 stdio.h 文件包含到程序中来。

②C 程序由一个或多个函数组成，一个 C 程序中有且仅有一个主函数 main。主函数可以调用其他函数，但不能被其他函数所调用。一个 C 语言程序中，主函数可以出现在程序结构中的任意位置，程序总是从主函数开始执行，并在主函数中结束运行。

C 程序中的函数体用一对花括号"｛｝"括起来，函数体内是与函数功能相关的数据描述和 C 语句。

C 程序最常用的两种主函数框架如下所示，本书采用整型主函数形式。

```
#include<stdio.h>                      #include<stdio.h>
int main( )                            viod main( )
｛                                     ｛
    ⋮                                       ⋮
    return 0;                         ｝
｝
```

③注释。C 程序中的注释用来对程序工作过程或某些特殊功能进行注解作用，在程序中加入注释，可以提高程序的可读性和可维护性。所有的注释字符都将被 C 编译器忽略，即程序不会执行其中的注释部分。C 程序中可以使用两种注释形式：

●单行注释形式。以双斜杠"//"为引导，跟在后面的字符序列，一直到该行结束都是注释信息。单行注释可以书写在单独的一行上，也可以书写在可执行语句的后面。注释内容较少时，使用这种方法较为简便。

●多行注释形式。以"/＊"开始，以"＊/"结束，中间括起的全部字符都是注释信息。当注释内容较多，用一个语句行书写不下时，通常使用这种方法。

在调试程序时，可以将暂时不使用的语句用注释符括起来，在编译时跳过这部分程序，待到调试结束后根据实际需要再决定去掉注释符恢复语句或者删除相应的语句。

④在 C 程序中，每一条语句都必须以分号"；"结尾。但预处理命令，函数头和花括号"｝"之后不需要加分号。

⑤标识符、关键字以及每一个相对独立的语言成分之间，必须至少使用一个空格来间隔。

⑥C 程序书写格式比较自由，一行可以写一个语句，也可以写多个语句，也可以将一个

语句写在多行上。书写程序时,建议每条语句占用单独的一行,采用适当的缩进形式,使程序层次分明。

2.1.2　C 程序的处理过程

用符合 C 语言规范的方式书写并保存的 C 程序称为源程序文件,源程序文件不能直接执行,需要将它翻译成计算机能够识别并执行的机器语言程序。一个 C 语言程序的完整处理过程一般分为 4 个步骤:

第一步:编辑。

编辑是指 C 语言源程序的输入和修改,程序保存时,文件名由用户自己选定,扩展名一般为".c",也可以使用开发环境默认的扩展名。

第二步:编译。

编译是把 C 源程序翻译成计算机可以理解并执行的机器语言组成的程序。C 语言的编译过程分为两个阶段:第一阶段是编译预处理,处理所有的预处理命令。第二阶段是编译程序。编译程序对源程序进行句法和语法检查,当发现错误时,错误的类型和在程序中的位置将被显示出来,以帮助用户进行修改,若没有发现句法和语法错误,则生成目标文件,目标文件默认和源文件同名,其扩展名为".obj"。目标文件还是不能被执行,它们只是一些在内存中可重新定位的目标程序模块。

第三步:连接。

连接也称为链接,是用连接程序将与当前程序有关的、已经存在的几个目标模块链接在一起,形成一个完整的程序代码文件。经过正确连接所生成的文件才是可执行文件。可执行文件默认与源文件同名,扩展名为.exe。

第四步:执行。

若程序执行后获取了正确结果,则程序处理过程完成;若程序执行后没有获得期望的结果,表示该程序有逻辑错误,这时需要调试程序。图 2.1 表明了上述过程。

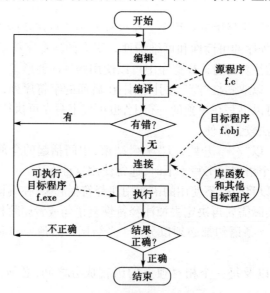

图 2.1　C 语言程序的执行过程

本教材选用 Microsoft Visual C++ 6.0 IDE 作为教学环境,使用该环境处理 C 程序的方法请参考附录 C。

2.2 C 语言的基本数据类型

在 C 语言中,每一个数据都具有特定的数据类型,C 语言的数据类型主要有整型、实型、字符型、数组、指针等。

2.2.1 C 程序中数据的表示

C 语言程序的基本构成要素包括:字符集、标识符、保留字、常量、变量、运算符等。

1.C 语言的字符集

字符是组成语言的最基本的元素。每种程序设计语言都规定了书写源程序时允许使用的特定的字符集。C 语言字符集由以下字符组成:

- 字母:小写字母 a~z,大写字母 A~Z。
- 数字:0~9 共 10 个。
- 空白符:空格符、制表符、换行符统称为空白符,空白符只在字符常量和字符串常量中起作用。在其他地方出现时,只起间隔作用,编译程序对它们忽略不计。
- 特殊字符:+ 、=、-、_、( )、*、&、%、$、!、|、<、>、.、,、;、:、"、'、√、?、{}、[]、^。

2.标识符和保留字

标识符是用来区分不同实体的符号。在 C 程序中,标识符可以用作变量名、符号名、函数名、文件名等。标识符分为两大类:保留字和用户标识符。

保留字(又称为关键字)是 C 语言中有特定意义和用途、不得作为他用的字符序列,其中 C89 标准规定的保留字有 32 个,C99 标准增加了 5 个,详见表 2.1,其中标有星号上标的保留字是在 C99 标准中增加的。

表 2.1　C 语言保留字

流程控制	break　　case　　continue　　default　　do　　else for　　goto　　if　　return　　switch　　while
存储属性	auto　　extern　　static　　register
数据类型	_bool*　_complex*　_imaginary*　char const　double　enum　float　int　long restrict*　short　signed　struct　union　unsigned void　volatile
其他	inline*　sizeof　typedef

注意:所有的 C 保留字必须小写。

用户标识符是在程序中给用户自定义数据对象(如变量、常量、函数、数据类型等)命名的符号。在不混淆的情况下,把用户标识符称为标识符。

C 语言要求标识符遵循下列规则：

①标识符是由字母、数字和下划线构成的序列，不能以数字开头。

②标识符中，大小写是有区别的。ab 和 AB 是不相同的标识符。

③不能用保留字或关键字做标识符。

以下标识符是合法的：

  g   a4   file_name   _ping

以下标识符是非法的：

  63c   //以数字开头

  char   //与保留字同名

  first-name   //出现了非法字符"-"

关于标识符有几点建议：

①为了增加程序的可读性和清晰性，标识符最好能够表达其所代表数据对象的物理含义，即尽量做到"见名知义"。

②尽量避免使用容易混淆的字符。例如：

0(数字)、O(大写字母)、o(小写字母)；

1(数字)、I(大写字母)、i(小写字母)；

2(数字)、Z(大写字母)、z(小写字母)；

③名字不要太短，可以采用词组形式。采用词组形式时，可采用如下格式：

● 骆驼命名法，名字中的每一个逻辑断点都用一个大写字母标记。例如，myFirstName。

● 下划线命名法，即使用下划线作为一个标识符中的逻辑点，分隔所组成标识符的词汇，例如，my_first_name 等。

④名字不可太长，虽然标准 C 不限制标识符的长度，但它受各种版本的编译系统和具体机器的限制，同时，太长的名字在书写时容易出错。

3.常量和变量

在程序执行过程中，其值不能被改变的量，称为常量；其值有可能发生变化的量，称为变量。在程序中，常量可以不经说明而直接引用（即直接书写在程序代码中），而变量则必须先定义后使用。定义变量时，不但要用合适的标识符命名，而且还必须说明变量的数据类型，以便编译器确定该变量的存储和处理方法。变量定义的一般形式为：

数据类型名 变量名 1，变量名 2，…；

4.运算符

C 语言提供了丰富的运算符，运算符与变量、函数一起组成表达式，实现各种运算功能。运算符由一个或多个字符组成。

2.2.2　C 语言基本数据类型

数据类型是数据的基本属性，描述数据的存储格式和运算规则。不同类型的数据在内存中所占存储空间的大小是不同的，能够支持的运算和相应的运算规则也不同。

在 C 语言中，数据类型可分为 4 类，它们是基本数据类型、构造数据类型、指针类型、空类型,如图2.2所示。

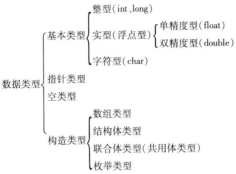

图2.2 C语言的数据类型

不同数据类型的存储空间大小和取值范围都不同,与使用的编译器版本也有一定的关系,见表2.2。

表2.2 C语言的标准数据类型

类 型	关键字	Turbo C++编译器		Visual C++编译器	
		字节数	数据表示范围	字节数	数据表示范围
有符号整型	int	2	$-2^{15} \sim 2^{15}-1$	4	$-2^{31} \sim 2^{31}-1$
有符号短整型	short	2	$-2^{15} \sim 2^{15}-1$	2	$-2^{15} \sim 2^{15}-1$
有符号长整型	long	4	$-2^{31} \sim 2^{31}-1$	4	$-2^{31} \sim 2^{31}-1$
无符号整型	unsigned int	2	$0 \sim 2^{16}-1$	4	$0 \sim 2^{32}-1$
无符号短整型	unsigned short	2	$0 \sim 2^{16}-1$	2	$0 \sim 2^{16}-1$
无符号长整型	unsigned long	4	$0 \sim 2^{32}-1$	4	$0 \sim 2^{32}-1$
单精度浮点型	float	4	$3.4e-38 \sim 3.4e+38$	4	$3.4e-38 \sim 3.4e+38$
双精度浮点型	double	8	$1.7e-308 \sim 1.7e+308$	8	$1.7e-308 \sim 1.7e+308$
字符型	char	1	$-2^{7} \sim 2^{7}-1$	1	$-2^{7} \sim 2^{7}-1$
无符号字符型	unsigned char	1	$0 \sim 2^{8}-1$	1	$0 \sim 2^{8}-1$

1.整型数据

整型数据分为两大类:有符号型和无符号型。有符号的整数既可以是正数,也可以是负数。不带符号位(只包含0和正数)的整数为无符号整数。

在C语言中整型数据用机器的一个字长来存储,所以整型数据的表示范围与计算机系统的软硬件环境有关。在字长为16位的计算机系统中,整型数据占用2个字节,在字长为32位的计算机系统中,整型数据占用4个字节。同样一个整型数据,在取值范围能满足要求的情况下,应尽量使用较短的数据类型。

在C语言中,整型常量可以用以下形式表示:

- 十进制整数:没有前缀,其数码为0~9,如76、-33等。
- 八进制整数:以0作为前缀,其数码为0~7,如016、-052等。

● 十六进制整数:以 0x 或 0X 为前缀,其数码为 0~9,A~F 或 a~f,如 0x5d、0X4af 等。

若要表示一个长整型常量,则应在数字后面加上后缀"l"或"L"表示,如 136L。而无符号数则应在数字末尾加后缀 "u" 或 "U" 表示。例如:0xE5LU 表示十六进制无符号长整数 E5。

在 C 程序中,用于存放整型数据的变量称为整型变量。整型变量有短整型、基本整型、长整型和无符号整型四种,其数据类型名分别由关键字 short int(或 short) 、int、long int(或 long)与 unsigned int(或 unsigned)表示。例如:

```
int x,y;                          //定义 x,y 为整型变量
long a,b;                         //定义 a,b 为长整型变量
unsigned t,q;                     //定义 t,q 为无符号整型变量
```

变量定义时可以进行初始化,即在定义变量的同时通过赋值号(=)给变量赋值,例如:int a = 10,b = 24;等。

【例 2.3】 整型数据在程序中的使用示例。

```
/ *  Name: ex0203.c  */
#include <stdio.h>
int main( )
{
    int a,b,c;
    long x,y,z;
    a = 45;                            //常量值直接赋给变量
    printf("请输入整型变量 b 的值:");    //提示用户输入数据
    scanf("%d",&b) ;                   //输入数据
    c = a+b+83;                        //常量值直接写在表达式中
    printf("a=%d,b=%d,c=%d\n",a,b,c);  //输出变量 a,b,c 的值
    printf("请输入长整型变量 x 和 y 的值:");
    scanf("%d,%d",&x,&y) ;            //输入数据,用逗号分隔
    z = x-y;
    printf("%ld-%ld=%ld\n",x,y,z);     //输出变量 x,y,z 的值
    return 0;
}
```

上面程序中的格式输入函数 scanf 和格式化输出函数 printf 的使用将在稍后章节中讨论,目前仅需知道可以通过这种方式输入输出数据即可。程序一次运行的情况如下所示:

请输入整型变量 b 的值:68
a = 45,b = 68,c = 196
请输入长整型变量 x 和 y 的值:7895678,2346485
7895678 - 2346485 = 5549193

2.实型数据

C 语言中,实型常量也称为实型常数、实数或者浮点数。在计算机内存中,实数一律以

指数形式存放。C 语言中,有十进制小数形式和指数形式两种表示实型常量的方法。

(1)十进制小数形式

小数形式即为在数学中常用的实数形式,它是由数字和小数点组成的,且必须要包含小数点,其书写的一般形式为:

整数部分.小数部分

例如:0.3、25.0、5.0 等均为合法的实数。

(2)指数形式

类似于数学中的指数形式,在 C 语言中,是以 e 或 E 后跟一个整数来表示以 10 为底的幂数,其书写的一般形式为:

整数部分.小数部分 E/e 阶码部分(整数)

例如:2.1E5 表示数据 $2.1 * 10^5$,3.7E-2 表示 $3.7 * 10^{-2}$。

在使用指数书写形式时应该注意两点:

①字母"e"或"E"后面的指数部分必须是整数,如 100E4.5 是错误的表示方法。

②字母"e"或"E"之前必须有数字,即使是 1 也不能省略,如 10^{-5} 不能只写为 E-5,而应该写成 1E-5(或者 1e-5)。

C 程序中,用于存放实型数据的变量称为实型变量,根据所表示的数据范围和精度不同,实型变量分为单精度型和双精度型,分别用 float 和 double 进行定义。

在 32 位开发环境中,单精度型占 4 个字节存储空间,其数值范围为 3.4E-38～3.4E+38,只能提供 6~7 位有效数字。双精度型占 8 个字节存储空间,其数值范围为 1.7E-308～1.7E+308,可提供 15～16 位有效数字。

```
float x,y;              //定义单精度实型变量 x 和 y
double a,b,c;           //定义双精度实型变量 a、b 和 c
```

【例 2.4】 实型数据在程序中的使用示例。

```
/* Name: ex0204.c */
#include <stdio.h>
int main()
{
    float a,b;
    double x,y;
    a=0.015f;                  //后缀字符 f 表示数据为单精度常数
    x=12.3;
    printf("? b: ");
    scanf("%f",&b);
    printf("? y: ");
    scanf("%lf",&y);
    printf("%e\n%f\n",a,b);    //默认情况下,实数输出保持 6 位小数
    printf("%le\n%lf\n",x,y);
    return 0;
}
```

上面程序运行时,若分别为变量 b 和 y 输入值 20.6,则输出结果如下所示:

    ? b:20.6
    ? y:20.6
    1.500000e-002
    20.600000
    1.230000e+001
    20.600000

3.字符型数据

字符型数据包括字符常量和字符变量。字符常量是由一对单引号括起来的单个字符,如'C','9'等均为字符常量。这里单引号只起定界作用,不代表字符。在 C 语言中,一个字符占用一个字节的存储空间,用对应的 ASCII 值(整数)来存储字符。

转义字符是一种特殊的字符常量,转义字符是由反斜杠'\'开头的字符序列,此时字符具有特定的含义,一般表示控制功能,或者用于表示不能直接从键盘上输入的字符数据,例如,'\n'表示换行,将屏幕上的光标移动到下一行的开头,'\a'产生响铃信号,使计算机通过声卡或扬声器输出一个短的蜂鸣声。表 2.3 中列出了常用的转义字符。

表 2.3 常用转义字符表

转义字符	意　义	功能解释
\0	NULL	字符串结束符
\b	退格	把光标向左移动一个字符
\n	换行	把光标移到下一行的开始
\f	换页	(打印机)换到下一页
\t	水平制表	把光标移到下一个制表位置
\\	反斜杠	引用反斜杠字符
\"	双引号	在字符串中引用双引号
\'	单引号	在字符串中引用单引号
\a	响铃	报警响铃
\ddd	—	1 到 3 位八进制数所表示的字符
\xhh	—	1 到 2 位十六进制数所表示的字符

使用转义字符表中的最后两种形式可以表示 ASCII 表中的任何一个字符,例如,'\101 '或'\x41 '分别用八进制数形式和十六进制数形式表示了字符 A。

在 C 语言中,字符是按它所对应的 ASCII 码值来存储的,例如,字符' a '存储到计算机内的是 ASCII 码 97,所以字符常量可以像整数一样参与运算。例如:

    ch = ' a ' -18   // ch 的值为 97-18=79

字符类型变量用以存储和表示一个字符,在内存中分配一个字节的空间,字符型变量的定义形式如下:

```
char <变量列表>;
例如:char ch,c;                    //定义变量 ch、c 为字符型变量
```

【例 2.5】 字符数据使用示例。

```
/ * Name: ex0205.c */
#include <stdio.h>
int main( )
{
    char c1 =' A' ,c2,c3;           //定义字符变量 c1,c2,c3,并将 c1 初始为字符 A
    c2 =c1+1;
    c3 =c1+32;
    printf("%c,%c,%c\n",c1,c2,c3);
    return 0;
}
```

程序运行的结果如下所示:

A,B,a

从程序的输出结果中可知,一个字符变量加上一个整数即可以得到另外一个字符,例如 c1+1 即得到字符 B。如果一个字符变量的值为大写英文字母,则将其加 32 后即得到对应的小写字母。当希望通过小写英文字母得到对应的大写字母时,仅需将其减 32 即可。

程序运行时,若为变量 c1 提供的值为字符 k,则输出结果如图 2.12 所示。

4.字符串常量

在 C 语言中,字符串常量是用一对双引号括起来的字符序列,如"CHINA"。其中,双引号只是作为定界符使用,并不是字符串中的字符。系统在存储字符串常量时分配一段连续的存储单元,依次存放字符串中的每一个字符,然后在字符串的最后一个字符后添加转义字符'\0' 表示字符串的结尾,所以其需要的空间长度是串中字符存储所需要的长度再加一个字节。

字符串常量中可以包含转义字符,在统计字符串中的字符个数时需要特别注意。例如,"ABCD\t123\n\\\101"是一个合法的字符串常量,其长度为 11 个字符。字符串常量中字符的大小写是有区别的。例如,"ABCDEFG"与"abcdefg"是两个不同的字符串常量。

由于字符串常量可以是 0 个字符,所以一对双引号之间没有任何字符也是合法的字符串(空字符串);但在一对单引号中如果没有任何字符则是非法字符。

C 语言中没有字符串变量,处理字符串问题时需要使用字符数组或指针,相关内容将在后续章节中讲述。特别值得注意的是,由于一个汉字需要占用两个字节的空间,C 程序中即使对于单个汉字的处理,也需要使用字符串的方式进行。

5.符号常量

C 程序中,可以用标识符来表示一个常量,称为符号常量。符号常量在使用之前必须先用预处理语句定义,其一般形式为:

```
#define   标识符   常量
```

其中:#define 是一条预处理命令,称为宏定义命令,其功能是把该标识符定义为其后的常量值。定义符号常量时,习惯使用大写字母构成标识符名,以区别于一般的变量。程序处理时,首先用对应的常量替换标识符,然后再进行编译处理。

在 C 程序设计中使用符号常量的好处是:
- 能清晰地描述某些常量的意义。
- 便于修改程序。当需要修改多处使用的某一个常量数据时,能"一改全改"。

【例 2.6】 符号常量的定义和使用示例。

```c
/* Name: ex0206.c */
#include <stdio.h>
#define PI 3.1415926            //定义表示圆周率的符号常量 PI
int main( )
{
    double c,s,r;
    printf("请输入圆半径: ");
    scanf("%lf",&r);            //输入半径,放在 r 变量中
    c=2*PI*r;                   //使用符号常量 IP
    s=PI*r*r;
    printf("c=%lf,s=%lf\n",c,s);   //输出圆周长、圆面积
    return 0;
}
```

2.2.3　C 程序中数据的输入输出

C 语言中没有输入输出语句,C 程序中的输入和输出主要是通过 C 编译系统提供的输入输出函数来实现。程序中使用最多的是格式输出函数 printf、格式化输入函数 scanf、字符输入函数 getchar 以及字符输出函数 putchar,它们是 I/O 类标准库函数。使用输入/输出类标准库函数需要在源程序的开始位置加上文件包含编译预处理命令:

#include <stdio.h> 或者 #include "stdio.h"

1.格式化输出函数 printf

printf 函数功能是按指定的格式输出数据,是获得程序运行结果的主要途径。printf 使用的常见格式有两种:
- printf("字符序列");
- printf("格式控制字符串",输出项列表,);

第一种格式的作用是将"字符序列"表示的内容输出到控制台(通常指的是显示器)上。例如,语句 printf("This is a string.\n")的作用是在显示器上输出字符串"This is a string.",然后换行。

第二种格式的功能是将一个或多个数据按照控制字符串规定的格式输出到标准输出设备(显示器)。

printf 函数的使用主要涉及两个方面,输出数据项和格式控制字符串。

输出项也称为输出表列,是需要输出的数据,它可以是常量、变量和表达式,当有多个输出项时,相互之间用逗号分隔。例如,printf("%d",a);表示按整数形式输出变量 a 的值,printf("%f,%f",x,y);表示按小数形式输出变量 x 和 y 的值。

格式控制字符串用于规定输出数据的样式,格式控制字符串包含两种字符:格式说明符和普通字符。格式控制字符串中的普通字符按原样输出,即在对应的位置上输出串中对应字符。格式控制字符串中的格式说明项由"%"和格式字符组成,其作用是指定输出参数的格式,格式控制项应与输出表列中的输出表项一一对应,指定输出表项的输出格式。表2.4 给出了格式说明符的功能。

表 2.4   printf 函数的格式说明符

格式说明符	功　　能
%d	以十进制形式输出带符号整数(正数不输出符号)
%o	以八进制形式输出无符号整数(不输出前缀 0)
%x、%X	以十六进制形式输出无符号整数(不输出前缀 0x)
%u	以十进制形式输出无符号整数
%f	以小数形式输出浮点数
%e、%E	以指数形式输出浮点数
%g 、%G	以%f 或%e 中较短的输出宽带输出浮点数
%c	输出单个字符
%s	输出字符串
%%	输出单个百分号

【例 2.7】　输出数据时格式控制字符选择示例。

```
/ * Name: ex0207.c */
#include <stdio.h>
int main( )
{
    int x = -206;
    unsigned y = 105;
    char ch = 'E';
    float a = 23.368f;
    printf("x=%d\n",x);                        //输出带符号整型变量 x 的值
    printf("y1=%x,y2=%o,y3=%u\n",y,y,y);       //以不同的形式输出变量 y 的值
    printf("ch=%c\n",ch);                      //输出字符变量 ch 值
    printf("a1=%f,a2=%e,a3=%g\n",a,a,a);       //输出单精度实型变量 a 值
    return 0;
}
```

在 C 程序中输出数据时,必须按照被输出数据项的数据类型来控制格式的选择。例如,程序中变量 x 是整型变量,需要使用%d 控制输出;变量 a 是实型变量,需要使用%f 控制输出,实数默认输出 6 位小数,不足 6 位的末尾用 0 填充。程序执行结果如下:

> x = −206
>
> y1 = 69,y2 = 151,y3 = 105
>
> ch = E
>
> a1 = 23.368000,a2 = 2.336800e+001,a3 = 23.368

在 printf 函数的格式控制字符串中,"%"和格式字符之间可以插入一些附加符号(即修饰符),对输出形式进一步进行限制。一个完整的控制项格式为:

> % − * m.n l/h <格式控制字符>

控制项中各可选项的意义为:

(1)长度修正可选项 l/h

长度修正项用于指定对应位置输出数据是按"长类型数据"输出还是按"短类型数据"输出,具体选择原则如下:

①使用 ld 格式控制输出带符号长整数数据;使用 lo、lx、lu 格式控制输出无符号长整型数据;使用 lf、le、lg 格式控制输出双精度实型数据。

②使用 hd 格式控制输出带符号短整数数据;使用 ho、hx、hu 格式控制输出无符号短整型数据。

特别提示:在一些 C 系统中,只使用对应格式控制字符就可以正确地输出长整型数据、短整型数据以及双精度实型数据。但在某些系统中则必须使用带 l 或者带 h 的格式控制输出。

(2)域宽可选项 m.n

域宽可选项用于指定对应输出项所占的输出宽度,即指定用多少个字符位置来显示对应输出数据,具体选择原则如下:

①整型数据没有小数显示的问题,取单一整数来指定输出数据的宽度。例如,%8d 说明输出域宽为 8,即用 8 个字符所占的位置来展示对应的整型数据项。

②实型数据可以选取 m.n 格式,指定输出总宽度为 m 位,其中小数点占一位,小数部分为 n 位。例如,%6.2f 说明输出域宽为 6 位,整数部分占 3 位,小数部分占 2 位。输出实型数据时,如果没有指定小数位数,则 C 系统默认输出 6 位小数。

③字符串数据也可以选用 m.n 格式,其中 m 仍然表示字符串数据输出使用的宽度,n 指定的是仅输出字符串数据的前 n 个字符。例如,printf("%6.3s\n","123abc");只输出字符串中的前 3 个字符 123。

特别提示:如指定的域宽不足以显示数据(即输出数据需要的位数超过指定的域宽),输出数据按自己需要的实际位数输出。如指定的域宽多于数据要求的宽度,则默认在左边留出空格。

(3)"*"可选项

含有"*"可选项的格式控制项对应输出表列中连续两个数据项,其意义是用前一个数据项(只能是整型数据)的值作为后一个数据项输出的指定域宽。

【例2.8】 输出格式控制项中的"*"可选项使用示例。

```
/* Name: ex0208.c */
#include <stdio.h>
int main( )
{
    int a = 12;
    double x = 123.456;
    printf("x = % * .2f\n", a, x);          //两个数据项均可使用常数
    return 0;
}
```

上面程序的格式控制项中有"*"可选项,对应输出表列中的连续两项 a 和 x(数据项也可以使用常数表示),使用前项 a 的值作为后项 x 的输出宽度指定。程序执行结果如下:

　　x = 1　　　　　　23.46

(4)减号可选项

减号可选项用于指定对应输出数据的对齐方向。当选用减号时,输出数据左对齐(即如有空格则留在输出数据的后面);当不用减号时,输出数据右对齐。

2.格式化输入函数 scanf

格式化输入函数 scanf 用来按指定格式从键盘输入数据到指定的变量,是为程序运行提供原始数据的主要途径。格式化输入函数使用的一般格式为:

　　scanf("格式控制字符串",地址表列);

函数中的地址表列中的每一项为一个地址量,其形式是在一般变量之前加地址运算符 &,例如,有变量 x,则 &x 表示变量 x 的地址。多个地址项之间用逗号分隔。

格式控制字符用于规定为程序提供数据的样式。格式控制字符串中的普通字符必须照原样输入,除了使用普通字符在输入函数的格式控制字符串中指定输入数据的分隔形式外,在格式控制字符串中普通字符的其他用法都是不可取的。特别需要指出的是,不要在输入函数的格式控制字符串中插入换行符"\n",否则程序有可能陷入死循环。如果在两个格式控制项之间没有任何的普通字符分隔,则 C 系统默认的输入数据分隔符是空白符,即"空格键""Tab 键(即转义字符'\t')"或者"回车键(即转义字符'\n')"。

控制字符串中的格式控制项指定数据的输入格式,与地址列表中的地址表项一一对应。在为每一个地址表项指定输入控制符时,必须根据对应变量的数据类型在表 2.5 中进行选择。

表 2.5　scanf 函数的格式说明符

格式说明符	功　能
%d	以十进制形式输入带符号整数(正数可不输入符号)
%o	以八进制形式输入无符号整数
%x、%X	以十六进制形式输入无符号整数(不输入前缀 0x)

续表

格式说明符	功　能
%u	以十进制形式输入无符号整数
%f	以小数形式输入单精度浮点数
%e、%E	以指数形式输入单精度浮点数
%c	输入单个字符
%s	输入字符串

在 scanf 函数的格式控制字符串中,"%"和格式字符之间也可以插入一些附加符号,一个完整的控制项格式为:

　　% * m l/h <格式控制字符>

控制项中各可选项的意义为:

(1)长度修正可选项 l/h

长度修正项用于指定对应输入数据是按"长类型数据"输入还是按"短类型数据"输入,具体选择原则如下:

①使用 ld 格式控制输入带符号的长整数数据;使用 lo、lx、lu 格式控制输入无符号的长整型数据;使用 lf、le 格式控制输入双精度实型数据。

②使用 hd 格式控制输入带符号的短整数数据;使用 ho、hx、hu 格式控制输入无符号的短整型数据。

特别提示:在一些 C 系统中,使用对应的格式控制字符 d、o、x、u 就可以正确地输入长整型数据或短整型数据,但对于双精度实型数据,必须使用 lf、le 格式控制。

(2)域宽可选项 m

域宽可选项用于指定输入数据时在输入流上最多截取的字符个数,即当输入流上的字符个数足够多时,依次截取指定个数的字符;如果输入流上的字符个数不足时,则取完为止。

(3)" * "号可选项

" * "的作用是表示"虚读",即从键盘上按指定格式输入一个数据,但并不赋给任何变量。例如,函数调用语句:scanf("%3d% * 2d%f",&a,&b);执行时,若输入数据为 12345678.9,则 a = 123,b = 678.9,其中对应控制格式% * 2d 的输入字符流 45 被从输入流中截取出来并被系统忽略抛弃。

由于格式化输入函数中不能显示提示信息,所以常常用格式化输出函数配合以实现带有输入提示信息的代码段。例如,下面程序段演示了这种组合形式:

```
int year;
printf("请输入年份值:");
scanf("%lf",&year);
```

【例2.9】　输入数据时的格式控制字符选择示例。

/ * Name: e0209.c * /

```
#include <stdio.h>
int main( )
{
    char ch;
    int a;
    unsigned ua,ub,uc;
    float x1,x2;
    printf("请按正确的输入格式提供数据:\n");
    scanf("%c",&ch);
    scanf("%d",&a);
    scanf("%o,%x,%u",&ua,&ub,&uc);
    scanf("%f,%e",&x1,&x2);
    printf("下面是输出数据:\n");
    printf("ch=%c\n",ch);
    printf("a=%d\n",a);
    printf("ua=%d,ub=%d,uc=%d\n",ua,ub,uc);
    printf("x1=%f,x2=%e\n",x1,x2);
    return 0;
}
```

在上面程序中的数据输入函数调用中,参照欲输入的数据类型选择相应的输入格式控制字符。程序一次执行的过程和执行结果是:

请按正确的输入格式提供数据:

r

-326

65,65,65

123.456,0.123456e3

234.567,1.23456e4

下面是输出数据:

ch=r

a=-326

ua=53,ub=101,uc=65

x1=123.456001,x2=1.234560e+002

y1=234.567000,y2=1.234560e+004

3.字符数据的输入输出

在 C 程序中,字符数据的输入输出除可以使用 scanf 函数和 printf 函数实现外,还可以使用专门的字符数据输入输出函数。

（1）字符数据输出函数

putchar 和 putch 都是用于单个字符输出的函数，函数原型为：

```
    int putchar( char ch);
    int putch( char ch);
```

函数的功能是把字符 ch 输出到标准输出设备（显示器）上，正常输出时返回值为显示字符的 ASCII 码值；输出出错则返回 EOF(-1)。

putchar 在头文件 stdio.h 中声明，putch 在头文件 conio.h 中声明，使用时必须在程序中使用预处理命令包含对应的头文件。

【例 2.10】 字符输出函数 putchar 和 putch 使用示例。

```
/* Name: ex0210.c */
#include <stdio.h>
#include <conio.h>
int main( )
{
char ch1 =' K' ,ch2;
ch2 = ch1+32;              // 变量 ch1 的内容+32,得到小写字母的 ASCII 码值
putchar( ch1);             // 在屏幕上输出大写字母 K
putchar('\n' );            // 输出转义字符'\n' ,实现回车换行
putch( ch2);               // 在屏幕上输出小写字母 k
putch('\n' );              // 输出转义字符'\n' ,实现回车换行

return 0;
}
```

（2）字符数据输入函数

C 语言的字符输入函数包括 getchar、getche、getch，它们的原型如下：

```
    int getchar( );
    int getche( );
    int getch( );
```

常用的使用形式为：

```
    char ch;
    ch = getchar( );
    ch = getche( );
    ch = getch( );
```

其中，getchar 函数在头文件 stdio.h 中声明，输入字符数据时可以键入一个或一串字符，按回车键结束输入。输入的字符数据会显示在屏幕上（回显），但只有第一个字符被接收到指定变量。

getche 函数在头文件 conio.h 中声明，输入字符数据时只能键入一个字符，不需要按回车键结束输入。输入字符会显示在屏幕上，同时字符被接收到指定变量。

getch 函数在头文件 conio.h 中声明,输入字符数据时只能键入一个字符,不需要按回车键结束输入。输入字符不会在屏幕上显示,字符被接收到指定变量。

【例 2.11】　字符输入函数 getchar、getche 和 getch 使用示例。

```
/* Name: ex0211.c */
#include <stdio.h>          //定义 putchar 函数的头文件
#include <conio.h>          //定义 putch 函数的头文件
int main( )
{
    char c1,c2,c3;
    printf("请连续输入 ABC3 个字符: ");
    c1 = getch( );          //输入时字符数据不会回显
    c2 = getche( );         //输入时字符数据要回显
    c3 = getchar( );        //输入时字符数据要回显
    putchar(c1);
    putchar(c2);
    putchar(c3);
    putchar('\n');

    return 0;
}
```

上面程序执行的过程和结果是:

　　　　请连续输入 ABC3 个字符: BC
　　　　ABC

从显示信息可以看到,由于为变量 c1 输入字符值时使用的是 getch 函数,输入时对应字符并没有回显到屏幕上。

2.3　Ｃ语言基本运算符和表达式的运算

Ｃ语言提供了丰富的运算符,除了一般高级语句都具有的算术运算符、关系运算符等,还提供了位操作、指针等独特的运算符,进而构成高效灵活的表达式,丰富的运算符和表达式使 Ｃ语言的功能十分完善。在 Ｃ程序中,运算符必须与运算对象结合在一起才能体现其功能,与运算符密切相关的程序构成成分是表达式。

2.3.1　Ｃ运算符和表达式的概念

对于 Ｃ语言中的运算符来说,若按照运算符能连接运算对象的个数(即运算符的目)来分,包括:

- 单目运算符:只能连接一个运算对象,如++、--等。
- 双目运算符:可以连接两个运算对象,如 * 、%等。Ｃ语言中的运算符大多数属于双目运算符。

- 三目运算符:可以连接三个运算对象,C语言中只有一个三目运算符,即条件运算符。

若根据运算符的性质,C语言的运算符主要包括以下几类:

- 算术运算符:用于各类数值运算,包括加、减、乘、除、求余(模运算)、自增、自减等。
- 关系运算符:用于数据之间的比较运算,包括大于、小于、等于、大于等于、小于等于、不等于。
- 逻辑运算符:用于在程序中构成复杂的条件判断,包括与、或、非等。
- 位运算符:用于实现位操作,即对数据按二进制位方式进行运算,包括位与、位或、位非、位异或、左移、右移等。
- 赋值运算符:用于对数据对象的赋值运算,赋值运算分为简单赋值和复合赋值两大类。
- 条件运算符:它是唯一的一个三目运算符,用于简单的双分支求值运算。
- 逗号运算符:用于把若干表达式组合成一个表达式,在程序中主要用于同时处理或控制多个数据对象。
- 指针类运算符:包括取地址和取内容两种运算,用于处理与地址相关的应用。
- sizeof 运算符:用于计算数据对象所占用的存储空间的字节长度(字节数)。
- 特殊运算符:包括圆括号、方括号、成员运算符等。

C程序中,运算符必须与运算对象结合在一起才能体现其功能,与运算符密切相关的程序构成成分是表达式。用运算符将运算对象连接起来的、符合C语言语法规则的式子称为C语言的表达式。一个表达式有一个值及其类型,它们等于计算表达式所得结果的值和类型。单个的常量、变量、函数可以看作是表达式的特例。C语言表达式中的所有成分都必须以线性形式书写,没有分式,也没有上下标。例如,数学表达式:

$$\frac{x+b^2}{ab} + \frac{a+b}{a-b}$$

在C程序中应书写成如下所示的表达式:

(x+b*b)/(a*b)+(a+b)/(a-b)

表达式求值按运算符的优先级和结合性规定的顺序进行。运算符的优先级是指在使用不同的运算对象进行计算时的先后顺序,C语言中运算符的优先级共分为15级,1级最高,15级最低。当一个表达式中出现不同类型的运算符时,首先按照它们的优先级顺序进行运算,即先对优先级高的运算符进行计算,再对优先级低的运算符进行计算。当两类运算符的优先级相同时,则按照运算符的结合性确定运算顺序。

C语言中运算符的结合性分为左结合和右结合。左结合(即从左至右)的含义是数据对象先和其左边的运算符结合在一起参与运算;右结合(即从右至左)的含义是数据对象先和其右边的运算符结合在一起参与运算。例如,对于表达式a+b-c的计算需要考虑结合性,加(+)减(-)都是左结合性,所以b应该先与其左边的加法运算符结合在一起参与运算(即先计算a+b),然后再进行其他运算。表2.6给出了C语言中的运算符、运算符的优先级和结合性。

表 2.6　运算符及运算符的优先级和结合性

优先级	运算符	结合性	优先级	运算符	结合性
1	( )、[ ]、->、.	从左至右	9	^	从左至右
2	!、~、++、--、-、* 、&、sizeof	从右至左	10	|	从左至右
3	*、/、%	从左至右	11	&&	从左至右
4	+、-	从左至右	12	||	从左至右
5	<<、>>	从左至右	13	?:	从右至左
6	<、<=、>、>=	从左至右	14	=、+ = 、- = 、* =、% = 、& = 、^=、| = 、>>=、<<=	从右至左
7	==、! =	从左至右	15	,	从左至右
8	&	从左至右			

2.3.2　赋值运算符

在 C 语言中,"="称为赋值运算符,赋值运算符的左边一定是变量,不能是常量或表达式。由"="连接的式子称为赋值表达式。其一般形式为:

　　　变量 = 表达式

赋值表达式的功能是:计算出赋值号右边表达式的值,将值赋给左边的变量。

赋值表达式可以作为一个运算成分出现在另外的表达式中,从而构成比较复杂的表达式或语句。例如,x =(a = 5)+(b = 3)是一个合法的 C 表达式。

在 C 语言中,将赋值表达式末尾加上分号";"就构成赋值语句,其一般形式为:

　　　<赋值表达式>;

使用赋值运算符时需要注意以下两点:

●赋值运算符具有右结合性。因此 a = b = c = 5 可理解为 a =(b =(c = 5))。

●赋值表达式可以出现在任何允许表达式出现的地方,而赋值语句则不能。

例如,c =(a = 2)+b+100;是合法的 C 语句;而 c =(a = 2;)+b+100;则是非法的。

在赋值表达式计算中,若赋值运算符两边的数据类型不相同时,系统将自动进行类型转换。即将赋值号右边的数据类型转换成赋值号左边的数据类型,再执行赋值操作。常出现的类型转换如下:

①实型表达式值赋值给整型变量,舍去小数部分。特别要注意的是,C 语言使用截取法取整,即将小数部分直接去掉。例如,有语句序列:int a,b;a = 3.45;b = 3.9878;,则变量 a 和 b 得到的值都是 3。

②整型表达式值赋值给实型变量,数值不变,但以浮点数形式存放,即增加小数部分,小数部分的值为 0。

③字符型表达式值赋值给整型变量,将字符的 ASCII 码值放到整型量的低八位中,高八位为 0,例如,有语句序列:int i;i='a';,则变量 i 的值为 97。

④整型表达式值赋值给字符变量,只能将整型数据低八位值赋给字符型变量。例如,有语句序列:char c;c=321;,注意到十进制数 321 的十六进制值为 0x0141,所以变量 c 的值是 0x41(十进制值 65),即字符'A'。

⑤ 单精度实型表达式值赋值给双精度实型变量,数据没有任何损失;但将双精度实型表达式值赋值给单精度实型变量时,有可能会丢失数据(整数部分)或者损失精度(小数部分)。

【例 2.12】 赋值运算符使用示例。

```c
/* Name: ex0212.c */
#include <stdio.h>
int main()
{
    char c1,c2='C';
    int x=318 , y=34.5217;
    float a1=123.56478,a2;
    double   b1=87.12894532,b2;
    c1=x;
    printf("c1=%d\n", c1);
    y=c2;
    printf("y=%d,c2=%d\n",y, c2);
    a2=b1;
    b2=a1;
    printf("a1=%f,a2=%f\n", a1,a2);
    printf("b1=%lf,b2=%lf\n", b1,b2);
    return 0;
}
```

程序运行结果如下:
```
c1=62
y=67,c2=67
a1=123.564781,a2=87.128944
b1=87.128945,b2=123.564781
```

2.3.3 算术运算符

C 语言中提供的算术运算符可以分成两类:单目运算符和双目运算符。单目运算符有正号运算符"+"和负号运算符"-",它们的功能就是将数据对象取正值或者取负值。例如,-6,+32。

双目运算符共有 5 个,它们是加号"+"、减号"-"、乘号"*"、除号"/"和求余运算

"%"。其中,乘法、除法和求余运算是同级运算,其优先级高于加法和减法运算。算术运算符都具有左结合性。

如果在表达式中使用括号,则括号内的优先计算。如果括号有多层,则内层括号里的优先计算。C 语言表达式中只允许使用圆括号"( )"。

加、减、乘等运算的计算方法和数学完全一致,但在使用除法运算符和求余运算符时,需要特别注意:

①对于除法运算符"/",如果两个运算对象都是整型数据,其意义为"整除"。相除的结果是整数。除法结果采用截取法取整,即直接将小数部分去掉,例如,7/5 = 1。如果两个运算对象中至少有一个为浮点数,则相除的结果为 double 型浮点数,如 3.0/2 的结果为 1.5。

②求余运算符"%",即计算两个整数相除时得到的余数。C 语言规定参与求余运算的两个对象必须都是整型数据,运算结果的符号与第一个(左边)运算对象的符号相同。例如,7%5 = 2、-7%5 = -2、7%-5 = 2。如果程序中需要对实型数据进行取余数运算,可以使用 C 标准库函数 fmod。

2.3.4 自增自减运算符

自增运算符"++"的功能:使变量的值自加 1。自减运算符"--"的功能:使变量的值自减 1。自增运算符和自减运算符只能应用于变量,不能应用于常量数据或者表达式。

例如,16 ++、(y+4) -- 等都是不合法的表达式。

"++"和"--"运算符都是右结合的单目运算符,使用时都有前缀形式和后缀形式。

在自增自减运算符的前缀形式中,自增、自减运算符出现在变量的左侧,如++i、--i,其含义是:先自增/自减,再引用,即 i 先自增 1 或自减 1 后,再参与其他运算。

在自增自减运算符的后缀形式中,自增、自减运算符出现在变量的右侧,如 i ++、i --,其含义是:先引用,再自增/自减,即 i 参与运算后,i 的值再自增 1 或减 1。

【例 2.13】 自增、自减运算符使用示例。

```c
/ *  Name:  ex0213.c * /
#include <stdio.h>
int main( )
{
    intx = 4, y = -1;
    printf("%d\t", ++x);
    printf("%d\n", x);
    printf("%d\t", y --);
    printf("%d\n", y);
    return 0;
}
```

上面程序运行结果为:

```
5        5
-1      -2
```

2.3.5　复合赋值运算符

复合赋值运算符也称为自反运算符,即在赋值符"="之前加上其他双目运算符。C 语言中的复合赋值运算符共有 10 种,其中+=、-=、＊=、／=、%=为复合算术运算符,<<=、>>=、&=、^=、|=为复合位运算符。使用复合赋值运算符能提高编译效率,并产生质量较高的目标代码。

复合赋值表达式的一般形式为:

　　变量 op= 表达式

式中的 op 表示对应的双目运算符。复合赋值表达式等价于:

　　变量 =变量 op(表达式)

复合赋值运算符右侧是一个表达式,相当于它含有一对括号,若表达式是单个变量或常数时,括号可以省略。

例如:

| a- =5 | 等价于 | a=a-5 | /＊省略了括号＊/ |
| x＊=2+y | 等价于 | x=x＊(2+y) | /＊不能省略括号＊/ |

复合赋值运算符具有右结合性,使用时要注意计算顺序。例如,对于如下所示的代码段:

　　int a=6;

　　a＊=a+=a%4;

计算 a＊=a+=a%4 时,首先计算表达式 a+=a%4(即计算 a= a+a%4)得到 a 的值为 8,然后计算表达式 a＊=a(即计算 a=a＊a)得到 a 的值为 64。

2.3.6　逗号运算符

在 C 语言中,逗号","有两种用法,一种是作为分隔符使用,如在变量定义中、函数参数表中出现的逗号;另一种是作为运算符使用,称为逗号运算符,其功能是将两个以上的表达式连接成一个表达式,称为逗号表达式。逗号表达式的一般形式为:

　　表达式 1,表达式 2,…,表达式 n

逗号表达式在求值时,按从左到右的顺序分别计算各表达式的值,用最后一个表达式的值和数据类型来表示整个逗号表达式的值和数据类型。

例如,逗号表达式 a=7,b=a-4,c=b+1 等价于 3 个有序语句:a=7;b=a-4;c=b+1;,整个逗号表达式的值为 4。

逗号运算符是 C 语言中优先级别最低的运算符,其结合性为左结合。例如,C 语句:x=1+5, 24+7;执行后 x 的值为 6,24+7 的结果没有赋值给任何变量。

C 程序中使用逗号表达式,通常是分别求逗号表达式内各表达式的值(即在一条 C 语句中为多个变量赋值)。例如,由逗号表达式构成的 C 语句:a=1,b=2,c=3;,其目的是给变量 a、b、c 赋值。

【例 2.14】 逗号运算符和逗号表达式使用示例。

```
/* Name: ex0214.c */
#include <stdio.h>
int main( )
{
    int x = 4,y,z;
    y = (1,x+2,x ++);
    z = 1,x+2,x ++;
    printf("x=%d,y=%d,z=%d\n",x,y,z);
    return 0;
}
```

在上面的程序中,语句 y = (1,x+2,x ++);是一个赋值语句,将右边逗号表达式 1,x+2,x++计算的结果赋值给变量 y;语句 z = 1,x+2,x ++;由一个逗号表达式构成,仅对变量 z 进行了赋值操作;整个程序的输出结果为:

$$x = 6,y = 4,z = 1$$

2.3.7　sizeof 运算符

sizeof 运算符的功能是返回其所测试的数据对象所占存储单元的字节数。sizeof 运算符的使用形式为:

sizeof(<数据对象>)

其中,数据对象可以是:

- 某个具体的变量名;
- 某种数据类型的常量;
- 某种数据类型的名字(包括数组、结构体等构造数据类型);
- 一个合法的 C 表达式。

例如,sizeof(char)的值为 1。对于整型变量 x,则在 16 位系统中 sizeof(x)和 sizeof(int)的值均为 2,而在 32 位系统中 sizeof(x)和 sizeof(int)的值均为 4。

使用 sizeof 运算符时需要注意以下两点:

①使用 sizeof 运算符的目地是获取任何数据对象所占内存单元的字节数,使得程序自适应于所用系统的存储分配机制。

②如果被测试的对象是一个表达式,sizeof 不会对表达式进行具体的运算,而只是判断该表达式的最终数据类型,并以此求出所需要的存储空间。

【例 2.15】 sizeof 运算符示例。

```
/* Name: ex0215.c
sizeof 运算符示例。
*/
#include <stdio.h>
int main( )
```

```
{
    int x = 4;
    float y = 12.765f;
    printf("bytes of int is %d\n", sizeof(int));
    printf("bytes of long is %d\n", sizeof(long));
    printf("bytes of y is %d\n", sizeof(y));
    printf("bytes of x+4 is %d\n", sizeof(x = x+4));
    printf("x = %d\n", x);
    return 0;
}
```

程序运行结果如下（运行环境为 VC ++ 6.0，其他环境下的运行结果可能不同）：

```
bytes of int is 4
bytes of long is 4
bytes of y is 4
bytes of x+4 is 4
x = 4
```

注意：sizeof 函数并不对其参数中的表达式进行实际运算，所以变量 x 的值仍然为 4。

2.3.8 数据类型转换

当一个表达式中具有不同数据类型数据对象参与运算时，称为混合运算。C 语言规定：不同数据类型的对象进行运算时，必须先进行数据类型转换，转换为相同类型的数据，然后再进行运算。数据类型的转换分为自动类型转换和强制类型转换。

1.数据类型的自动转换

自动转换也称为隐式转换，是编译系统自动进行的，不需要用户干预。自动转换时以不丢失数据、保证数据精度为原则。具体转换规则如图 2.3 所示。在图 2.3 中，指向左侧的箭头表示必须进行的转换，也就是说参加运算的数据是 char 或 short 型时，必须转换成 int 型；参加运算的数据是 float 型时，必须转换成 double 型。纵向箭头表示当运算对象为不同数据类型时的转换方向，由低级别的类型向高级别的类型转换。

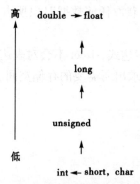

图 2.3 系统自动数据类型转换规则

例如,计算表达式 128- ' m' +84.7 的过程如下:

①计算 128-' m' :计算时先将字符' m' 转换为整数 109,再计算 128-109,计算结果为 19。

②计算 19+84.7:由于表达式中有实型数据,因而要先将 19 和 84.7 都转换为 double 型,再进行运算,结果为 103.7 。

2.数据类型的强制转换

强制类型转换又称为显式转换,其通过类型转换运算来实现数据类型的转换。一般形式为:

(类型说明符)(表达式)

其功能是:在本次运算中,强制将表达式的值转换成类型说明符所指定的数据类型,再参加运算。例如:

```
（int）2.3              //把实型数据 2.3 强行转换为整型,结果为 2
（int）（x+2）          //把 x+2 的结果转换为整型
```

使用强制转换时应注意以下问题:

①类型说明符和表达式都必须加括号,若表达式是单个变量可以不加括号。

②无论是强制转换或是自动转换,都只是为了本次运算的需要而对变量进行的临时转换,并没有改变数据说明时对该变量定义的类型,变量或表达式的值并未发生改变。

【例 2.16】 强制类型转换示例。

```
/ *  Name:  ex0216.c  */
#include <stdio.h>
int main( )
{
    double f = 4.56;
    int zf;
    zf = (int)f;              //将实型数据 f 值强制转换为整型
    printf("zf = %d,f = %.2lf\n",zf,f);

    return 0;
}
```

程序运行结果为:zf=4,f=4.56

2.4 C 语言标准库

C 开发环境由 C 语言核心、标准函数库和预处理器 3 个部分组成。C 标准函数库(C Standard library)是所有符合标准的头文件(head file)的集合,以及常用的函数库实现程序,如 I/O 输入输出和字符串控制。存放在函数库中的函数称为库函数,库函数具有明确的功能、入口调用参数和返回值。C 语言编译系统提供的库函数非常丰富,特别是与硬件打交道的部分,很多工作通过调用库函数就可以实现。

2.4.1 C 标准库的使用方法

在进行 C 语言程序设计时,合理使用库函数有以下好处:

①对于某些功能的实现已经存在标准化的函数代码,这时直接使用库函数,可以避免重复编制,简化程序设计过程,提高程序设计的效率。

②库函数在开发时充分考虑了各种影响因素,经过了长期使用的考验,使用标准库函数可以使程序的健壮性得到足够的保证,从而提高编程的质量。

③C 语言不提供任何执行 I/O 操作的方法,用户自行编制 I/O 函数存在很大困难,使用库函数可以简化用户的工作,降低设计难度。

在 C 标准库中,库函数按照其功能进行分类,这些库函数的说明、类型和宏定义都分门别类地保存在相应的头文件中,而对应的子程序则存放在运行库(.lib)中。

常用的标准库函数及对应的头文件有:

标准输入/输出类库函数	对应的头文件为 stdio.h
数学类库函数	对应的头文件为 math.h
杂项函数及内存分配函数	对应的头文件为 stdlib.h
字符串处理类标准库函数	对应的头文件为 string.h
存储分配类库函数	对应的头文件为 stdlib.h
时间类库函数	对应的头文件为 time.h

当需要使用系统提供的库函数时,只要在程序开始用#include <头文件>或#include"头文件"就可以调用其中声明的库函数。虽然任何函数都可以自行编制,但利用库函数可达到事半功倍的效果。

使用标准库函数时要注意函数的功能、参数的个数与类型、函数值的类型。同时还要注意对函数参数的特殊要求,如三角函数要求自变量参数用弧度表示,开平方函数要求自变量参数的值大于或等于 0 等。库函数调用的一般形式为:

函数名(参数表)

2.4.2 常用数学标准库函数介绍

数学运算是计算机应用中最基本的操作,C 语言的标准函数库中提供了很多关于数学运算的函数,如求绝对值、求平方根等。数学运算函数主要是在 math.h 中进行定义,还有一些其他头文件中也涉及了与数学计算有关的函数定义,如在 stdlib.h 中。下面介绍几类最常用的数学类标准库函数在程序中的使用方式。

1.求绝对值类数学函数

常用的求绝对值函数有:abs、labs 和 fabs。其中,abs 和 labs 的函数原型在头文件 stdlib.h 中声明,fabs 的函数原型在头文件 math.h 中声明,函数原型声明如下:

```
int abs(int x);   /* 求整数 x 的绝对值 */
long labs(long int x);   /* 求长整型数 x 的绝对值 */
double fabs(double x);   /* 求双精度实型数据 x 的绝对值 */
```

【例2.17】 绝对值函数使用示例。

```
/* Name: ex0217.c */
#include <stdio.h>
#include <math.h>
int main( )
{
    int x;
    long y;
    double a,b;
    printf("Input a int number:");
    scanf("%d",&x);
    printf("number: %d    absolute value: %d\n",x,abs(x));
    printf("Input a long int number:");
    scanf("%ld",&y);
    printf("number: %ld    absolute value: %ld\n",y,labs(y));
    printf("Input a double number:");
    scanf("%lf",&a);
    b=fabs(a);
    printf("number: %lf    absolute value: %lf\n",a,b);

    return 0;
}
```

程序的运行过程和结果如下:

```
    Input a int number: 45
    number: 45    absolute value: 45
    Input a long int number: −76532
    number: −76532    absolute value: 76532
    Input a double number: 4433.54
    number: 4433.540000    absolute value: 4433.540000
```

2.求余数类数学函数

算术运算符中的求余运算符"%"只能对整型数据进行操作,对实型数据的求余数运算只能通过标准库函数 fmod 进行。函数的原型在头文件 math.h 中声明,函数原型声明如下:

```
    double fmod(double x, double y);              //余数的符号与 x 相同
```

【例2.18】 求余数函数使用示例。

```
/* Name: ex0218.c
求余数函数使用示例。
*/
```

```
#include <stdio.h>
#include <math.h>
int main(   )
{
    double x,y;
    double result;
    printf("intput two double number:");
    scanf("%lf %lf",&x,&y);
    result=fmod(x,y);
    printf("The remainder of (%lf/%lf) is %lf\n",x,y,result);
    return 0;
}
```

程序的运行过程和结果如下:

    intput two double number:4654.293 234.287
    The remainder of (4654.293000/234.287000) is 202.840000

3.取整数部分函数

常用取整数部分函数有:floor 和 ceil 。函数原型在头文件 math.h 中声明,函数原型如下:

```
double floor(double x);        //返回不大于 x 的最大整数,向下舍入
double ceil(double x);         //返回不小于 x 的最小整数,向上舍入
```

【例2.19】 取整数部分函数使用示例。

```
/* Name: ex0219.c */
#include <stdio.h>
#include <math.h>
int main(   )
{
    double number1=23.154,number2=-23.154;
    double down1, up1,down2,up2;
    down1=floor(number1);
    up1=ceil(number1);
    down2=floor(number2);
    up2=ceil(number2);
    printf("[%lf] floor:%.2lf,ceil: %.2lf\n", number1,down1,up1);
    printf("[%lf] floor:%.2lf,ceil:%.2lf\n", number2,down2,up2);
    return 0;
}
```

程序运行结果如下：

    ［23. 154000］floor：23.00,ceil：24.00

    ［-23. 154000］floor：- 24.00,ceil:-23.00

4.三角函数类数学函数

常用的三角函数有：sin、cos、tan、sinh、cosh 和 tanh，函数原型均在头文件 maht.h 中声明，函数原型声明如下：

```
double sin(double x);      //求 x 正弦值
double cos(double x);      //求 x 余弦值
double tan(double x);      //求 x 正切值
double sin h(double x);    //求 x 双曲正弦值，其中//sin h(x) = (e^x - e^{-x})/2
double cos h(double x);    //求 x 双曲余弦值
double tan h(double x);    //求 x 双曲正切值
```

三角函数的参数必须为弧度，当提供的数据为角度时，应将其转化为对应的弧度。

设用 c 表示角度，用 x 表示弧度，角度转换为弧度的方法为：

$$x = \frac{c \times \pi}{180}$$

【例 2.20】 从键盘上输入一个角度值，求出它的正弦函数值和余弦函数值。

```c
/* Name: ex0220.c */
#include <stdio.h>
#include <math.h>
#define PI 3.14159
int main()
{
    double x,y;
    printf("Input the x： ");
    scanf("%lf",&x);
    y = x * PI/180;                    //度化弧度
    printf("sin(%.2lf) = %lf\n",x,sin(y));
    printf("cos(%.2lf) = %lf\n",x,cos(y));
    return 0;
}
```

程序的运行过程和结果如下：

    Input the x:60.63

    sin(60.63) = 0.871470

    cos(60.63) = 0.490448

5.指数类数学函数

常用的指数类函数有：exp、pow 和 pow10，函数的原型均在头文件 math.h 中声明，函数原型声明如下：

```
        double exp(double x);                //求 eˣ的值
        double pow(double x, double y);      //求 xʸ的值
        double pow10(int p);                 //求 10ᵖ的值
```

【例 2.21】 指数类数学函数使用示例。

```
/ * Name: ex0221.c */
#include <stdio.h>
#include <math.h>
int main()
{
        double x,y,result;
        printf("Input the x:");
        scanf("%lf",&x);
        y=pow(x,2);
        result=exp(x);
        printf(" %lf * %lf=%lf\n",x,x,y);
        printf(" (e^%lf)=%lf\n",x,result);
        return 0;
}
```

程序的运行过程和结果如下：

```
        Input the x:4.65
        4.650000 * 4.650000=21.622500
        (e^4.650000)=104.584986
```

6.对数类数学函数

常用的对数类函数有：log、log 10,函数的原型均在头文件 math.h 中声明,函数原型声明如下：

```
double log(double x);         //求以 e 为底的 x 的对数,即:ln(x)的值
double log 10(double x);      //求以 10 为底的 x 的对数,即:lg(x)的值
```

【例 2.22】 对数类数学函数使用示例。

```
/ * Name: ex0222.c */
#include <stdio.h>
#include <math.h>
int main()
{
        double x,y,z;
        printf("Input the x: ");
        scanf("%lf",&x);
```

```
        y = log(x);
        z = log 10(x);
        printf("The natural log of %lf is %lf\n",x,y);
        printf("The common log of %lf is %lf\n",x,z);
        return 0;
    }
```

程序的运行过程和结果如下：

        Input the x：34.572

        The natural log of 34.572000 is 3.543044

        The common log of 34.572000 is 1.538725

7.平方根类函数

常用的平方根类函数为 sqrt,函数的原型在头文件 math.h 中声明,函数原型声明如下：

        double sqrt(double x);　　　　//求 x 的算术平方根,这里 x≥0

【例 2.23】　求平面上任意两点之间的距离,两点的坐标值从键盘上输入。

```
#include <stdio.h>
#include <math.h>
int main()
{
        double x1,x2,y1,y2,z;
        printf("输入第一个坐标点的值(x1,y1)：");
        scanf("%lf,%lf",&x1,&y1 );
        printf("输入第二个坐标点的值(x2,y2)：");
        scanf("%lf,%lf",&x2,&y2);
        z = sqrt(pow(x2-x1,2)+pow(y2-y1,2));
        printf("两点间距离为：%lf\n",z);
        return 0;
    }
```

程序的运行过程和结果如下：

        输入第一个坐标点的值(x1,y1)：23.45,24.7

        输入第二个坐标点的值(x2,y2)：12.36,87.2

        两点间距离为：63.476280

8.随机数类函数

常用的随机类函数有:rand 和 srand ,函数的原型均在头文件 stdlib.h 中声明,函数原型声明如下：

         int rand(void);　　　　　　　//返回一个范围在 $0\sim2^{15}-1$ 的随机整数

        int srand (unsigned int seed);　　//初始化随机数发生器

如果直接用 rand 函数产生随机数,每次运行程序的结果都相同。为了得到真正意义上的随机数,需要使用 srand 对系统的随机数发生器进行初始化。srand 函数的参数最好是一个可以随程序执行时间不同而变化的数据,常常使用 time(NULL) 函数调用取出系统当前时钟值来作为 srand 函数的参数。

【例 2.24】 利用函数 rand 产生处于 0~99 的 5 个随机整数。

```
/* Name: ex0224.c */
#include <stdio.h>
#include <stdlib.h>
#include <time.h>                    //time 函数在 time.h 头文件中声明
int main( )
{
    int i;
    srand( time( NULL) );            //初始化随机数发生器
    printf( "[0,99]范围内的随机数:\n");
    for( i=0;i<5;i ++)
        printf( "%4d", rand( )%100) ;
    printf( "\n") ;
    return 0;
}
```

程序的运行过程和结果如下:

```
[0,99]范围内的随机数:
   8   13    9   53    6
```

习题 2

一、单项选择题

1.下列描述中,正确的是( )。

　A.C 程序中的注释只能出现在程序的开始位置和语句的后面

　B.C 程序书写格式严格,要求一行内只能写一条语句

　C.C 程序书写格式自由,一条语句可以写在多行上

　D.用 C 语言编写的源程序可以直接运行

2.下列描述中,错误的是( )。

　A.一个 C 程序可以包含多个不同名的函数

　B.一个 C 程序只能有一个主函数

　C.C 程序在书写时,有严格的缩进要求,否则不能编译通过

　D.C 程序的主函数必须用 main 作为函数名

3.C 语言规定:在一个源程序中,main 函数的位置( )。

　A.必须在最开始　　　　　　　　　　　　B.必须在最后

C.必须在系统调用的库函数后面　　　　　　　D.可以任意

4.以下选项中不能作为 C 程序合法常量的是(　　　　)。

A.1,234　　　　　　　　　　　　　　　B.'\123'

C.123　　　　　　　　　　　　　　　　D."\x7G"

5.以下选项中,不合法的标识符是(　　　　)。

A.print　　　　　　　　　　　　　　　B.FOR

C.&A　　　　　　　　　　　　　　　　D._00

6.下面 4 个选项中,均是合法转义字符的选项是(　　　　)。

A.'\'' '\\' '\n'　　　　　　　　　　　B.'\' '\017' '\"'

C.'\018' '\f' 'xab'　　　　　　　　　D.'\\0' '\101' 'x1f'

7.设变量 x,y,z 已正确定义并赋值,以下表达式正确的是(　　　　)。

A.x = y * 5 = x+z　　　　　　　　　　B.int(15.8%5)

C.x = y+z * 5,++y　　　　　　　　　　D.x = 25%5.0

8.C 语言中,表达式 16/4 * sqrt(4.0)/2 的数据类型是(　　　　)。

A.int　　　　　　　　　　　　　　　　B.float

C.double　　　　　　　　　　　　　　D.不确定

9.若有定义 int x = 7,y = 12;,则值为 3 的表达式是(　　　　)。

A.y% = (x% = 5)　　　　　　　　　　B.y% = (x-x%5)

C.y% = x-x%5　　　　　　　　　　　D.(y% = x) - (x% = 5)

10.有语句 scanf("%d,%d",&x,&y);,能正确输入值 12 和 45 的操作选项是(　　　　)。

A.12,45<回车>　　　　　　　　　　　B.12<空格>45<回车>

C.12<回车>45<回车>　　　　　　　　D.12;45<回车>

二、填空题

1.从键盘输入两个单精度实型变量 a 和 b 的值,使用的函数调用形式是:

scanf(_____)。

2.输出两个整型数据 x 和 y 的商和余数,可以使用的函数调用形式是:

printf("%d÷%d 的商是%d\n", x,y, _____);

printf("%d÷%d 的余数是%d\n",x,y, _____)。

3.下面程序的功能是:从键盘输入两个整数,交换两个整型变量的值。请完善程序。

```
#include <stdio.h>
int main( )
{
    int x,y,t;
    printf("请输入两个整数:");
    scanf("%d%d",&x,&y);
    printf("交换前:x = %d\ty = %d\n",x,y);
    t = x;
```

```
          _____;
          _____;
       printf("交换后:x=%d\ty=%d\n",x,y);
       return 0;
    }
```

4.下面程序的功能是:从键盘输入一个小写字母,在屏幕上显示其对应的大写字母。请完善程序。

```
    #include <stdio.h>
    int main( )
    {
       char ch;
       printf("请输入一个小写字母:");
       ch = _____;
       printf("对应的大写字母是:");
       putchar( _____ );
       putchar('\n' );
       return 0;
    }
```

5.下面程序的功能是:从键盘输入一个正整数,输出其个位与十位数之和。请完善程序。

```
    #include <stdio.h>
    int main( )
    {
       int x, i, j, s ;
       printf("请输入一个正整数:");
       scanf("%d",&x);
       i = _____;              //计算得到个位数
       j = _____;              //计算得到十位数
       s = i+j;                   //计算各位数之和
       printf("个位+十位=%d\n",s );
       return 0;
    }
```

6.下面程序的功能是:从键盘输入分钟数,将其转换成用小时和分钟表示形式,然后进行输出。请完善程序。

```
    #include <stdio.h>
    int main( )
    {
       int time_m;
```

```c
        printf("请输入分钟数:");
        scanf("%d",&time_m);
        printf("转换后的形式为:");
        printf("%d:%d\n",time_m/60, _____ );
        return 0;
}
```

三、阅读程序题

1.阅读下面的程序,写出输入数据是 12345<回车>时程序的运行结果。

```c
#include <stdio.h>
int main( )
{
        int a;
        scanf("%3d",&a);
        printf("a=%d\n",a);
        return 0;
}
```

2.阅读下面的程序,写出程序的运行结果。

```c
#include <stdio.h>
int main( )
{
        int x=4,y=5;
        x+=x* =12+y;
        printf("%d\n",x);
        return 0;
}
```

3.阅读下面的程序,写出程序的运行结果。

```c
#include <stdio.h>
int main( )
{
        int n,x;
        char ch='A';
        (x=5*8,x+2,x++),x*2;
        n=x+sizeof(ch+1);
        printf("n=%d \n",n);
        return 0;
}
```

4.阅读下面的程序,写出程序的运行结果。

```c
#include <stdio.h>
int main( )
{
    char c1='a',c2='b',c3='c',c4='\101',c5=101;
    printf("a%c b%c\tc%c\tabc\n",c1,c2,c3);
    printf("%c %c\n",c4,c5);
    return 0;
}
```

5.阅读下面的程序,写出程序的运行结果。

```c
#include<stdio.h>
int main( )
{
    int x=14,y=8,z,a,b;
    a=-22+x ++;
    b=--y;
    z=a%b;
    printf("%d\n",z);
    return 0;
}
```

6.阅读下面的程序,写出程序的运行结果。

```c
#include <stdio.h>
void main( )
{
    float x;
    int i;
    x=3.6f;
    i=(int)x;
    printf("x=%.3f,i=%d\n",x,i);
}
```

四、程序设计题

1.从键盘输入一个任意四位正整数,将其按规则转换后输出,转换规则为:千位数与个位数互换,百位数与十位数互换。

2.从键盘输入一个字符,输出该字符及该字符的 ASCII 码。

3.从键盘输入半径 r,计算球表面积($4\pi r^2$)和球体积$\left(\dfrac{4}{3}\pi r^3\right)$,输出结果保留 3 位小数。

4.编写程序,利用格式化输出函数输出如下所示字符图形。

```
            A
          A B A
        A B C B A
      A B C D C B A
        A B C B A
          A B A
            A
```

5.从键盘输入一个华氏温度值,按如下公式换算出相应的摄氏温度并在屏幕上显示,输出结果保留2位小数。

$$C = \frac{5}{9}(F-32)$$

6.输入一个角度值,输出对应的弧度值和双曲正弦值。

第 3 章　分支结构程序设计

结构化程序主要有顺序、分支和循环 3 种基本结构,任何复杂的程序都是这 3 种基本结构的某种组合。前面已经讨论了顺序结构程序设计的基本方法,本章主要讨论 C 语言中条件的表示方法、分支(选择)结构和程序设计的基本方法。

3.1　生活中与计算机中的问题求解方法

在日常生活中,人们做任何事情都要遵循一定的程序,即要按一定的顺序来操作,其中某些步骤的顺序是不能改变的,就像我们必须"先穿袜子后穿鞋"一样,实际上这就是生活中的"算法"。

如果问题很复杂,那么通常还要使用分治策略,将原始问题逐步分解为一些易于解决的子问题,然后将每个子问题各个击破。以准备早餐为例,可以按照如下方法将"准备早餐"进行任务分解,然后对其中的每个步骤逐步细化:

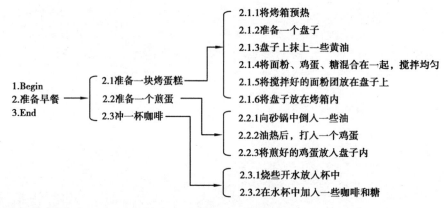

最终将上述步骤写成一个类似于菜谱的完整"算法":

1. Begin
2. 准备早餐
   2.1 准备一块烤蛋糕
   2.1.1 将烤箱预热
   2.1.2 准备一个盒子
   2.1.3 在盒子上抹上一些黄油
   2.1.4 将面粉、鸡蛋、糖混合在一起,搅拌均匀
   2.1.5 将搅拌好的面粉团放在盘子上
   2.1.6 将盘子放到烤箱内

2.2 准备一个煎蛋

　　2.2.1 向砂锅中倒入一些油

　　2.2.2 油热后,打入一个鸡蛋

　　2.2.3 将煎好的鸡蛋放入盘子内

2.3 冲一杯咖啡

　　2.3.1 烧些开水放入杯中

　　2.3.2 在水杯中加入一些咖啡和糖

3.End

　　与现实生活不同的是,计算机执行特定任务是通过执行预定义的指令集来实现的。这些预定义的指令集就是所谓的计算机程序。按照一定的算法编写计算机程序实际上就是在告诉计算机该做什么和怎么做。

　　计算机程序和计算机之间关系就像食谱和厨师之间的关系一样,计算机程序指定了完成某一任务需要的步骤。但不幸的是,目前人类还不能用自己的母语向计算机发出指令。因此,计算机中的算法是通过用计算机指令编写的程序来实现的。

　　对计算机来说,指令必须被表示成一种计算机能"理解"的语言。计算机能"理解"的唯一语言就是机器语言,机器语言是由一系列二进制的 0 和 1 组成的。由于机器语言很难直接使用,所以通常将计算机指令表示成一种特殊的语言,这种特殊的语言被称为程序设计语言,程序设计语言不是机器语言,机器语言是一种低级语言,而程序设计语言则是一种高级语言,虽然看上去它很像英语,但它不是英语,而是一种介于机器语言和英语之间的一种语言。使用高级语言来编写程序比使用低级语言容易得多。为了让计算机执行由高级语言编写的程序指令,必须把这些指令从高级语言形式转换成计算机能理解的机器语言形式,这种转换是由编译器来完成的。

3.2　算法的概念及其描述方法

　　不管使用哪种程序设计语言,编程者必须在程序中明确而详细地说明他们想让计算机做什么以及如何做。算法的作用就是表述人们解决问题的思想。对于复杂问题,直接写出程序往往比较困难,通常是先设计算法,再编写程序。可见算法设计是编写程序,尤其是编写复杂程序的前导步骤。

3.2.1　算法的概念

　　所谓算法,简单地说,就是为了解决一个具体问题而采取的确定、有限有序、可执行的操作步骤。当然,程序设计中的算法仅指计算机算法,即计算机能够执行的算法。

　　程序设计是一门艺术,主要体现在算法设计和结构设计上。如果说结构设计是程序的"肉体",那么算法设计就是程序的"灵魂"。

　　著名的计算机科学家沃思(N.Wirth)曾提出一个经典公式:

数据结构 + 算法 = 程序

这个公式仅对面向过程的语言(如 C 语言)成立,它说明一个程序应由两部分组成:

(1)数据结构是计算机存储、组织数据的方式,指相互之间存在一种或多种特定关系的数据元素的集合。

(2)算法是对操作或行为(即操作步骤)的描述。算法代表着用系统的方法描述解决问题的策略。不同的算法可能用不同的时间、空间或效率来完成同样的任务。

计算机进行问题求解的算法大致可以分为以下两类:

①数值算法,主要用于解决数值求解问题。

②非数值算法,主要用于解决需要用逻辑推理才能解决的问题,如人工智能中的许多问题以及搜索、分类等问题都属于这类算法。

那么怎样衡量一个算法的正确性呢? 一般地,可用如下特征来衡量。

①有穷性。算法包含的步骤应该是有限的,每一步都应在合理的时间内完成,否则算法就失去了它的使用价值。

②确定性。算法包含的操作步骤应该是确定的,不允许有歧义。例如,"如果 x≥0 则输出 Yes;如果 x≤0,则输出 No"就是有歧义的,即当 x 等于 0 时,既要输出 Yes,又要输出 No,这就产生了不确定性。

③有效性。算法中的每个步骤都应能有效执行,且能得到确定的结果,例如,对一个负数开平方或者取对数,就是一个无效的操作。

④允许没有输入或者有多个输入。有些算法不需要从外界输入数据,如计算 5!;而有些算法则需要输入数据,如计算 n!,而 n 的值是未知的,执行时需要从键盘输入 n 的值后再计算。

⑤必须有一个或者多个输出。算法的实现是以得到计算结果为目的的,没有任何输出的算法没有任何意义。

3.2.2 算法的描述方法

算法的描述方法主要有如下几种。

1.自然语言描述

用自然语言描述算法时,可使用汉语、英语和数学符号等,通俗易懂,比较符合人们的日常思维习惯,但描述文字显得冗长,在内容表达上容易引起理解上的歧义,不易直接转换为程序,所以一般适用于算法较为简单的情况。

2.流程图描述

流程图是一个描述程序的控制流程和指令执行情况的有向图,它是程序的一种比较直观的表示形式。美国国家标准化协会(ANSI)规定了图 3.1 所示的符号作为常用的流程图符号。用传统流程图描述算法的优点是流程图可直接转化为程序,形象直观,各种操作一目了然,不会产生歧义,易于理解和发现算法设计中存在的错误;但缺点是所占篇幅较大,允许使用流程线,使用者可使流程任意转向,有可能造成程序阅读和修改上的困难。

3.NS 结构化流程图描述

NS 结构化流程图是由美国学者 I.Nassi 和 B.Schneiderman 于 1973 年提出的,NS 图就是以这两位学者名字的首字母命名的。它最重要的特点就是完全取消了流程线,这样迫使算法只能从上到下顺序执行,从而避免了算法流程的任意转向,保证了程序质量。与传统的流程图相比,NS 图的另一个优点就是形象、直观,节省篇幅,尤其适合于结构化程序的设计。

例如,用传统流程图表示的顺序结构如图 3.2(a)所示,用 NS 图表示的顺序结构如图 3.2(b)所示,表示先执行 A 操作,再执行 B 操作,两者是顺序执行的关系。

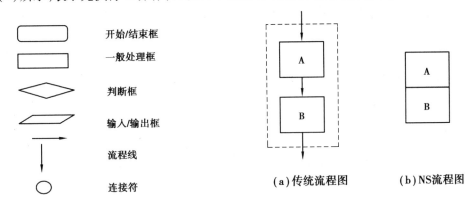

图 3.1　传统流程图中的常用符号　　　图 3.2　顺序结构的流程图表示

4.伪码描述

伪码是指介于自然语言和计算机语言之间的一种代码,它的最大优点是与计算机语言比较接近,易于转换为计算机程序。书写无固定格式和规范,比较灵活。

很多初学者常常因急于求解问题而直接写代码,然后边写边改,越改思路越乱,结果是欲速则不达。当我们面对一个实际生活问题时,首先应通过抽象、分解、归纳、约简等分析手段将问题抽象为数学模型,并设法找到其求解方法,然后将问题求解方法用算法描述出来,进一步分析是否存在更优(如效率更高)的求解方法,最后再将算法编码实现。在上述4 种算法描述方法中,传统流程图是初学者最易掌握,也是最清晰直观的一种算法描述方法,在流程图上查找算法的逻辑错误也比直接在代码上查找更快、更有效。因此,在学习程序设计时应养成"先画程序流程图,然后再编写代码"的好习惯。

3.3　C 语言关系运算和逻辑运算

在程序设计中,无论是分支结构还是循环结构,都必然会涉及条件的描述方法和条件取值的判断问题。程序设计中,主要使用关系运算或逻辑运算来描述这些条件。

3.3.1 关系运算符

关系运算符用于两个同类型数据对象之间的比较运算,关系运算符是双目运算符,优先级低于算术运算符,具有左结合性。C 语言中的关系运算符及其含义见表 3.1。

表 3.1　关系运算符及其含义

运算符	>	>=	<	<=	==	!=
含义	大于	大于等于	小于	小于等于	等于	不等于

用关系运算符将两个运算对象连接起来的表达式称为关系表达式,关系运算的结果应该是逻辑"真"或者逻辑"假"。C 语言中没有逻辑数据类型,用整数 1 表示逻辑"真",用整数 0 表示逻辑"假"。例如,3>5 的结果是 0;5<=8 的结果是 1;0!=0 的结果是 0;0==0 的结果是 1。

3.3.2 逻辑运算符

关系运算只能描述简单的条件,程序中描述复杂条件需要逻辑运算。C 语言中逻辑运算符及其含义见表 3.2。

表 3.2　逻辑运算符及其含义

运算符	!	&&	||
含义	逻辑非	逻辑与	逻辑或

逻辑运算符"&&"和"||"是双目运算符,具有左结合性;"!"是单目运算符,具有右结合性。

用逻辑运算符将运算对象连接起来的表达式称为逻辑表达式,在 C 语言中,构成逻辑运算的数据对象除了关系表达式外,还可以是任意的其他表达式。对其他表达式而言,非 0 值以逻辑"真(即 1)"参加逻辑运算,0 值以逻辑"假"参加逻辑运算。逻辑表达式的运算结果是一个逻辑值(即 0 或者 1)。逻辑运算的规则可以用"真值表"描述,两个数据对象之间的逻辑运算规则见表 3.3。

表 3.3　逻辑运算真值表

A	B	! A	A&&B	A||B
0	0	1	0	0
0	1	1	0	1
1	0	0	0	1
1	1	0	1	1

C 语言中进行逻辑表达式求值运算时,不但要注意逻辑运算符本身的运算规则,而且

还必须要遵循下面的两条原则：

　　●对逻辑表达式从左到右进行求解。

　　●短路原则：在逻辑表达式的求解过程中，任何时候只要逻辑表达式的值已经可以确定，则求解过程不再进行，求解结束。

　　具体理解逻辑表达式运算规则时，可以采用这样的步骤：

　　①找到表达式中优先级最低的逻辑运算符，以这些运算符为准将整个逻辑表达式分为几个计算部分。

　　②从最左边一个计算部分开始，按照算术运算、关系运算和逻辑运算的规则计算该部分的值。每计算完一个部分就与该部分右边紧靠着的逻辑运算符根据真值表进行逻辑值判断。

　　③如果已经能够判断出整个逻辑表达式的值则停止其后的所有计算；只有当整个逻辑表达式的值还不能确定的情况下才进行下一个计算部分的计算。

　　例如，有定义：int a=1,b=2,c=0;，则对逻辑表达式 a ++||b ++&&c ++的计算过程为：

　　①最低优先级的逻辑运算符||将逻辑表达式分成了两个部分 a ++和 b ++&&c ++；

　　②计算第一个计算部分 a ++得到该部分的值为 1（变量 a 自增为 2）；

　　③用 a ++计算部分得到的结果 1 与其右边的逻辑或运算符根据逻辑运算真值表进行逻辑值判断，得出整个逻辑表达式的结果为 1。由于已知整个逻辑表达式的结果，停止该逻辑表达式的运算（即 b ++&&c ++没有进行任何运算）。

　　根据上面的计算过程得到结果为：逻辑表达式的值为 1、变量 a 的值为 2、变量 b 的值为 2（原值）、变量 c 的值为 0（原值）。

　　【例 3.1】　逻辑表达式运算规则示例。

```c
/* Name: ex0301.c */
#include <stdio.h>
int main( )
{
    int a=1,b=2,c=0;
    a ++||b ++&&c ++;
    printf("1：a=%d,b=%d,c=%d\n",a,b,c);
    a ++&&b ++||c ++;
    printf("2：a=%d,b=%d,c=%d\n",a,b,c);
    return 0;
}
```

　　在 C 程序设计中，常用逻辑与运算表示某个数据对象的值是否在给定的范围之内，用逻辑或运算表示某个数据对象的值是否在给定的范围之外。例如，若要表示变量 x 的值在区间[a,b]之内时条件为真，则可使用逻辑表达式 x>=a&&x<=b 来表示；若要表示变量 x 的值在区间[a,b)之外时条件为真，则可使用逻辑表达式 x<a||x>=b 表示。

3.4 分支结构程序设计

分支结构是程序的基本控制结构之一。分支结构程序设计时，程序员需要将某种条件下所有可能的处理方法都编写好执行代码，程序运行时根据条件的成立与否，在事先编制好的若干段代码中选择一段来执行。C语言中提供if语句和switch语句支持分支结构的程序设计。

3.4.1 单分支程序设计

单分支选择if语句的结构形式为：

```
if( exp)
    sentence;
```

语句的执行过程为：首先计算作为条件的表达式(exp)值；然后对计算出的表达式值进行逻辑判断，若表达式值不为0(逻辑真)，则执行结构中的语句(sentence)后执行if结构的后续语句；若表达式值为0(逻辑假)，则跳过语句(sentence)部分直接执行if结构的后续语句。单分支if语句的执行过程如图3.3所示。

使用if语句实现单分支选择结构程序时还需要注意下面两点：

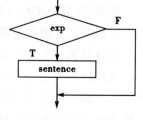

图3.3 if语句的执行流程

①作为条件的表达式一般来说应该是关系表达式或逻辑表达式，但C语言中允许表达式是任何可以求出0值或非0值的表达式。

②C语言语法规定，if结构中的语句部分(sentence)只能是一条C语句，但可以是C语言的任何合法语句(如复合语句、if语句等)。

【例3.2】 编写程序实现功能：从键盘上输入一个整数，若输入的数据是奇数，则输出该数。

```c
/ * Name: ex0302.c * /
#include <stdio.h>
int main( )
{
    int x;
    printf( "Input the x: ");
    scanf( "%d",&x);
    if( x%2)
        printf( "%d 是一个奇数。\n",x);
    return 0;
}
```

在上面的程序中，if语句中条件表述不是"关系表达式"或"逻辑表达式"，而是一个"数学表达式"。在C语言中，数学表达式结果可以用"0值"或"非0值"表示，如果要描述条件式为"非0值"时条件成立的情况，则既可以直接使用该表达式表示，也可以使用相应的关系表达式表示。例如,本例的 if 控制中,使用 x%2 或者 x%2!=0 表达了相同的语义。

就一般情况而言,设用符号 e 来表示任意表达式,表示 e 结果值为"非 0 值"时条件成立的情况,既可以直接用 e 来表示,也可以用 e!=0 来表示。例如,对 if 条件语言而言,使用 if(e) 和 if(e!=0) 表示相同的控制含义;表示 e 结果值为"0 值"时条件成立的情况,既可以直接用!e 来表示,也可以用 e==0 来表示。使用 if(!e) 和 if(e==0) 也表示同样的控制含义。

同时还需要提醒读者,此处分析的关于条件表达的方法在 C 程序设计的所有控制结构中都是相同的,今后涉及此问题时不再赘述。

3.4.2 复合语句在程序中的使用

在 C 语言中,控制结构的语句部分在语法上都只能是一条 C 语句。但在对实际问题处理的应用程序中,有可能遇到需要多条 C 语句来描述的处理过程。为了满足这种在语法结构上只能有一条语句,而功能的实现又需要多条语句的要求,C 语言提供称为复合语句的语句块对这种要求进行支持。

复合语句是用一对花括号"{}"将若干条 C 语句括起来形成的语句块,在语法上作为一条语句考虑。复合语句的构成形式如下:

```
{       C 语句 1;
        C 语句 2
         ⋮
        C 语句 n;
}
```

C 程序设计中,描述控制结构中多条 C 语句才能完成的功能时,就需要使用复合语句。

【例 3.3】 从键盘上输入三角形的三边的边长,若它们能构成一个三角形,则输出其面积。

根据数学知识,若三直线 a、b、c 要构成三角形,则必须满足条件:任意两边之和大于第三边(即 a+b>c 且 a+c>b 且 b+c>a)。计算三角形的面积的公式为:

$s=(a+b+c)/2$

$area=\sqrt{s(s-a)(s-b)(s-c)}$

程序流程如图 3.4 所示,程序代码如下:

```
/* Name: ex0303.c */
#include <stdio.h>
#include <math.h>
int main()
{
    double a,b,c,s,area;
    printf("输入三角形 3 条边的长度:");
    scanf("%lf,%lf,%lf",&a,&b,&c);
```

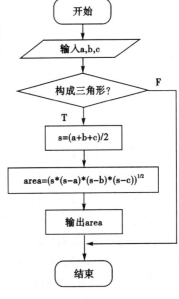

图 3.4 例 3.3 程序流程图

```
        if( a+b>c && a+c>b && b+c>a)
        {
            s=(a+b+c)/2;
            area=sqrt(s*(s-a)*(s-b)*(s-c));
            printf("三角形面积是:%lf\n",area);
        }
        return 0;
    }
```

程序运行过程中,若输入数据能够构成三角形(如输入:3,4,5),if 语句中的条件表达式 a+b>c && a+c>b && b+c>a 值为"真"(非 0 值),则执行其后的复合语句;若输入数据不能构成三角形(如输入:1,2,3),程序则不会执行后面的复合语句。

在 C 程序中,需要使用复合语句的地方必须使用复合语句的形式,否则程序在语法上可能检查不出任何错误,但程序运行的结果与程序设计者的期望会相去甚远。例如,将例 3.3 中相关程序段描述为如下形式:

```
        if( a+b>c && a+c>b && b+c>a)          /*满足三角形条件时求其面积*/
            s=(a+b+c)/2;
            area=sqrt(s*(s-a)*(s-b)*(s-c));
            printf("%f\n",area);
```

程序在编译和链接时没有任何的语法错误,但此时 if 下面的 3 个语句在语法上不再是一个整体,语句 area=sqrt(s*(s-a)*(s-b)*(s-c));和 printf("%f\n",area);与 if 语句控制结构部分没有任何关系,即无论 if 结构中的条件成立与否都会执行这两条 C 语句,因而在逻辑功能上并不能实现对程序的要求。

C 语言中规定,复合语句中也可以定义变量,这方面的知识涉及变量的作用范围问题,我们将在"变量的作用域"章节中予以讨论。

3.4.3　双分支程序设计

双分支选择 if 语句的结构形式为:

```
    if( exp)
        sentence1;
    else
        sentence2;
```

语句的执行过程为:首先计算作为条件的表达式(exp)值;然后对计算出的表达式值进行逻辑判断,若表达式值不为 0(逻辑真),则执行结构中的语句(sentence1)后执行 if 结构的后续语句;若表达式值为 0(逻辑假),则执行结构中的语句(sentence2)后执行 if 结构的后续语句。双分支 if 语句的执行过程如图 3.5 所示。

与使用 if 语句类似,使用 if…else 语句实现双分支结构

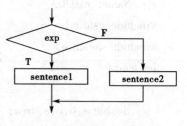

图 3.5　if 语句的执行流程

程序时也需要注意下面两点：

①作为条件的表达式可以是任何能够求出 0 值或非 0 值的表达式。

②if 结构或 else 结构后语句部分都可以是 C 语言的任何合法语句。

【例 3.4】 任意输入 3 个整数，求出它们中的最大值。

```
/* Name: ex0304.c */
#include <stdio.h>
int main( )
{
    int x,y,z,max;
    printf("请输入 3 个整数:");
    scanf("%d,%d,%d",&x,&y,&z);
    if (x>y)                    //x,y 中较大者送入 max
        max=x;
    else
        max=y;
    if(z>max)                   //z,max 中较大者送入 max
        max=z;
    printf("最大值是:%d\n",max);
    return 0;
}
```

对应简单的双分支 if 语句，C 语言中提供了一个特殊的条件运算符($?:$)。条件运算符是 C 语言中唯一的一个三元运算符，使用条件运算符构成的条件表达式形式如下：

　　　　exp1 ? exp2:exp3

条件表达式的执行过程是：首先计算表达式 exp1 的值，若 exp1 的值为非 0(真)，则计算出表达式 exp2 的值作为整个条件表达式的值；若 exp1 的值为 0(假)，则计算出表达式 exp3 的值作为整个条件表达式的值。

例如，下面两种语句结构表示了相同的功能：

```
if(x<y)
    max=y;                比较        max=(x<y)? y:x;
else
    max=x;
```

条件运算符的优先级别高于赋值运算符但低于关系运算符和算术运算符，结合性为右结合。例如，条件表达式 a>b?a:c>d?c:d 相当于 a>b?a:(c>d?c:d)。

【例 3.5】 从键盘上输入一个英文字母，若输入的是大写字母则转换为小写字母输出；若输入的是小写字母则转换为大写字母输出。

```
/* Name: ex0305.c */
#include <stdio.h>
int main( )
```

```
    {
        char ch;
        printf("Input a letter:");
        ch = getchar();
        ch = ch >= 'A' &&ch <= 'Z' ? ch+'a'-'A':ch-('a'-'A');
    printf("%c\n",ch);
        return 0;
    }
```

上面程序中,表达式'a'-'A'计算的是小写英语字母'a'和对应大写英文字母'A'之间的差距(ASCII 码值的差距),即 97-65。在 ASCII 表中,任意一对大小写英文字母之间的差距都是相同的,可以表达为'a'-'A',或者直接用整数 32 表示。当大写字母转换为对应小写字母时,仅需将其值加 32;当小写字母转换为对应大写字母时,仅需将其值减 32。例如,上面程序中用于转换字母的语句也可以写为:

```
        ch = ch >= 'A' &&ch <= 'Z' ? ch+32:ch-32;
```

3.4.4 多分支程序设计

在实际问题中,我们经常遇到多分支选择问题。所谓"多分支",指的是在某个条件下存在着多种选择。例如,一个 4 分支的情况如图 3.6 所示。

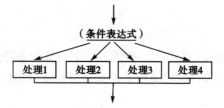

图 3.6 程序的 4 分支结构示意图

对于一般的多分支情况,程序设计语言中没有直接对应的控制语句,需要首先对其分解,然后用单分支或者双分支控制结构的嵌套进行处理。例如,图 3.6 所示的 4 分支结构可以有两种分解法方式,如图 3.7 和图 3.8 所示。

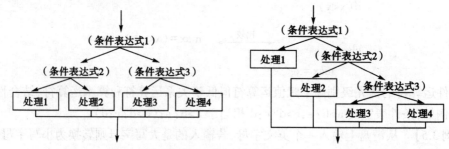

图 3.7 分支结构对称分解示意图　　　　**图 3.8 分支结构不对称分解示意图**

1.使用 if 语句嵌套组成多分支结构程序

如果 if 结构或者 else 结构的语句部分又是另外一个 if 结构,称为 if 语句的嵌套。例

如,在一个二分支 if 语句的两个语句部分分别嵌入一个二分支 if 语句的形式为(对应图 2.5 的分解方式):

```
if( exp₁)
    if( exp₂)
        sentence₁;
    else
        sentence₂;
else
    if( exp₃)
        sentence₃;
    else
        sentence₄;
```

【例 3.6】 某公司按照销售人员收到的订单金额评定其等级。规则为:订单总金额≥10 000 为 A 等,5 000~9 999 为 B 等,2 500~4 999 为 C 等,2 500 以下为 D 等。编程序实现如下功能:输入某人的订单总金额数后,判定其对应的等级并输出结果。

```c
/* Name: ex0306.c */
#include <stdio.h>
int main( )
{
    double orders;
    char dj;
    printf("*** 销售人员收到的订单金额,Input：***\n");
    scanf("%lf",&orders);
    if( orders >= 5000)
        if( orders >= 10000)
            dj = ' A';
        else
            dj = ' B';
    else
        if( orders >= 2500)
            dj = ' C';
        else
            dj = ' D';
    printf("订单金额为:%.2lf,相应等级为：%c\n",orders,dj);
    return 0;
}
```

在 C 程序中,也可能出现上述形式的各种变形,例如:if 和 else 的语句部分中只有一个是 if 结构、嵌套和被嵌套的 if 结构中一个或者两个都是不平衡的 if 结构(即没有 else 部分的结构)等。特别地,当被嵌套的 if 结构均被嵌套在 else 的语句部分时,形成了一种称为

else…if 的多分支选择结构,这是 if…else 多重嵌套的变形(对应图 2.6 的分解方式),其一般形式为:

```
if( exp₁ )
     sentence₁ ;
else if( exp₂ )
        sentence₂ ;
else if( exp₃ )
        sentence₃ ;
              ⋮
else if( expₙ )
        sentenceₙ ;
else
     sentenceₙ₊₁ ;
```

在这种特殊的 else…if 结构中,表示条件的表达式是相互排斥的,执行该结构时控制流程从 exp_1 开始判断,一旦有一个条件表达式值为非 0(真)时,就执行与之匹配的语句,然后退出整个选择结构;如果所有表示条件的表达式值均为 0(假),则在执行语句 $sentence_{N+1}$ 后退出整个选择结构;如果当所有的条件均为假时不需要进行任何操作,则最后的一个 else 和语句 $sentence_{N+1}$ 可以缺省。

【例 3.7】 重写例 3.6 的程序,要求用不对称分解方式处理多分支。

```c
/ * Name: ex0307.c * /
#include <stdio.h>
int main( )
{
    double orders;
    char dj;
    printf(" * * * 销售人员收到的订单金额,Input: * * * \n");
    scanf("%lf",&orders);
    if( orders>=10000)
        dj=' A' ;
    else if( orders>=5000)
        dj=' B' ;
    else if( orders>=2500)
        dj=' C' ;
    else
        dj=' D' ;
    printf("订单金额为:%.2lf,相应等级为: %c\n",orders,dj);
    return 0;
}
```

在包含了 if 语句嵌套结构的程序中,else 子句与 if 的配对原则是非常重要的,按不同的方法配对则得到不同的程序结构。C 语言规定:else 子句不能独立出现,程序中的 else 子句与在它前面距它最近的且尚未匹配的 if 配对。无论将程序书写为何种形式,系统总是按照上面的规定来解释程序的结构。

2.使用 switch 语句组成多分支结构程序

使用 if 语句嵌套可以处理所有多分支的问题,但如果分支的条件不是某个区间的连续条件,而是若干个分散的条件点时,C 语言提供了 switch 语句更加简洁地处理该类多分支问题。switch 语句结构的一般形式如下:

```
switch( expression )
{
case constand₁ : sentences₁ ;
              [ break ; ]
case constand₂ : sentences₂ ;
              [ break ; ]
                ⋮
case constandN : sentencesN ;
              [ break ; ]
[ default :        sentencesN+1 ; ]
}
```

C 程序中使用 switch 结构时要注意以下几点:

● 作为条件的表达式值只能是整型、字符型、枚举型三者之一;

● case 后的语句段可以是单条语句,也可以是多条语句,但多条语句并不构成复合语句,不需要使用花括号{};

● 结构中的常数值应与表示条件的表达式值对应一致,且各常数的值不能相同;

● 结构中的 break 语句和 default 项可根据需要确定是否选用;

● switch 结构允许嵌套。

switch 语句结构执行过程是:首先对作为条件的表达式(expression)求值;然后在语句结构的花括号内从上至下地查找所有 case 分支,当找到与条件表达式值相匹配(相同)的 case 时,将其作为控制流程执行的入口并从此处开始执行相应的语句段直到遇到 break 语句或者是到 switch 语句结构的右花括号"}"为止。

【例 3.8】　从键盘上输入一个字符,判断它是数字、空格还是其他键;若是数字,还要求显示出是哪一个数字。

```c
/ * Name: ex0308.c * /
#include <stdio.h>
int main( )
{
    char c;
    int i = 0;
```

```
    printf("Input a character: ");
    c = getchar();
    switch(c)
    {
    case'9':    i ++;
    case'8':    i ++;
    case'7':    i ++;
    case'6':    i ++;
    case'5':    i ++;
    case'4':    i ++;
    case'3':    i ++;
    case'2':    i ++;
    case'1':    i ++;
    case'0':    printf("It is a digiter %d.\n",i);
                break;
    case' ':    printf("It is a space.\n");
                break;
    default:    printf("It is other character.\n");
    }
    return 0;
}
```

需要特别注意的是,在嵌套的 switch 结构中,内层 switch 结构执行中遇到 break 语句时,退出的仅仅是内层 switch 结构,下面的代码段说明了这个问题。

```
switch(a)                            //外层 switch 结构
{
case 2:    switch(b)                 //内层 switch 结构
           {    case 1:sum+=2;
                    break;           //退出内层 switch
                case 2:sum+=3;
                    break;           //退出内层 switch
           }
           sum+=5;                   //从内层 switch 中退出到此,继续执行代码
           break;                    //退出外层 switch
case 3:sum+=10;
       break;                        //退出外层 switch
}
```

习题 3

一、单项选择题

1.在 C 程序中,下面所列关键字不能够单独使用的是( )。

    A.if   B.switch

    C.else   D.while

2.为了避免嵌套 if…else 语句的二义性,C 语言规定,与 else 组成配对关系的总是( )。

    A.所排位置相同的 if   B.在其之前未配对的 if

    C.在其之前未配对的最近的 if   D.同一行上的 if

3.若有定义 int a,b;,则下列选项中合法的 if 语句是( )。

    A.if(a = =b) x++;   B.if(a=<b) x++;

    C.if(a<>b) x++;   D.if(a=>b) x++;

4.下面关于 switch 语句的叙述中,错误的是( )。

    A.switch 语句允许嵌套使用

    B.语句中必须有 default 部分,才能构成完整的 switch 语句

    C.语句中各 case 与后面的常量表达式之间必须有空格

    D.省略 break 语句时,程序会继续执行下面的 case 分支

5.能正确表示 x 的取值在[1,10]或[100,210]范围内的表达式是( )。

    A.(x>=1) &&(x<=10) && (x>=100) && (x<=210)

    B.(x>=1) || (x<=10) || (x>=100) || (x<=210)

    C.(x>=1) && (x<=10) || (x>=100) && (x<=210)

    D.(x>=1) || (x<=10) && (x>=100) || (x<=210)

6.下面所列选项中,不能看作一条语句的是( )。

    A.{;}   B.a=0,b=0,c=0;

    C.if(a>0)m=1;   D.if(b= =0)m=1;n=2;

7.当 a=1,b=3,c=5,d=4 时,执行完下面一段程序后 x 的值是( )。

```
if ( a<b)
  if ( c<d) x=1;
  else
      if ( a<c)
        if ( b<d) x=2;
        else x=3;
      else x=6;
  else x=7;
```

    A.1   B.2

    C.3   D.4

二、填空题

1.要表达字符变量 c 是数字字符时,应该使用表达式_____;,而表达字符变量 c 不是数字字符时,则应使用表达式_____;。

2.要表达字符变量 c 是英语字母时,应该使用表达式_____;,而表达字符变量 c 不是英语字母时,则应使用表达式_____;。

3.下面程序的功能是:从键盘输入 3 个整数,求其中的最大值。请完善程序。

```c
#include<stdio.h>
int main( )
{
    _____;
    scanf("%d,%d,%d",&x,&y,&z);
    max=x;
    if(_____)
        max=y;
    if(max<z)
        _____;
    printf("最大值是:%d\n",max);
    return 0;
}
```

4.下面程序的功能是:从键盘上输入一个字符,如果它是小写字母,则把它转换成大写字母输出;否则,直接输出。请完善程序。

```c
#include <stdio.h>
int main( )
{
    char ch;
    printf("Input a character: ");
    scanf("%c",_____);
    ch=(_____)? (_____):ch;
    printf("ch=%c\n",ch);
    return 0;
}
```

5.下面程序要实现的功能是:判断一个整数是否能同时被 3、5、7 整除,能则输出"YES",否则,输出"NO"。请完善程序。

```c
#include <stdio.h>
int main( )
{
```

```c
    int x;
    printf("Input x:");
    _____;
    if(_____)
        printf("YES\n");
    else
        printf("NO\n");
    return 0;
}
```

6.下面程序要实现的功能是:从键盘输入 10 个整数,从中找出第一个能被 7 整除的数。若找到,打印此数后退出循环;若未找到,打印"not exist"。请完善程序。

```c
#include<stdio.h>
int main()
{
    int i,a;
    for(i=1;i<=10;i++)
    {
        scanf("%d",&a);
        if(a%7==0)
        {
            printf("%d\n",a);
            _____;
        }
    }
    if(_____)
        printf("not exist\n");
    return 0;
}
```

三、阅读程序题

1.阅读下面的程序,写出程序的运行结果。

```c
#include <stdio.h>
void main()
{
    int a=2,b=3,c;
    c=a;
    if(a>b) c=1;
    else if(a==b) c=0;
```

```
        else c=-1;
        printf("%d\n",c);
}
```

2.阅读下面程序,若在键盘上输入 75,写出程序的输出结果。

```
#include <stdio.h>
void main( )
{
    int score;
    printf("please input a score(should between 0 and 100)\n");
    scanf("%d",&score);
    switch(score/60)
    {
        case 1: printf("PASS!");
        case 0: printf("UNPASS!");break;
    }

}
```

3.阅读下面程序,写出程序的运行结果。

```
#include <stdio.h>
void main( )
{
    int x,y=1,z;
    if(y!  =0) x=5;
    printf("\t%d\n",x);
    if(y==0) x=4;
    else x=5;
    printf("\t%d\n",x);
    x=1;
    if(y<0)
        if(y>0) x=4;
        else x=5;
    printf("\t%d\n",x);
}
```

4.阅读下面程序,写出程序的运行结果。

```
#include<stdio.h>
int main( )
{
    int x=1,y=0,a=0,b=0;
```

```
switch(x)
{
case 1:switch(y)
        {
        case 0:a++;break;
        case 1:b++;break;
        }
case 2:a++;b++;break;
}
printf("a=%d,b=%d\n",a,b);
return 0;
}
```

四、程序设计题

1.输入一个3位数,判断它是否为水仙花数。当输入数据不正确时,要求给出错误提示。

说明:水仙花数是一个3位数,其各位数的立方和等于该数本身。

2. 从键盘上读入平面上两个圆的圆心坐标和半径,确定它们之间的关系(相交、相切、不相交)。

3. 已知银行整存整取存款不同期限的月利率如下:0.215%(期限一年)、0.230%(期限二年)、0.245%(期限三年)、0.275%(期限五年)、0.320%(期限八年),编程从键盘输入存款的本金和期限,计算到期时从银行得到的金额,保留2位小数。要求分别用多分支 if 语句和 switch 语句编写,并且当输入的存款期限不是上述年限时能给出错误提示信息。

4. 相传韩信才智过人,从不直接清点自己军队的人数,只要让士兵先后以三人一排、五人一排、七人一排地变换队形,而他每次只掠一眼队伍的排尾就知道总人数了。编程实现:输入3个非负整数 a,b,c,表示每种队形排尾的人数(a<3,b<5,c<7),输出总人数的最小值(或报告无解)。

第4章　循环结构程序设计

在实际问题中经常会遇到许多具有规律性的重复处理问题,处理此类问题的程序需要将某些语句或语句组重复执行多次。程序设计中,一组被重复执行的语句称为循环体,每一次执行完循环体后都必须根据某种条件的判断决定是继续循环、还是停止循环。决定是否继续循环的条件称为循环控制条件。这种由重复执行的语句或语句组,以及循环控制条件的判断所构成的程序结构称为循环结构。在程序设计过程中,正确、合理、巧妙灵活地构造循环结构可以避免重复而不必要的操作,从而简化程序并提高程序的效率。C 语言中提供了 3 种实现程序循环结构的语句:while 语句、do…while 语句和 for 语句。

4.1　while 循环控制结构

while 型循环结构又称为当型循环结构,控制结构的一般形式为:

    while(exp)

        Loop-Body

while 型循环结构的执行过程是:首先计算条件表达式 exp 的值并对表达式 exp 的值进行判断,若条件表达式值为非 0(真),则执行一次循环体 Loop-Body;然后再一次计算条件表达式 exp 的值,若计算结果仍为非 0(真),再一次执行循环体。重复上述过程,直到某次计算出的条件表达式值为 0(假)时,则退出循环结构;控制流程转到该循环结构后的 C 语句继续执行程序。while 循环控制结构的执行过程如图 4.1 所示。

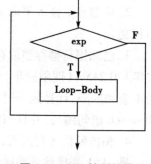

图 4.1　while 控制结构执行过程

使用 while 循环结构时需要注意以下几点:

①由于整个结构的执行过程是先判断、后执行,因而循环体有可能一次都不执行。

②如果在循环结构中的循环条件表达式是一个非 0 值常量表达式,则构成了死循环。例如:

    while(1)

        Loop-Body

C 程序设计中,如果不是有意造成死循环,则在 while 循环结构的循环体内必须有能够改变循环条件的语句存在。

③循环结构的循环体可以是一条语句、一个复合语句、空语句等任意合法的 C 语句。

【例 4.1】　使用 while 循环控制结构求 $\sum_{n=1}^{100} n$ 的值。

/ * Name: ex0401.c * /

```
#include <stdio.h>
int main( )
{
    int n = 1,sum = 0;
    while( n<= 100)
    {
        sum+= n;    /* 等价于 sum = sum+n; */
        n ++;
    }
    printf( "sum = %d\n",sum);
    return 0;
}
```

在上面程序中,当满足循环条件时需要进行两个操作,所以使用了复合语句的形式。当然也可以通过语句的组合使得循环体由一条 C 语句构成,从而不需要使用复合语句形式,上面程序中的循环结构可以改写为如下形式:

```
while( n<= 100)
    sum+= i ++;      //请分析本语句的执行过程
```

在程序中还需要注意变量 sum 的初值问题,由于变量 sum 用于存放和值,所以其初值必须从某一固定值开始。一般而言,用于存放和值、做计数等功能的变量,初始值一般为 0;用于求解累积运算结果的变量,其初值一般为 1。

4.2 do…while 循环控制结构

do…while 型循环结构是 C 语言中提供的直到型循环结构,控制结构的一般形式为:

```
do
{  Loop-Body
}while( exp);
```

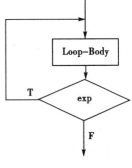

图 4.2 do…while 控制结构执行过程

do…while 型循环结构的执行过程是:首先执行一次循环体 Loop-Body;然后计算作为判断条件的条件表达式 exp 的值并对表达式 exp 的值进行判断,若表达式的值为非 0(真),则执行一次循环体;执行完循环体后再一次计算条件表达式的值,若计算结果仍为非0(真),再一次执行循环体。重复上述过程,直到某次计算出的条件表达式的值为 0(假)时,退出循环结构;控制流程转到该循环结构后的 C 语句继续执行程序。do…while循环控制结构的执行过程如图 4.2 所示。

使用 do…while 循环结构时需要注意以下几点:

①由于整个结构的执行过程是先执行、后判断,所以循环结构中的循环体至少被执行一次。

②如果在循环结构中的循环条件表达式是一个非 0 值常量表达式,则构成了死循环。例如:

```
        do
        {   Loop-Body
        }while(1);
```

在 C 程序设计中,如果不是有意造成死循环,则在 do…while 循环结构的循环体内必须有能改变循环条件的语句存在。

③循环结构的循环体可以是一条语句、一个复合语句、空语句等任意合法的 C 语句。

【例 4.2】 编写程序实现功能:从键盘上输入一个正整数,判断其是否是"回文数"。

```
/* Name: ex0402.c */
#include <stdio.h>
int main( )
{
    int n,n1,s=0;
    printf("请输入正整数 n:");
    scanf("%d",&n);
    n1=n;
    do
    {
        s=s*10+n%10;
        n/=10;
    } while (n!=0);
    if(s==n1)
        printf("%d 是回文数!\n",n1);
    else
        printf("%d 不是回文数!\n",n1);
    return 0;
}
```

上面程序中,通过输入数据与其对应的"倒序数"进行比较来判断输入数据是否是"回文数",在程序中要注意以下几点:

①输入数据后需要拷贝一个备份,因为拆分数字会破坏原数。

②利用数字拆分技术获得了输入数据的"倒序数",获取"倒序数"的具体方法请读者自行分析总结。

③输入数据是要注意整型数据的取值范围,如果要处理更大范围的数据,可以使用数字字符串的方式进行处理。

4.3 for 循环控制结构

for 语句构成的循环是 C 语言中提供的使用最为灵活、适应范围最广的循环结构,它不仅可以用于循环次数已确定的情况,而且也可以用于循环次数不确定但能给出循环结束条件的循环,for 循环结构的一般形式为:

```
for( exp1；exp2；exp3)
    Loop-Body
```

其中,括号内的 3 个表达式称为循环控制表达式,exp1 的作用是为循环控制变量赋初值或者为循环体中的其他数据对象赋初值,exp2 的作用是作为条件用于控制循环的执行,exp3 的主要作用是对循环控制变量进行修改,3 个表达式之间用分号分隔。

for 循环结构的执行过程是:首先计算表达式 exp1 的值对循环控制变量进行初始化,如果有需要也同时对循环体中的其他数据对象进行初始化;然后计算作为控制条件使用的表达式 exp2 的值并根据 exp2 计算的结果决定循环是否进行,当 exp2 值为非 0(真)时则执行循环体 Loop-Body 一次;执行完循环体后,计算表达式 exp3 的值以修改循环控制变量;然后再次计算表达式 exp2 的值以确定是否再次执行循环体;反复执行上述过程直到某一次表达式 exp2 的值为 0(假)时为止。for 循环控制结构的执行过程如图 4.3 所示。使用 for 循环结构时需要注意以下几点:

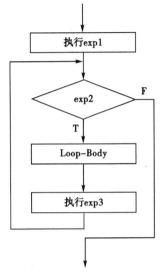

图 4.3 for 控制结构的执行过程

①由于整个结构的执行过程是先判断、后执行,因而循环体有可能一次都不执行。

②C 语言的 for 循环控制结构不仅提供在其控制部分的 exp3 中修改循环控制变量的值,而且还允许在 for 循环的循环体中存在能改变循环控制条件的语句,使用时需特别注意。

③无论 exp1 和 exp3 的取值如何,只要 exp2 是一个非 0 值常量表达式,则构成了死循环。例如:

```
for( exp1;1；exp3)
    Loop-Body
```

④循环结构的循环体可以是一条语句、一个复合语句、空语句等任意合法的 C 语句。

⑤根据程序功能的需要,循环控制部分的 3 个表达式都可以是逗号表达式,这也是逗号表达式最主要的用法之一。

⑥根据程序功能的需要,循环控制部分的 3 个表达式中可以缺省一个、两个、三个,但作为分隔符使用的分号不能缺省。如果控制部分的 3 个表达式全部省略,则是死循环的另外一种表达形式:

```
for( ;;)
    Loop-Body
```

【例 4.3】 编写程序实现功能:从键盘输入一个大于 2 的正整数,判断其是否为素数。

所谓素数,就是只能被 1 和自身整除的自然数。根据素数的定义,判断一个正整数 n 是否为素数最简单的方法就是:用 2 到 n−1 之间的每一个整数去除 n,若其间有一个能被 n 整除,则 n 不是素数;若 2 到 n−1 之间的所有整数都不能被 n 整除,则 n 为素数。

```
/* Name: ex0403.c */
#include <stdio.h>
```

```
int main( )
{
    int n,i,flag;
    printf("请输入正整数 n(n>2): ");
    scanf("%d",&n);
    flag=1;                  //flag 用作标志,等于 1 时表示 n 是素数
    for(i=2;i<=n-1;i++)
        if(n%i==0)           //在 2 到 n-1 区间内找到能被 n 整除的数
            flag=0;          //设置标志表示 n 不是素数
    if(flag==1)
        printf("%d 是素数! \n",n);
    else
        printf("%d 不是素数! \n",n);
    return 0;
}
```

4.4　空语句及其在程序中的使用

在 C 语言中,由单个分号";"构成的 C 语句被称为空语句,空语句执行时不进行任何具体操作(或称为空操作)。

C 语言规定,任何控制结构的下面有且仅有一条 C 语句,在 2.2.2 中已经讨论过复合语句的使用方法。程序设计时,如果遇到从 C 语言的语法要求上应该有一条 C 语句,但语义上(即程序的逻辑功能上)又不需要进行任何操作时,就可以使用空语句来占据这条语句位置以同时满足语法和语义上的需求。例如,求整数 1 到 10 之和,最常见的处理方式是:

```
int i,s;
for(i=1,s=0;i<=10;i++)
    s+=i;
```

如果要求循环体使用空语句,则可以使用如下代码段实现:

```
int i,s;
for(i=1,s=0;i<=10;s+=i,i++)
    ;      //注意:循环体是空语句
```

【例 4.4】　编写程序实现求阶乘的功能,要求循环体用空语句实现。

```
/ * Name: ex0404.c */
#include <stdio.h>
int main( )
{
    int n,t,fac;
    printf("请输入正整数 n: ");
    scanf("%d",&n);
```

```
        for( fac = 1,t = n;n> = 1;fac * = n --)
             ;     //使用空语句作为循环体
        printf( "%d 的阶乘是:%d\n",t,fac);
        return 0;

}
```

4.5 循环的嵌套结构

　　一个循环结构的循环体内又包含另外一个完整的循环结构,称为循环的嵌套。循环嵌套层数可以是多层,称为多重循环。在某些具有规律性重复计算的问题中,如果被重复计算部分的某个局部又包含着另外的重复计算问题,就可以通过使用循环的嵌套结构(多重循环)来处理。前面讨论的 while、do…while 和 for 3 种循环控制结构均可互相嵌套,并且可以多层嵌套以适应不同的应用,下面列出最常见的几种二层循环嵌套结构:

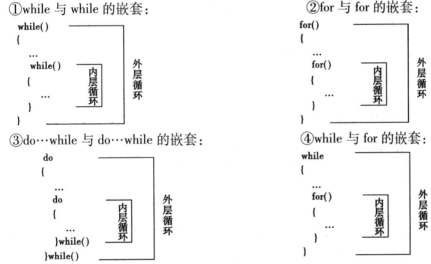

　　多层循环嵌套时,外层循环每执行一次,内层循环就完整执行一遍。程序设计时要注意程序内每个语句的具体执行次数和每次执行后各个变量值的相应变化。为了避免在多层循环的程序段中发生预想不到的错误,各层循环的控制变量一般不应相同。

　　【例 4.5】　编写程序实现功能:输出如图所示的字符图形。

　　对于这类字符图形输出的程序设计,首先要理解屏幕输出(或打印机输出)都只能是从上到下,从左到右一行一行地输出数据,设计程序时必须考虑计算机的这种数据输出方式(见图 4.4)。例 4.5 应该考虑如下几方面问题:

```
        A
      B A
    C B A
  D C B A
E D C B A
```
图 4.4　例 4.5 图

　　①如何控制输出 5 行字符串,可以用一个循环控制某件事情处理 5 遍的概念来处理。

　　②每行都由前导空格字符串和输出字母字符串两个部分组成,分别都可用循环结构进行处理。在前导空格的输出循环中,要考虑如何实现空格字符个数随着行数的增加而减少;在字母字符的输出循环中,要考虑如何实现字符个数随行数的增加而增多。

③每次完整的输出完一行字符后,需要输出一个换行符号实现换行的操作。

```
/* Name:ex0405.c */
#include<stdio.h>
int main( )
{
    char ch=' A' ;
    int i,j;
    for(i=0;i<5;i++)                //外层循环控制输出行数
    {
        for(j=0;j<5-i;j++)          //输出前导空格,注意 j<5-i 的控制意义
            printf(" ");
        for(j=0;j<=i;j++)           //输出每行的字符,注意 j<=i 的控制意义/
            printf("%c",ch+i-j);
        printf("\n");               //每输出完一行后换行
    }
    return 0;
}
```

4.6 流程的转移控制

goto 语句、break 语句、continue 语句和 return 语句是 C 语言中常用于控制转移的跳转语句。其中,控制从函数返回值的 return 语句将在后续章节介绍。

4.6.1 goto 语句

在循环结构程序中,有可能需要在某种条件下直接将程序转移到指定的位置继续执行,C 语言中使用 goto 语句实现这种程序设计要求。其一般形式为:

>　goto　语句标号;

这里的语句标号是指一个标识符,它标识程序的一个特定位置,例如:

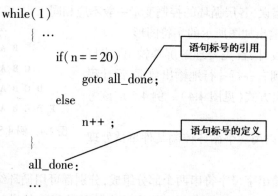

```
while(1)
    { ...
        if( n = = 20)
            goto all_done;        语句标号的引用
        else
            n++ ;                 语句标号的定义
    }
    all_done:
        ...
```

语句标号被定义在某个执行语句的前面。可以和执行语句处在同一行,也可以单独成行,处在该执行语句的上一行。被定义的语句标号以冒号结尾。它和其所标识的语句

之间可有一个或多个空格,不许出现其他字符。它标识出 goto 语句在程序中跳转的位置。标号只能在 goto 语句中引用,其他地方不能被引用。

在结构化程序设计中,不提倡使用 goto 语句,因为 goto 语句的自由分支会使程序的基本结构受到破坏,从而降低了程序的可读性和可维护性。但是,有些特定情况下,使用 goto 语句为程序设计带来了方便和提高了程序的执行速度。因此,应合理、有节制地使用它。

4.6.2　break 语句

在循环结构程序中,有可能需要在某种条件下不受循环控制条件的约束而提前结束循环的执行,C 语言中使用 break 语句实现这种程序设计要求。其一般形式为:

　　　　break;

break 语句的使用范围只能在下面两种程序结构之一:

①switch 语句结构中(在 3.4.4 小节中已经讨论)。

②循环控制结构中。

break 语句的功能是把程序的控制流程转出直接包含该 break 语句的循环控制结构或 switch 语句结构。

由于 break 语句的功能是中断包含它的循环结构执行,所以在循环体中,break 语句一般出现在 if 结构的语句部分,构成如下形式的语句结构形式:

　　　　if(exp)

　　　　　　break;

【例 4.6】　编写程序实现功能:将自然数区间[a,b](a>2)中所有素数挑选出来。

根据数学知识可知:如需判定数 n 是否为素数,可以用 2 到 $\sqrt{n}$ 之间的所有整数去除 n,若其中任意一个数能够整除 n,则 n 不是素数;否则 n 是素数。

```
/* Name: ex0406.c */
#include <stdio.h>
#include <math.h>
int main()
{
    int a,b,num,i,k;
    printf("请输入区间的下限 a(a>2)和上限 b:");
    scanf("%d,%d",&a,&b);
    for(num=a;num<=b;num++)
    {
        k=(int)sqrt(num);      //sqrt 函数的返回值是 double 类型
        for(i=2;i<=k;i++)
            if(num%i==0)       //遇到能够整除的情况时则退出内层循环
                break;
        if(i>k)       //判断退出内层循环的位置
```

```
            printf("%d is a prime number.\n",num);
        }
        return 0;
    }
```

4.6.3　continue 语句

在循环结构程序中,有可能会在某些轮次的循环体执行过程中,不需要对循环体完整地执行(即只要求执行循环体中的前面部分),C 语言中使用 continue 语句实现这种程序设计要求。其一般形式为:

```
        continue;
```

continue 语句只能用在循环结构中。它的功能是提前结束本次循环体的执行过程而直接进入下一次循环。由于 continue 语句的功能是中断当前正在被执行的循环体,所以在循环体中,continue 语句一般出现在 if 结构的语句部分,构成如下形式的语句结构形式:

```
        if(exp)
            continue;
```

【例 4.7】　重写例 4.6 的程序,去掉区间下限 a 大于 2 的限制。

```
/* Name: ex0407.c */
#include <stdio.h>
#include <math.h>
int main()
{
    int a,b,num,i,k;
    printf("请输入区间的下限 a 和上限 b:");
    scanf("%d,%d",&a,&b);
    for(num=a;num<=b;num++)
    {
        if(num<2)              //num 小于 2 时,不可能是素数,直接返回取下一个数据
            continue;
        else if(num==2)        //num 等于 2 时,输出素数信息,返回取下一个数据
        {
            printf("%d is a prime number.\n",num);
            continue;
        }
        k=(int)sqrt(num);      //以下代码处理一般情况
        for(i=2;i<=k;i++)
            if(num%i==0)       //遇到能够整除的情况时则退出内层循环
                break;
        if(i>k)                //判断退出内层循环的位置
```

```
        printf("%d is a prime number.\n",num);
    }
    return 0;
}
```

与例4.6的程序对比可以看出,上面程序对[a,b]区间的每个数据首先判断是否小于2和等于2两种特殊情况,若是则直接处理;只有当被判断数据大于2时,程序才会进入一般数据的判断处理过程。

【例4.8】 编写程序实现功能:检测从键盘上输入的以换行符结束的字符流,统计非字母字符的个数。

```
/* Name: ex0408.c */
#include <stdio.h>
int main()
{
    char c;
    int counter = 0;
    printf("Input a string: ");
    while((c = getchar())! = '\n')
    {
        if(c>='A' &&c<='Z' ||c>='a' &&c<='z')          //是字母则不计数
            continue;
        counter++;
    }
    printf("Counter = %d\n",counter);
    return 0;
}
```

上面程序通过循环依次检查每一个输入的字符,当字符不是换行符并且是字母时,通过执行 continue 语句提前结束本轮循环(即不执行循环体中的 counter ++;语句);当字符不是换行符并且不是字母时,才会执行计数器增一的操作 counter ++;;当遇到换行字符时循环结束并输出变量 counter 的值。

4.7 基本控制结构的简单应用

前面较为详细地讨论了结构化程序设计的基本技术和 C 语言提供的 3 种基本程序组成结构,使用这 3 种基本结构可以构成许多较为复杂的程序,解决常见的程序设计问题。本小节就程序设计中常见的穷举方法的程序实现、迭代方法的程序实现等典型程序设计问题的解决过程讨论程序设计的基本方法。

4.7.1 穷举方法程序设计

在程序设计中,许多问题的解"隐藏"在多个可能之中。穷举就是对多种可能的情形

——测试,从众多的可能中找出符合条件的(一个或一组)解或者得出无解的结论。在一个集合内对集合中的每一个元素进行——测试的方法称为穷举法。穷举本质上就是在某个特定范围中的查找,是一种典型的重复型算法,其重复操作(循环体)的核心是对问题的一种可能状态的测试。穷举方法的实现主要依赖于以下两个基本要点:

- 搜寻可能值的范围如何确定。
- 被搜寻可能值的判定方法。

对于"被搜寻值"的判定,一般都是问题中所要查找的对象或者要查找对象应该满足的条件,在问题中都会有清晰的描述。但对于搜寻范围,有些问题比较确定,而另外一些问题则不确定。程序设计中应据问题的描述具体分析,确定时应尽量缩小搜索范围,提高程序效率。

【例 4.9】 编写程序找出所有的"水仙花数"。"水仙花数"是指一个 3 位数,其各位上数字的立方之和等于这个数本身。如 $153 = 1^3 + 5^3 + 3^3$,所以 153 是"水仙花数"。

题目分析:这是一个典型的搜寻范围已定的穷举问题。依题意可以得出,搜寻可能值的范围为 100~999;判定方法为各位上数字的立方之和等于被判定数。程序可以依次取出区间[100,999]之间的每一个数,然后将该数分解为 3 个数字,按照判定条件判定即可。

```c
/* Name: ex0409.c */
#include <stdio.h>
int main( )
{
    int num,a,b,c;
    for( num=100;num<=999;num ++)
    {
        a=num/100;          //取出 3 位整数的百位
        b=num/10%10;        //取出 3 位整数的十位,也可以用 b=num%100/10;
        c=num%10;           //取出 3 位整数的个位
        if( num==a*a*a+b*b*b+c*c*c)
            printf("水仙花数:%d\n",num);
    }
    return 0;
}
```

上面求取"水仙花数"的方法可以称为分离数据法,除此之外还可以使用组合数据的方法求取"水仙花数"。如果用 a、b 和 c 分别表示 3 位数的百位、十位和个位,则该 3 位数可以表示为:a*100+b*10+c,其中 a 的变化范围为[1,9],b 和 c 的变化范围均为[0,9]。使用 3 重循环结构,每层循环分别控制 a、b 和 c 的变化,组合出所有的 3 位数参加判断即可。

```c
/* Name: ex0409b.c */
#include <stdio.h>
int main( )
```

```
{
    int a,b,c,num;
    for(a=1;a<=9;a++)
        for(b=0;b<=9;b++)
            for(c=0;c<=9;c++)
            {
                num=a*100+b*10+c;
                if(num==a*a*a+b*b*b+c*c*c)
                    printf("水仙花数:%d\n",num);
            }
    return 0;
}
```

【例 4.10】 搬砖问题:36 块砖,36 人搬,男人一次可搬 4 块砖,女人一次可搬 3 块砖,两个小孩一次可抬 1 块砖。要求将所有的砖一次搬完,问需要男人、女人、小孩各多少人?

题目分析:这是一个典型的搜寻范围需要分析确定的穷举问题。

设男人、女人、小孩的数量分别为 man、woman、child,依题意可以得出被搜寻值的判定方法可以用下式表示:4*man+3*woman+0.5*child=36。

对于搜寻的范围,按照常识简单划分,men、women、child 都应该为整数,而且男人的数量应该少于 9 人(36/4),女人的数量应该少于 12 人(36/3),当男人数量和女人数量一定的情况下小孩的数量可以用算式 children=36-men-women && child%2==0 来确定。由此可以简单地确定搜寻范围表示如下:

men:1-8;

women:1-11;

child=36-men-women && child%2==0

```
/*  Name: ex0410.c  */
#include<stdio.h>
int main()
{
    int men,women,child;
    for(men=1;men<9;men++)
        for(women=1;women<12;women++)
        {
            child=36-men-women;
            if((4*men+3*women+child/2.0)==36)
                printf("men=%d women=%d child=%d\n",men,women,child);
        }
    return 0;
}
```

程序中通过表达式(4 * man+3 * woman+child/2.0)==36 保证小孩人数为偶数,该表达式左边 4 * man+3 * woman+child/2.0 是实数,比较运算时右边的 36 自动转换为实数(36.0)进行比较,如果相等关系成立则表示左边表达式值的小数部分也为 0,从而保证了小孩数一定是偶数。程序执行的输出结果为:

     man＝3 woman＝3 child＝30

4.7.2　迭代方法程序设计

递推就是一个不断由变量旧值按照一定的规律推出变量新值的过程,递推在程序设计中往往通过迭代方法实现。迭代一般与 3 个因素有关,它们是初始值、迭代公式、迭代结束条件(迭代次数)。

迭代算法的基本思想:迭代变量先取初值,据初值(或旧值)按迭代公式计算出新值,用新值对变量原值进行更新替换;重复以上过程,直到迭代结束条件满足时结束迭代。迭代过程在程序结构上使用循环结构进行处理。

【例 4.11】　求两个正整数的最大公约数和最小公倍数。

题目分析:使用辗转相除法实现求两个非负整数 m 和 n(m>n)的最大公倍数,其算法可以描述为:

①m 除以 n 得到余数 r(0≤r<n)。

②若 r＝0 则算法结束,n 为最大公约数。否则执行步骤③。

③m←n,n←r,转回到步骤①。

当已知两个非负整数 m 和 n 的最大公约数后,求其最小公倍数的算法可以简单描述为:两个正整数之积除以它们的最大公约数。

```c
/* Name: ex0411.c */
#include <stdio.h>
int main()
{
    int m,n,num1,num2,r;
    printf("请输入两个正整数:");
    scanf("%d,%d",&num1,&num2);
    if(num1<num2)                //保证 num1 大于等于 num2
        r=num1,num1=num2,num2=r;
    m=num1;                      //备份原数用于求最小公倍数
    n=num2;
    r=m%n;
    while(r!=0)
    {
        m=n;
        n=r;
```

```
        r=m%n;
    }
    printf("最大公约数是:%ld\n",n);
    printf("最小公倍数是:%ld\n",num1*num2/n);
    return 0;
}
```

上面程序代码是完全按照算法描述的步骤书写的,考虑到除数肯定不能为 0,两个数的乘积可以在迭代之前计算等因素,程序可以进行如下优化,请读者对照理解。

```
/* Name: ex0411b.c */
#include <stdio.h>
int main()
{
    int m,n,p,r;
    printf("请输入两个正整数:");
    scanf("%d,%d",&m,&n);
    if(m<n)                      //保证 m 大于等于 n
        r=m,m=n,n=r;
    p=m*n;                       //求出两个数的乘积用于计算最小公倍数
    while(n!=0)
    {
        r=m%n;
        m=n;
        n=r;
    }
    printf("最大公约数是:%ld\n",m);
    printf("最小公倍数是:%ld\n",p/m);
    return 0;
}
```

【例 4.12】 求出斐波那契数列的前 n 项。裴波那契(Fibonacci)数列:前两个数据项都是 1,从第 3 个数据项开始,其后的每一个数据项都是其前面的两个数据项之和。

题目分析:设用 f1、f2 和 f3 表示相邻的 3 个裴波那契数据项,据题意有 f1、f2 的初始值为 1,即迭代的初始条件为:f1=f2=1;迭代的公式为:f3=f1+f2。有初始条件和迭代公式只能描述前 3 项之间的关系,为了反复使用迭代公式,可以在每一个数据项求出后将 f1、f2 和 f3 顺次向后移动一个数据项,即将 f2 的值赋给 f1,f3 的值赋给 f2,从而构成如下的迭代语句序列:f3=f1+f2;、f1=f2;、f2=f3;,反复使用该语句序列就能够求出所要求的裴波那契数列。

```
/* Name: ex0412.c */
```

```c
#include <stdio.h>
int main( )
{
    int i,f1,f2,f3,n;
    printf("Input the n: ");
    scanf("%d",&n);
    f1=f2=1;                       //处理数列前两项
    printf("%d,%d",f1,f2);
    for(i=3;i<=n;i++)              //从第3项开始循环处理数列
    {
        f3=f1+f2;
        printf(",%d",f3);
        f1=f2;
        f2=f3;
    }
    printf("\n");
    return 0;
}
```

4.7.3 一元高阶方程的迭代程序解法(*)

用迭代法求一元高阶方程 $f(x)=0$ 的解,需要将方程 $f(x)=0$ 改写为一种迭代形式: $x=\phi(x)$;选择适当的初值 x_0,通过重复迭代构造出一个序列:$x_0,x_1,x_2,x_3,\cdots,x_n,\cdots$;若函数在求解区间内连续,且这个数列收敛,即存在极限,那么该极限值就是方程 $f(x)=0$ 的一个解。在构成求解序列时,不可能重复无限次,重复的次数应由指定的精确度(或误差)决定。当误差小于给定值时,便认为所得到的解足够精确了,迭代过程结束。常用的方法有牛顿迭代法、二分迭代法和割线法3种。

1.牛顿迭代法求解一元高阶方程

牛顿迭代法又称为牛顿切线法,其基本思想如图 4.5 所示。设 x_k 是方程 $f(x)=0$ 的精确解 x^* 附近的一个猜测解,过点 $P_k(x_k, f(x_k))$ 作 $f(x)$ 的切线。该切线方程为:

$$y=f(x_k)+f'(x_k)*(x-x_k)$$

切线与 X 轴的交点是方程:$f(x_k)+f'(x_k)*(x-x_k)=0$ 的解,为:$x_{k+1}=x_k-f(x_k)/f'(x_k)$,该式既是牛顿迭代法求解

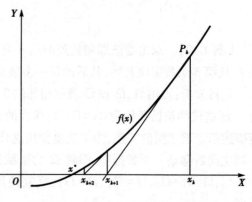

图 4.5 牛顿迭代法求高阶方程根

一元高阶方程的迭代公式。

从数学上可以证明,若猜测解 x_k 取在单根 x^* 的附近,则它恒收敛。经过有限次迭代后,便可以求得符合误差要求的近似根。

【例 4.13】 用牛顿迭代法求方程:$x^4-4x^3+6x^2-8x-8=0$ 在 0 附近的根。

```
/* Name: ex0413.c */
#include <stdio.h>
#include <math.h>
#define ESP 1e-7
int main( )
{
    double x,x0,f,f1;
    x0=0;
    do
    {
        f=pow(x0,4)-4*pow(x0,3)+6*pow(x0,2)-8*x0-8;
        f1=4*pow(x0,3)-12*pow(x0,2)+12*x0-8;
        x=x0-f/f1;                //切线方程的根
        x0=x;
    }while(fabs(f)>=ESP);
    printf("root=%lf\n",x);
    return 0;
}
```

程序的运行结果为:root=-0.602272。

2.二分迭代法求解一元高阶方程

设有一元高阶方程表示为:$f(x)=0$,则用二分迭代法求高阶方程在某个单根区间的实根的步骤如下,如图 4.6 所示。

①输入所求区间的两个端点值即初值 $x1$ 和 $x2$,所取求根区间必须保证 $f(x1)*f(x2)<0$。

②计算出用 $x1$ 和 $x2$ 表示端点的求根区间中点值 $x=(x1+x2)/2$。

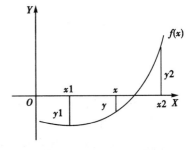

图 4.6 二分迭代法求高阶方程根

③计算 $x1$、x 和 $x2$ 三点处的函数值 $f(x1)$、$f(x2)$ 和 $f(x)$。此时若 $f(x)=0$,则算法结束,x 就是所求的一个实根。否则,转步骤④。

④若 $f(x)$ 和 $f(x1)$ 同号,令 $x1=x$,否则,令 $x2=x$,转步骤②。

应该注意的是:当 $y=f(x)$ 为 0 时,x 就是方程的根。但是,$f(x)$ 是一个实数,在计算机中表示一个实数的精度有限,因此判断一个实数是否等于 0 时一般不用“$f(x)=0$”,而用

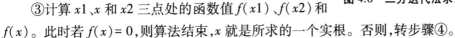

"$|f(x)|\leq 10^{-k}$"来代替$f(x)$是否为0的判断,如果$f(x)$满足这个条件,则x即为所求方程的根(近似根)。这个10^{-k}称为精度,所以求高次方程的根应该给出精度要求。

【例4.14】 用二分迭代法求方程$2x^3-4x^2+3x-6=0$在区间$(-10,10)$中的根。

```
/* Name: ex0414.c */
#include <stdio.h>
#include <math.h>
#define ESP 1e-7
int main( )
{
    double x,x1,x2,fx,fx1,fx2;
    x1=-10,x2=10;
    do
    {
        x=(x1+x2)/2;
        fx1=x1*((2*x1-4)*x1+3)-6;
        fx2=x2*((2*x2-4)*x2+3)-6;
        fx=x*((2*x-4)*x+3)-6;
        if(fx*fx1<0)
            x2=x;
        else
            x1=x;
    }while(fabs(fx)>=ESP);
    printf("root=%lf\n",x);
    return 0;
}
```

程序的运行结果为:root=2.000000。

3.割线法求解一元高阶方程

割线法亦称为弦截法,设有一元高阶方程表示为:$f(x)=0$,则用割线法求高阶方程在某个单根区间的实根的步骤如下,如图4.7所示:

①输入所求区间的两个端点值即初值$x1$和$x2$,所取求根区间必须保证$f(x1)*f(x2)<0$。

②连接$f(x1)$和$f(x2)$两点,连线交X轴于$x0,x0$的坐标方程为:

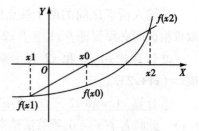

图4.7 割线法求高阶方程根

$$x0=\frac{x1\times f(x2)-x2\times f(x1)}{f(x2)-f(x1)}$$

③若$f(x0)$与$f(x1)$同号,则根必在$(x0,x2)$区间内,此时将$x0$作为新的$x1$;反之则表示根在$(x1,x0)$之间,此时将$x0$作为新的$x2$。

④反复执行步骤②和③,直到所求根满足要求为止。

【例4.15】 用割线法求方程$2x^3-4x^2+3x-6=0$在区间$(-10,10)$中的根。

```c
/* Name: ex0415.c */
#include <stdio.h>
#include <math.h>
#define ESP 1e-7
int main( )
{
    double x,x1,x2,fx,fx1,fx2;
    x1=-10,x2=10;
    do
    {
        fx1=x1*((2*x1-4)*x1+3)-6;
        fx2=x2*((2*x2-4)*x2+3)-6;
        x=(x1*fx2-x2*fx1)/(fx2-fx1);
        fx=x*((2*x-4)*x+3)-6;
        if(fx*fx1<0)
            x2=x;
        else
            x1=x;
    }while(fabs(fx)>=ESP);
    printf("root=%lf\n",x);
    return 0;
}
```

程序的运行结果为:root=2.000000。

习题4

一、单项选择题

1.控制结构 while(!x)中的条件!x 等价于( )。

  A.x==0   B.x!=1

  C.x!=0   D.~x

2.关于循环结构 do…while 下列说法正确的是( )。

  A.不能使用 do…while 语句构成的循环

B.do…while 语句构成的循环必须用 break 语句才能退出

C.do…while 语句构成的循环,当 while 语句中的表达式值为非零时结束循环

D.do…while 语句构成的循环,当 while 语句中的表达式值为零时结束循环

3.C 语言中 while 和 do…while 循环的主要区别是( )。

　　A.do…while 的循环体至少无条件执行一次

　　B.while 的循环控制条件比 do…while 的循环控制条件严格

　　C.do…while 允许从外部转到循环体内

　　D.do…while 的循环体不能是复合语句

4.for(i=0;i<10;i++);结束后,i 的值是( )。

　　A.9　　　　　　　　B.10　　　　　　　　C.11　　　　　　　　D.12

5.下列有关 for 循环的正确描述是( )

　　A.for 循环只能用于循环次数已经确定的情况

　　B.for 循环是先执行循环体语句,后判断表达式

　　C.在 for 循环中,不能用 break 语句跳出循环体

　　D.for 循环的循环体可以包含多条语句,但要用花括号括起来

6.循环语句 for(a=0,b=0;(b!=4)||(a<5);a++);的循环次数是( )。

　　A.4　　　　　　　　　　　　　　B.3

　　C.5　　　　　　　　　　　　　　D.无数多次

7.对于 for(表达式 1;;表达式 3)可理解为( )。

　　A.for(表达式 1;0;表达式 3)　　　　B.for(表达式 1;1;表达式 3)

　　C.for(表达式 1;表达式 1;表达式 3)　　D.for(表达式 1;表达式 3;表达式 3)

8.下列程序的功能是求解( )。

```c
#include <stdio.h>
void main( )
{
    int j,sum;
    for(sum=0,j=1;j<=10;j+=2)
        sum+=j+1;
    printf("sum=%d\n",sum);
}
```

　　A.1~9 的累加和　　　　　　　　　　B.1~10 中的偶数之和

　　C.1~9 中的奇数之和　　　　　　　　D.1~10 的累加和

9.循环语句 for(a=0,b=0;!a;a++);的循环次数是( )。

　　A.0　　　　　　　　B.1　　　　　　　　C.2　　　　　　　　D.无数次

10.下面程序的输出结果是( )。

```c
#include <stdio.h>
```

```
void main( )
{
    int s,k;
    for(s=1,k=2;k<5;k++)
    s+=k;
    printf("%d\n",s);
}
```

  A.1   B.9   C.10   D.15

二、填空题

1.下面程序的功能是:从键盘输入两个正整数给 a 和 b(a>=3,b>=3),求出 a 和 b 之间的全部素数。请完善程序。

```
#include <stdio.h>
#include <math.h>
int main( )
{
    int a,b,num,i,k,t;
    scanf("%d,%d",&a,&b);
    if( _____ )
        t=a,a=b,b=t;
    for(num=a;num<=b;num++)
    {
        k=(int)sqrt(num);
        for(i=2;i<=k;i++)
            _____
        if(i>k)
            printf("%d is a prime number.\n",num);
    }
    return   0;
}
```

2.下面程序的功能是:从键盘输入一组字符,分别统计其中的大写字母和小写字母个数。请完善程序。

```
#include <stdio.h>
int main ( )
{
    int m=0,n=0;
    char c;
    while( _____ ! =' \n' )
```

```
        {
            if(_____)
                m++;
            if(c>=' a' &&c<=' z' )
                n++;
        }
        printf("大写字母:%d,小写字母:%d\n",m,n);
        return 0;
}
```

3.下面程序的功能是:从键盘输入一个正整数,统计其各位数字中 0 的个数,并求各位数字中的最大者。请完善程序。

```
#include <stdio.h>
int main( )
{
        int n,t,count=0,max=0;
        printf("请输入正整数 n: ");
        scanf("%ld",&n);
        while(_____)
        {
            t=n%10;
            if(t==0)
                count++;
            else if(_____)
                max=t;
            _____;
        }
        printf( "count=%d,max=%d\n",count,max);
        return 0;
}
```

4.下面程序的功能是:求 1 到 1000 之间满足条件"用 3 除余 2;用 5 除余 3,用 7 除余 2"的数,并且一行输出 5 个数。请完善程序。

```
#include <stdio.h>
int main( )
{
        int n,i;
        for(_____;n<=1000;n ++)
        {
            if(_____)
```

```
            {
                printf("%4d",n);
                i ++;
                if(_____)
                    printf("\n");
            }
        }
        return 0;
    }
```

三、阅读程序题

1.阅读下面的程序,写出程序的运行结果。

```
#include <stdio.h>
int main( )
{
    int i = 5;
    do
    {
        switch(i%2)
        {
        case 4:i --; break;
        case 6:i --; continue;
        }
        i --;
        i --;
        printf("%d, ",i);
    } while(i>0);
    printf("\n");
    return 0;
}
```

2.阅读下面的程序,写出程序的运行结果。

```
#include <stdio.h>
int main( )
{
    int x,y;
    for(x = 1,y = 1;y< = 50;y ++)
    {
        if(x>= 10)
```

```
                break;
            if(x%3==1)
            {
                x+=5;
                continue;
            }
            x+=3;
        }
    printf("x=%d,y=%d\n",x,y);
    return 0;
}
```

3.阅读下面的程序,写出输入数据是 346759<回车>时程序的运行结果。

```c
#include <stdio.h>
int main()
{
    char c1,c2;
    int m,n,i;
    for(i=1;i<=3;i++)
    {
        c1=getchar();
        c2=getchar();
        m=c1-'0';
        n=m*10+(c2-'0');
    }
    printf("%d\n",n);
    return 0;
}
```

4.阅读下面的程序,写出程序的运行结果。

```c
#include<stdio.h>
int main()
{
    int i=5;
    do
    {
        if(i%3==1)
            if(i%5==2)
            {
                printf("*%d",i);
```

```
                    break;
                }
            i ++;
        } while( i! = 0);
    printf("\n");
    return 0;
}
```

5.阅读下面的程序,写出程序的运行结果。

```
#include<stdio.h>
int main( )
{
    int i,j,x = 0;
    for( i = 1;i<2;i ++)
    { x ++;
        for( j = 0;j< = 3;j ++)
            { if( j%2) continue;
                x ++;
            }
        x ++;
    }
printf( "x = %d\n",x);
}
```


四、编程题

1.编程实现功能:从键盘输入一行字符,分别统计出其中英文字母、空格、数字和其他字符的个数。

2.编程输出如下数字图形:

1

1 2 1

1 2 3 2 1

1 2 3 4 3 2 1

1 2 3 4 5 4 3 2 1

1 2 3 4 5 6 5 4 3 2 1

3.设有一口深度为 h 米的水井,井底有一只青蛙,它每天白天能够沿井壁向上爬 m 米,夜里则顺井壁向下滑 n 米,若青蛙从某个早晨开始向外爬,编程实现功能:对于任意指定的 h,m,n 值(均为自然数),计算青蛙多少天能够爬出井口?

4.设 N 是一个四位数,它的 9 倍恰好是其反序数(例如:1234 反序数是 4321),求 N 值。

第5章 函 数

5.1 分而治之与信息隐藏

前面章节中的程序都是规模相对较小的程序。在实际应用中,典型的商业软件通常有数十万、数百万、数千万行代码甚至更多。为了降低开发大规模软件的复杂度,程序员必须将大的问题分解为若干个小问题,小问题再分解为更小的问题。这种把较大的任务分解成若干个较小、较简单的任务,并提炼出公用任务的方法,称为分而治之。它是人们解决复杂问题的一种常用方法。

模块化程序设计就体现了这种"分而治之"的思想。在结构化程序设计中,主要采用功能分解的方法来实现模块化程序设计,功能分解是一个自顶向下、逐步求精的过程,即一步一步地把大功能分解为小功能,从上到下,逐步求精,各个击破,直到完成最终的程序。模块化程序设计不仅使程序更容易理解,也更容易调试和维护。

函数是 C 语言中模块化程序设计的最小单位,既可以把每个函数都看作是一个模块,也可以将若干相关的函数合并成一个模块。如果把程序设计比作制造机器,那么函数就好比是它的"零部件",可以将这些"零部件"单独设计、调试、测试好,用的时候拿出来装配,并进行总体调试。这些"零部件"既可以是自己设计的,也可以是别人设计的,或者是现成的标准产品。

图 5.1 显示了一个典型的 C 程序结构。如图所示,一个 C 程序可以由一个或多个源程序文件组成,一个源程序文件又可以由一个或多个函数组成。设计得当的函数可以把函数内部的信息(包括数据和具体的操作的细节)对不需要这些信息的其他模块隐藏起来,既不能访问,让使用者不必关注函数内部是如何做的,只知道它能做什么以及如何使用它即可,从而使整个程序的结构更加紧凑,逻辑也更加清晰。这就是所谓的信息隐藏的思想。显然,在进行模块化程序设计时,我们应该遵循信息隐藏的原则。

模块化程序设计在 C 语言中通过函数来体现。C 程序由一个或多个函数组成,有且仅有一个名为 main 的主函数。一个可以运行的 C 程序总是从主函数开始执行,完成对其他函数的调用后再返回到 main 函数,执行完 main 函数后结束整个程序运行。

主函数常常通过调用其他函数来实现它的功能,这些被调用的函数可以分为两类:标准库函数和用户自定义函数。

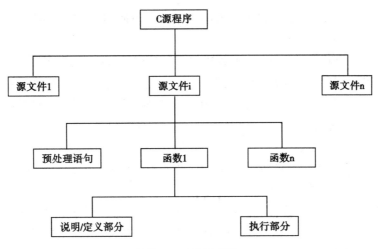

图 5.1　C 程序结构

5.2　函数的定义和调用

在 C 语言中,函数是程序的基本组成单位,一个 C 程序可以由一个主函数和其他若干函数组成,每个函数在程序中形成既相互独立又相互联系的模块。主函数可以调用其他函数,其他函数也可以相互调用,同一函数可以被一个或多个函数调用任意多次。

5.2.1　函数的定义和声明

1.函数的定义

在 C 程序中,函数对应于某一特定功能,函数的定义就是编写实现这一功能的程序代码。C 语言中函数定义的一般形式如下:

返回值类型名　　函数名(类型名 形参,类型名 形参,…)
{
　　<函数体语句>
}

函数定义的形式中,最上面一行称为函数头(或函数首部),由函数返回值类型、函数名和形式参数表组成。它们的意义是:

①返回值类型名。任何一个非 void 类型的函数执行完成后都会得到一个具体数据,返回值类型名规定了这个返回数据的数据类型。函数执行后不需要返回值时,其类型应定义为 void。C 语言规定,定义返回值类型为 int 或 char 的函数时,返回值类型名可省略不写。

②函数名。用户为函数取的名字,程序中通过函数名来调用函数。除主函数 main 外,其他由用户自己用标识符进行命名。

③形式参数表。形式参数表示函数与外界打交道的数据通道,由零个到多个的形式参数组成,每个形式参数都由数据类型名和变量名两部分构成,参数之间用逗号分隔。一个

函数即使没有形式参数,圆括号也不能省略。当函数被调用时,形式参数表中的参数从对应的实参获取数据。

C 函数体由一对花括号括住,是函数实现具体功能的代码段,由零到若干条 C 语句构成。若函数是非 void 类型,函数体中必然存在返回语句。返回语句表达两方面含义:一是结束函数的调用(函数的执行);二是向调用者报告函数执行的结果。返回语句的形式为:

   return 表达式;

值得注意的是,一个函数执行结果的数据类型不是由返回语句中表达式数据类型决定的,而是取决于函数头中指定的返回值类型。两者不一致时,返回语句中表达式值被自动转换为函数头部指定的数据类型。

如果函数是 void 类型,函数体中可以没有返回的语句,此时函数体的右边花括号作为函数执行结束标志;也可以根据需要在函数体中使用仅由 return 构成的返回语句。

例如,求某个整数阶乘的功能,可以定义如下 C 函数予以实现:

```
//求整数的阶乘
int fac(int n)              //函数头
{                          //函数体
    int i,fact=1;
    for(i=1;i<=n;i++)
        fact * =i;
    return fact;
}
```

在函数体中可以存在多个返回语句用以表示函数执行结束的不同情况。例如,下面代码段表示了具有两种执行结束可能的函数:

```
//求两数之积或两数之和的函数定义
double jh(double x,double y)
{
    if(x>y)
        return x+y;
    else
        return x * y;
}
```

定义一个函数一般分为设计函数头和设计函数体两个步骤。设计函数头时,首先应该给函数取一个有意义的名字;其次可以把函数体想象成一个具有输入/输出的黑匣子,具体的功能实现被这个黑匣子隐藏起来,函数执行时需要从外界(函数的调用者)获取数据,根据这些数据的个数、次序、数据类型可以设计出对应的形式参数表;最后,根据函数执行后获得结果数据的类型来确定返回值类型。当一个函数所有的功能都在函数体内实现,不需要返回值时,返回值类型应定义为 void。

在函数体的设计中,把形参当作已经初始化的变量直接使用,根据需要适当增加变量。对于函数体中求出的结果,一般不是直接输出,而是通过 return 语句返回给主调函数。

例如,编写求两个正整数的最大公约数的函数。函数执行时的输入显然是两个正整数,说明形参是两个整型变量(假定用变量 m 和 n 表示);函数执行后的输出是整数表示的最大公约数,由此确定函数的返回值是整型;函数取名为 gcd。函数定义如下:

```
/*求两个正整数最大公约数*/
int gcd(int m,int n)
{
    int r;
    r=m%n;
    while(r)
    {
        m=n;
        n=r;
        r=m%n;
    }
    return n;
}
```

C 语言中规定,在一个函数的内部不能定义其他函数(即函数不能嵌套定义)。这个规定保证了每个函数都是一个相对独立的程序模块。在由多个函数组成的 C 程序中,各个函数的定义是并列的,并且在程序中的前后排列顺序也是任意的,函数在程序中前后排列的顺序与程序运行时函数的执行顺序没有任何关系。

2.函数的声明

C 语言规定,程序中使用到的任何数据对象都要事先进行声明。对于函数而言,所谓"声明"是指向编译系统提供被调函数的必要信息:函数名,函数的返回值的类型,函数参数的个数、类型及排列次序,以便编译系统对函数的调用进行检查。例如,检查形参与实参类型是否一致,使用调用方式是否正确,等等。

标准库函数说明按类别集中在一些称为"头文件"的文本文件中,程序中要调用标准库函数时,只需要在程序的适当位置写上相应的文件包含预处理语句:# include <头文件名>或#include "头文件名",即可完成对标准库函数的声明。例如,程序中要调用输入输出标准库函数,使用的文件包含预处理语句是:

　　　　#include <stdio.h>或 #inlcude "stdio.h"

声明自定义函数时,需要向编译系统提供函数的返回值类型、函数名和形式参数表的特征信息,声明语句的一般形式为:

　　　　返回值类型名 函数名(类型名［形参］,类型名［形参］,…);

从函数声明的形式可以看出,函数声明就是描述出函数定义的头部信息。声明中描述函数形式参数表时,其中的参数个数、每个参数的类型、参数出现的次序都是非常重要的,但参数的名字是无关紧要的。例如,声明前面设计的 gcd 函数时,可以使用如下三种形式:

　　　　int gcd(int m,int n);//与函数头部书写完全一致,推荐初学者使用这种形式

```
    int gcd(int,int);      //省略了形参变量名
    int gcd(int x,int y); //使用了不同的形参变量名
```

【例 5.1】 函数声明示例。

```
/* Name: ex0501.c */
#include <stdio.h>
int main()
{
    int gcd(int m,int n);      //对被调函数 gcd 的声明
    int a,b,c;
    scanf("%d,%d",&a,&b);
    c=gcd(a,b);
    printf("最大公约数是:%d\n",c);
    return 0;
}
int gcd(int m,int n)
{
    int r;
    r=m%n;
    while(r)
    {
        m=n;
        n=r;
        r=m%n;
    }
    return n;
}
```

　　函数声明的语句既可以书写在某个函数体的内部,也可以书写在函数定义的外面。书写在特定函数内部时,用于向该函数声明被调用函数的特征,此时仅有书写了函数声明语句的函数知道被声明函数的存在。例如:例 5.1 使用的方法,就只有主函数知道函数 gcd 的特征,才能对 gcd 函数进行调用。当对被调函数的声明语句书写在函数定义的外面时,用于向该函数之后的所有函数声明被调函数的特征,即声明语句之后的所有函数都知道被调函数的特征,都可以对其进行调用。

　　当被调函数与主调函数位于同一源文件,且被调函数的定义出现在主调函数之前时,不必对被调函数进行声明,其原因是编译系统此时已经知道了被调函数的所有特征。

【例 5.2】 对被调函数不必进行声明的示例。

```
/* Name: ex0502.c */
#include <stdio.h>
int fac(int n)                //fac 函数定义
```

```
{
    int i,fact=1;
    for(i=1;i<=n;i++)
        fact * =i;
    return fact;
}
int main()                    //主函数已知道fac的特征,不需要对函数fac进行声明
{
    int a,c;
    scanf("%d",&a);
    c=fac(a);
    printf("%d! is: %d\n",a,c);
    return 0;
}
```

5.2.2 函数调用中的数值参数传递

程序的执行过程中,一个函数调用另外一个函数以完成某一特定的功能称为函数调用。调用者称为主调函数,被调者称为被调函数。C程序中,函数调用可以是表达式中的一部分,也可以由函数调用构成一条单独的C语句。函数调用时只需要提供被调函数的名字和需要提供给它的数据(实际参数),函数调用的一般形式为:

函数名(实际参数表)

其中,函数名指定了被调用的对象;实际参数表(简称为:实参表)确定了主调函数传递给被调函数的数据信息。

C程序中对函数的调用方式有3种:

● 函数语句方式。函数调用作为一个单独的C语句出现,此种方式主要对应于返回值为空类型(void)函数的调用。对返回值类型为非void的函数,采用函数语句方式调用表示程序中对函数的返回值不予使用(放弃),如常用的printf和scanf函数调用。

● 函数表达式方式。如果函数调用出现在一个表达式中,该表达式亦称为函数表达式。此时要求函数调用结束后必须返回一个确定的值到函数调用点以参加表达式的下一步运算。显然,返回值类型为void的函数不能使用该方式调用。

● 函数参数方式。函数调用作为另外一个函数调用的实际参数出现,此时要求函数被调用后必须要返回一个确定的值以作为其外层函数调用的实际参数。同样,返回值类型为void的函数不能使用该方式调用。

C程序执行过程中,函数调用主要由下面4个步骤组成:

①创建形式参数和局部变量。被调函数有形式参数时,系统首先为这些形式参数变量分配存储(创建它们),同时创建函数内部用到的局部变量。

②参数传递。如果是有参函数调用,主调函数将实际参数传递给被调函数的形式参数,传递时要求实参和形参一一对应,即参数的个数、类型、次序都要正确。

③执行被调函数。参数传递完成后,程序执行的控制权转移到被调函数内部的第一条执行语句,执行被调函数的函数体。

④返回主调函数。当执行到被调函数中的 return 语句或者被调函数体的右花括号"}"时,将被调函数的执行结果(返回值)以及程序执行流程返回主调函数中的函数调用点。若被调函数没有返回值,则只将执行流程返回主调函数。

函数调用时,实参的值传递到形式参数中就实现了数据由主调函数到被调函数的传递。在函数间使用参数传递数据的方式有两种:传递数值方式和传递地址值方式。

函数的传递数值调用方式是一种数据复制的方式。函数调用时,实际参数值复制给形式参数,传递方(主调函数)中的原始数据和接受方(被调函数)中的数据复制品各自占用内存中不同的存储单元,当数据传递过程结束后,它们是互不相干的。因此在被调函数的执行过程中,无论形式参数变量值发生何种变化,都不会影响该形参所对应主调函数中的实际参数值。下面参照例 5.3 的程序讨论函数调用的执行过程,为了讨论方便为程序加上行号。

【例 5.3】 传数据值方式函数调用示例。

```
1      /* Name:ex0503.c */
2      #include <stdio.h>
3      int main()
4      {
5          void swap(int x, int y);
6          int a=3,b=5;
7          printf("swap 调用前:a=%d,b=%d\n",a,b);
8          swap(a,b);
9          printf("swap 调用后:a=%d,b=%d\n",a,b);
10         return 0;
11     }
12     void swap(int x, int y)
13     {
14         int t;
15         t=x;
16         x=y;
17         y=t;
18         printf("swap 调用中:x=%d,y=%d\n",x,y);
19     }
```

程序执行时,函数在被调用之前其形式参数表中的形式参数变量和函数体中定义的普通变量在系统中都是不存在的,它们在系统中出现或消失与函数调用的过程有着密切的关系,在例 5.3 程序执行到第 8 行之前,函数 swap 中的形参变量 x 和 y 以及函数体中定义的变量 t 在系统中均不存在,参见图 5.2(a)。函数 swap 传数据值调用的过程如下:

①系统为被调函数中的局部变量分配存储。如在例 5.3 程序中,程序执行到第 8 行时系统才会创建 swap 函数中的变量 x、y 和 t(即为这些变量分配存储),参见图 5.2(b)。

②参数传递。传递参数值实质上是将实参变量的内容拷贝给形式参数变量,一旦复制完成则实际参数与形式参数就没有任何关系。在例 5.3 程序中,传递参数时将实参变量 a 的值复制给形参变量 x,将实参变量 b 的值拷贝给形参变量 y,复制完成后实参变量 a、b 与形参变量 x、y 就断开联系,参见图 5.2(c)。

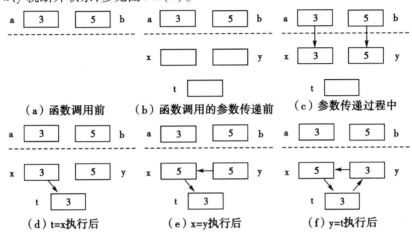

图 5.2 swap 函数值传递调用时参数的变化情况

③控制流程转移到被调函数执行。在例 5.3 程序中,参数传递完成后程序的控制流程(执行顺序)就从第 8 行转移到第 14 行开始执行函数 swap,参见图 5.2(d)(e)(f)。

④控制流程返回主调函数。程序控制流程执行到被调函数中的 return 语句或函数体的右花括号"}"时,将程序执行的控制流程以及被调函数的执行结果返回到主调函数中的调用点。若被调函数的返回值数据类型为 void 则没有返回值,只需要将控制流程返回到主调函数中的调用点即可。特别需要注意的是,随着程序控制流程的返回,系统会自动收回为被调函数形式参数和局部变量分配的存储单元,即在函数被调用时创建的形式参数和局部变量会自动撤销。在例 5.3 的程序中,程序执行到第 19 行时将控制流程返回到第 8 行的函数调用点后。与此同时,调用 swap 函数时创建的变量 x、y 和 t 都自动被系统撤销。

从上面的分析可以得到,虽然在 swap 函数内部对变量 x、y 的值进行了交换,但这种交换对函数调用时的实际参数变量 a 和 b 没有任何影响。程序执行的结果如下:

swap 调用前:a=3,b=5

swap 调用中:x=5,y=3

swap 调用后:a=3,b=5

传值方式调用时,函数只有一个数据入口,就是实参传值给形参,也最多允许一个数据出口,就是函数返回值。这种调用方式使得函数受外界影响减小到最小程度,从而保证了函数的独立性。在设计传值调用函数时,函数的形式参数是普通变量。调用时的实际参数可以是同类型的常量、一般变量、数组元素或表达式。

5.3 函数调用中的指针参数传递

传地址方式是函数调用中的另外一种参数传递数据方式,但此时作为参数传递的不是数据本身,而是某个数据对象在内存中的首地址。在传地址的方式中,数据在主调函数和被调函数中对应的实参和形参使用同一存储单元。函数的地址值传递调用涉及指针参数的使用,下面先讨论指针的基本概念。

5.3.1 指针变量的定义和引用

程序运行过程中,任何数据对象一旦被使用,就会对应计算机系统内存中的一个地址。由于系统内存储器是按字节编址的,一个数据对象有可能占用一至若干个字节的存储单元,程序设计语言中一般将数据对象所占用存储单元的首地址称为该对象地址。在计算机系统中,内存单元的地址是用有序整数进行编址的,所以存储系统的地址序号本质上就是无符号的整型数据。

C语言中,一些数据对象如函数、数组等的名字直接与其所占存储单元首地址对应,即它们的名字本身就直接表示地址;而一般意义下的变量名字则直接对应的是它们的内容(值),需要使用特定的表示方法才能表示出它们所对应的地址。C语言通过使用指针的概念来表示数据对象的首地址,在C语言中数据对象的地址和数据对象的指针是一个相同的概念,即指针就是地址。

1.指针变量的定义

C语言中,为了能够操作地址类数据,就有必要构造一种变量来存储它们,这种变量称为“指针变量”。当把一个变量的地址赋给一个指针变量后,称这个指针变量指向这个变量,如图5.3所示。

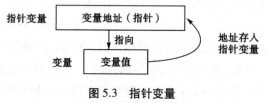

图5.3 指针变量

指针变量本身也是变量,所以指针变量在使用之前也需要定义。定义指针变量时,除了需要为其命名外,还必须指定能被指向数据对象的数据类型,定义指针变量的一般形式为:

数据类型名 ＊指针变量名1,＊指针变量名2,…;

其中,数据类型名是指针变量所指向目标数据对象的数据类型,可以是基本数据类型、也可以是以后要讨论到的构造数据类型;指针变量名由程序员命名,命名规则与普通变量相同;在指针变量名之前的星号(＊)只是一个标志,表示其后紧跟的变量是一个指针变量而不是一个普通变量。

例如:int ＊p,＊y; ／＊ 定义了两个整型的指针变量p和y,

注意指针变量是p和y,而不是＊p和＊y ＊／

如果有需要,指针变量也可以和同类型的普通变量混合定义。

例如:char ch1,ch2,＊p; /＊定义了两个字符变量 ch1、ch2 以及一个指针变量 p＊/

2.指针变量的赋值

虽然地址量本质上是一个无符号整型常量,但 C 语言规定除了符号常量 NULL 外不能直接将任何其他无符号整型常量赋值给指针变量。为指针变量赋值的方法有两种:一种是定义后,使用赋值语句的方式;另外一种是定义的同时进行初始化方式。无论使用哪种方式为指针变量赋值,都必须通过取地址的操作获取被指向变量的地址值。取地址操作需要使用 C 语言中提供的取地址运算符"&",取出一个变量所对应的地址值的形式如为:

&<变量名>

例如,有变量 x,则 &x 表示变量 x 所对应存储单元的地址。

指针变量在定义时进行初始化的一般形式为:

数据类型符 ＊ 指针变量名=初始化地址值;

定义指针变量后,对指针变量赋值的一般形式为:

指针变量名=地址值;

无论对指针变量使用上面的哪一种赋值方式,当把一个数据对象(变量)的地址赋给一个指针变量后,都称这个指针变量指向该数据对象。例如:

int x,＊y=&x; /＊定义了变量 x 和指针变量 y,并将 x 的首地址赋值给 y＊/

或 int x,＊y; /＊定义变量 x 和指针变量 y＊/

y=&x; /＊将变量 x 的首地址赋值给指针变量 y＊/

两种形式都表示 y 指向 x,若假设变量 x 的值为 100,变量 x 对应的存储单元首地址为 25000,则指针变量 y 和被它指向的变量 x 之间的关系如图 5.4 所示。

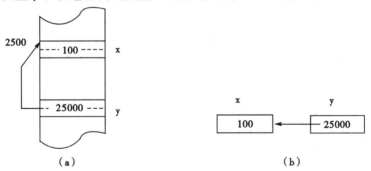

图 5.4 指针变量 y 与变量 x 的存储关系图

另外,可以用 C 系统已经定义好的符号常量 NULL(空)对任何数据类型的指针变量进行初始化或赋值,例如:

float ＊p=NULL; /＊定义实型指针变量 p 并将其初始化为常量 NULL＊/

float ＊p; /＊定义实型指针变量 p＊/

p=NULL; /＊将符号常量 NULL 赋值给指针变量 p＊/

在 C 程序设计中使用指针变量时,还应该特别注意以下几点:

①在指针变量的定义形式中,星号(＊)只是一个标志,表示其后面的变量是指针变量。例如,在指针变量定义语句 int x,＊y;中,y 是指针变量。

②一个指针变量只能指向与它同类型的普通变量,即只有数据类型相同时普通变量才能将自己存储单元的首地址赋值给指针变量,其原因是不同类型的变量所占存储单元的字节数是不同的,当指针变量从指向一个对象改变到指向另外一个对象时,会随它指向对象的数据类型不同而移动不同的距离。例如,下列用法是错误的:

```
int x;
float * ptr;
ptr=&x;/*错误,指针变量没有指向合适的数据对象*/
```

指针变量赋值存在一个特例,可以将任何数据类型对象的存储首地址赋值给 void 类型(空类型)的指针变量,例如:

```
int x;
void * p=&x;      /*将整型变量 x 的存储首地址赋值给空类型指针变量 p*/
```

③指针变量只能在有确定的指向后才能正常使用,也就是说,指针变量中必须要有确定的地址值内容。没有确定指向的指针称为"空指针"或称为"悬空指针",使用这种指针变量有可能引起不可预知的错误。

④指针变量中只能存放地址值,不能把除 NULL 外的整型常数直接赋给指针变量。例如,下面的指针变量的赋值是错误的:

```
int * ptr;
ptr=100;/*错误,整型常数值直接赋给指针变量*/
```

3.指针变量的引用

C 程序中需要使用指针运算符(*)来表示对指针变量的引用。指针运算符(*)又称为间接运算符,它是一个单目运算符,只能作用于各种类型的指针变量上,其作用是表示被指针变量所指向的数据对象。指针运算符使用形式如下:

```
*<指针变量名>
```

例如有语句序列为:

```
int x, * y;
y=&x;
```

此时 &x 等价于 y,而 * y 则等价于变量 x。例如:

```
scanf("%d",&x); 等价于        scanf("%d",y);
printf("%d\n",x); 等价于       printf("%d\n", * y);
```

上面 y 和 x 两个变量之间的关系实际上也是任何类型指针变量与它所指向对象之间的关系。设有同类型的指针变量和数据对象,将数据对象的首地址值赋给指针变量后,指针变量就与对应数据对象的首地址建立了等价关系;当对指针变量施以指针运算时,表示的就是被指针变量指向的数据对象。这是指针变量与被其指向的数据对象之间的本质关系,无论指针变量的组织形式如何变化,无论被指向的数据对象形式如何变化,这种本质上的关系永远不变。

【例 5.4】 取地址运算符(&)和指针运算符(*)的使用示例。

```
/* Name: ex0504.c */
#include <stdio.h>
```

```
int main( )
{
    int x = 200, * y;        //定义了整型变量 x 和整型指针变量 y
    y = &x;                  //将变量 x 的首地址赋值给 y,即 y 指向 x
    * y = 300;               //表达式 * y 等价于变量 x
    printf("%u：%d,%d\n",y,x, * y);
    return 0;
}
```

上面程序中,由于 y 是指向变量 x 的指针变量,所以执行语句 * y = 300;等价于执行语句 x = 300;。标准输出函数 printf 调用语句中的格式%u 指定用无符号整数的形式输出指针变量 y 的值;用%d 的格式输出变量 x 的值和表达式 * y 的值,程序执行的结果为:

1703740：300,300(注意变量 y 的在不同的机器上可能是不同的)。

5.3.2　函数调用中的地址值参数传递

如果被调函数的形式参数是指针型参数(即某种数据类型的指针变量作为函数的形式参数),则主调函数中对应的实际参数就必须是同类型指针值(地址量),这种函数调用参数传递的方式称为传地址值方式。

在传地址值函数调用方式中,实参和形参对应同一个存储首地址(本质上是同一数据),当被调函数通过形参修改了该存储区域的数据时,实际上也同时修改了实参数据。

【例 5.5】　地址值参数传递函数调用示例。

```
/ * Name: ex0505.c * /
#include <stdio.h>
int main( )
{
    void swap( int * x,int * y);
    int a = 3,b = 5;
    printf("swap 函数调用前:a = %d,b = %d\n",a,b);
    swap( &a,&b);
    printf("swap 函数调用后:a = %d,b = %d\n",a,b);
    return 0;
}
void swap( int * x,int * y)
{
    int t;
    t = * x;
    * x = * y;
    * y = t;
}
```

在上面程序中,首先请读者注意与例 5.3 程序的不同之处,例 5.5 程序中函数 swap 的形式参数是指针型参数,函数内部对形式参数的操作使用的是指针变量指向的数据对象操作的方式;在主函数中调用 swap 函数时使用的实际参数是变量 a 和 b 存储单元的首地址,即函数调用的实际参数是变量 a 和 b 的指针。上面程序执行过程中,实际参数和形式参数的关系及变化如图 5.5 所示(图中用虚线表示两个函数区域的分界线,为了便于描述,假设变量 a 的存储首地址为 1000,变量 b 的存储首地址为 2000)。

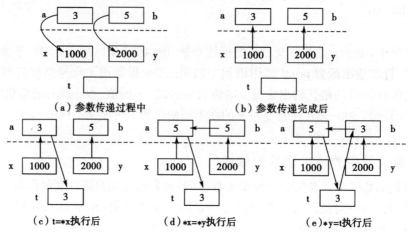

图 5.5　地址值传递函数调用时参数的变化情况

从程序执行过程可以看出,函数调用时主调函数将变量 a 和 b 的存储单元首地址传递到被调函数 swap 指针型形式参数中,参数传递完成后仍然会断开参数的传递通道,但由于形式参数通过参数传递得到了主调函数中变量 a 和 b 的首地址,形成了指针变量 x 指向实际参数变量 a,指针变量 y 指向实际参数变量 b 的指针变量与数据对象之间的指向关系,即此时被调函数中的 ∗x 就是实参变量 a,∗y 就是实参变量 b。程序在执行了被调函数中的语句序列 t=∗x;、∗x=∗y;、∗y=t;后达到了在被调函数 swap 中交换主调函数 main 中实际参数变量 a 和 b 值的目的。程序执行后的输出结果为:

　　　swap 函数调用前:a=3,b=5

　　　swap 函数调用后:a=5,b=3

从上面程序执行的过程可以得出使用地址传送方式在函数之间传递数据的特点是:形参和实参在主调函数和被调函数中均使用同一存储单元,所以在被调函数中对该存储单元内容任何的变动必然会反映到主调函数的实参中。

利用通过指针形参在被调函数中可以修改主调函数对应实参的特性,还可以实现从一个被调函数中获取多个返回数据的目的。

【例 5.6】　利用指针形式参数从函数中获取多个返回数据。

```c
/ * Name: ex0506.c * /
#include <stdio.h>
int summul(int a, int b, int * v);
int main()
```

```
{
    int a,b,sum,mul;
    printf("请输入变量 a 和 b 的值:");
    scanf("%d,%d",&a,&b);
    sum=summul(a,b,&mul);
    printf("sum=%d,mul=%d\n",sum,mul);
    return 0;
}
int summul(int a,int b,int *v)
{
    *v=a*b;
    return a+b;
}
```

在例 5.6 的程序中,函数调用时将实参 a 和 b 的值复制给函数 summul 的形式参数 x 和 y,实参变量 mul 将自己的地址传递给指针形式参数 v。在被调函数 summul 中,v 是指向实参 mul 的指针,*v 就是 mul,将 a*b 赋值给 *v 实质上就是赋值给变量 mul,这样就通过函数的指针参数获取了被调函数中的数据。程序一次执行的结果如下:

　　　　请输入变量 a 和 b 的值:10,20　　　　//10,20 是从键盘上输入的数据
　　　　sum=30,mul=200　　　　//程序执行结果

虽然在被调用函数中使用指针型参数就提供了在被调函数中操作主调函数中实际参数的可能性。但并不是用了指针变量作函数的形式参数就一定可以在被调函数中操作或修改主调函数中的实参。在被调函数中是否能够操作或修改主调函数中实参值还取决于在被调函数中对指针形参的操作方式,操作指针形参变量指向的对象(即实参本身)则可以达到在被调函数中操作或修改主调函数实参的目的;但若操作的是指针形参变量本身则不能实现在被调函数中操作或修改主调函数实际参数的目的。

【例 5.7】　地址值参数传递函数调用示例。

```
/* Name: ex0507.c */
#include <stdio.h>
int main()
{
    void swap(int *x,int *y);
    int a=3,b=5;
    printf("swap 函数调用前:a=%d,b=%d\n",a,b);
    swap(&a,&b);
    printf("swap 函数调用后:a=%d,b=%d\n",a,b);
    return 0;
}
```

```
void swap(int * x,int * y)
{
    int * t;
    t = x;
    x = y;
    y = t;
}
```

在上面程序中,首先请读者注意与例5.5程序的不同之处,虽然两个程序中函数swap的形式参数都是指针型参数,但例5.5程序中swap函数内部对形式参数的操作使用的是指针变量指向的数据对象操作的方式;而上面程序中swap函数内部对形式参数的操作则是指针变量本身。上面程序执行过程中,实际参数和形式参数的关系及变化如图5.6所示(图中用虚线表示两个函数区域的分界线,为了便于描述,假设变量a的存储首地址为1000,变量b的存储首地址为2000)。

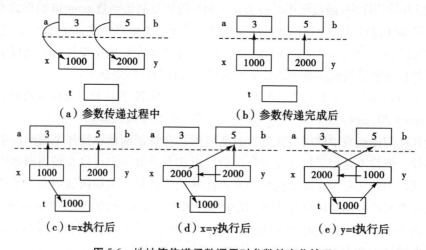

（a）参数传递过程中　　　　（b）参数传递完成后

（c）t=x执行后　　　（d）x=y执行后　　　（e）y=t执行后

图5.6　地址值传递函数调用时参数的变化情况

从程序执行过程可以看出,函数调用时主调函数将变量a和b的存储单元首地址传递到被调函数swap指针型形式参数中,参数传递完成后仍然形成了指针变量x指向实际参数变量a,指针变量y指向实际参数变量b的指针变量与数据对象之间的指向关系。但在被调函数swap的执行过程中,通过辅助的指针变量t交换了指针变量x和y原来的指向,使得指针变量x指向实参变量b,而指针变量y指向实参变量a。但随着swap函数执行完成程序控制流程的返回,在函数swap中定义的所有自动变量x、y和t都被系统自动撤销。程序执行的结果并没使得主函数中的实参变量a和b交换内容。程序执行的结果为:

swap 函数调用前:a=3,b=5

swap 函数调用后:a=3,b=5

5.4 函数的嵌套调用和递归调用

C 语言规定,程序中所有的函数都处于平行地位,即在 C 程序中函数不能嵌套定义。但 C 语言允许函数嵌套调用,也允许一个函数调用其自身,即递归调用。

5.4.1 函数的嵌套调用

函数的嵌套调用即一个函数在被调用的过程中又调用了另外的一个函数。一个两层嵌套函数调用的执行过程如图 5.7 所示,程序在主函数 main 的执行过程中调用了函数 fun1,此时主函数并未执行完成但程序的控制流程已经从主函数转移到了函数 fun1 中;函数 fun1 在执行的过程中又调用了函数 fun2,此时函数 fun1 并未执行完成但程序的控制流程已经转移到了函数 fun2

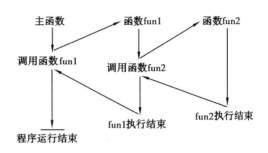

图 5.7 两层函数嵌套调用示意图

中;函数 fun2 执行完成后程序的控制流程会返回到函数 fun1 中对 fun2 的调用点继续执行函数 fun1 中未完成部分,当函数 fun1 执行完成后程序的控制流程返回主函数继续执行直至程序执行完成。

【例 5.8】 编程序计算 e^x 的近似数(要求用下面的近似公式计算,精确到 10^{-6})。

$$e^x \approx 1 + x + \frac{x^2}{2!} + \frac{x^3}{3!} + \cdots + \frac{x^n}{n!}$$

解题思路:针对上面的近似公式,可以把问题分解为"求各项值模块"和"求和模块",对于"求各项值模块"又可以分解为"求幂模块"和"求阶乘模块"。设计 3 个函数的功能及对应的函数原型如下所示:

①powers 函数,参数为 x,n,返回值为 x^n,函数原型为:

double powers(double x,int n);

②fac 函数,参数为 n,返回值为 n!,函数原型为:

double fac(int n);

③sum 函数,参数为 x,返回值为 e^x,函数原型为:

double sum(float x);

```
/ * Name: ex0508.c * /
#include <stdio.h>
#include <math.h>
int main( )
{
    double sum( double x);
    double x;
    printf( "? x: ");
```

```
        scanf("%lf",&x);
        printf("%.2lf powers of e =%lf\n",x,sum(x));
        return 0;
    }
double sum(double x)
    {
        double powers(double x,int n);
        double fac(int n);
        int i=0;
        double s=0;
        while(fabs(powers(x,i)/fac(i))>1e-6)
            {
                s=s+powers(x,i)/fac(i);
                i++;
            }
        return s;
    }
double powers(double x,int n)
    {
        double p=1.0;
        int i;
        for(i=1;i<=n;i++)
            p*=x;
        return p;
    }
double fac(int n)
    {
        int i;
        double f=1.0;
        for(i=1;i<=n;i++)
            f*=i;
        return f;
    }
```

程序执行时,main 函数通过调用 sum 函数求各项之和,sum 函数在每一项的计算过程中,又分别调用了 powers 函数和 fac 函数。函数 fac 和 powers 的返回值类型均被设计为 double 型,其主要目的是为了避免 n! 以及 x^n 数值产生溢出错误。程序一次执行的过程和结果是:

```
        ? x: 0.5   //0.5 从键盘输入的数据
        0.50 powers of e=1.648721   //程序执行结果
```

5.4.2 函数的递归调用

一个函数直接或间接地调用自己,称为函数的递归调用。函数的递归调用可以看成是一种特殊的函数嵌套调用,它与一般嵌套调用相比较有两个不同的特点:一是递归调用中每次嵌套调用的函数都是该函数本身;二是递归调用不会无限制进行下去,即这种特殊的自己对自己的嵌套调用总会在某种条件下结束。

递归调用在执行时,每一次都意味着本次的函数体并没有执行完毕。所以函数递归调用的实现必须依靠系统提供一个特殊部件(堆栈)存放未完成的操作,以保证当递归调用结束回溯时不会丢失任何应该执行而没有执行的操作。计算机系统的堆栈是一段先进后出(FILO)的存储区域,系统在递归调用时将在递归过程中应该执行而未执行的操作依次从栈底开始存放,当递归结束回溯时再依存放时相反的顺序将它们从堆栈中取出来执行,在压栈和出栈操作中,系统使用堆栈指针指示出应该存入和取出数据的位置。为了理解函数递归调用的特性,参照例 5.9 的程序讨论函数递归调用的执行过程,为了讨论方便为程序加上行号。

【例 5.9】 函数递归调用示例(使用递归调的方法反向输出字符串)。

```
1    /* Name: ex0509.c */
2    #include <stdio.h>
3    int main()
4    {
5        void reverse();
6        printf("输入一个字符串,以'#'作为结束字符:");
7        reverse();
8        printf("\n");
9        return 0;
10   }
11   void reverse()
12   {
13       char ch;
14       ch = getchar();
15       if(ch == '#')
16           putchar(ch);
17       else
18       {
19           reverse();
20           putchar(ch);
21       }
22   }
```

上面程序执行时,若输入数据为字符串:abc#,则函数 reverse 的第一次调用时,在程序的第 14 行读入字符' a' 到字符变量 ch 中,由于 ch =='#' 的条件不满足,所以程序应该执行由 18~21 行构成的复合语句。但在执行由 18~21 行构成的复合语句时,第 19 行程序要执行递归调用语句 reverse( );,因而第 20 行所示的 C 语句 putchar(ch);就是在该次函数调用过程中应该执行而没有执行的语句,系统将该语句相关的代码压入堆栈保存起来,如图 5.8 (b)所示,其中的 top 表示堆栈指针(下同)。

在函数 reverse 第二次被调用时(注意此时第一次函数调用并未结束),读入字符数据' b' 到字符变量 ch 中,同样由于 ch =='#' 的条件不满足,程序应该执行由 18~21 行构成的复合语句。在第 19 行要执行递归调用语句 reverse( );,因而第 20 行所示的 C 语句 putchar (ch);仍然是应该执行而没有执行的语句,系统将执行该语句的代码压入堆栈保存起来,如图 5.8(c)所示。同样在函数 reverse 第三次被调用时,由于 ch =='#' 的条件不满足仍然会执行上面相似的过程,执行情况如图 5.8(d)所示。

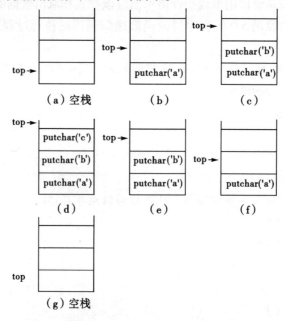

图 5.8　递归调用时系统堆栈数据的变化示意图

当第四次调用函数 reverse 时,读入字符变量 ch 的字符为' #' ,此时第 15 行中的条件 ch =='#' 满足,程序执行第 16 行输出字符数据' #' 。输入字符数据' #' 后,如果静态的看待上面显示的例 5.9 程序源代码,程序执行应该结束了(注意此时最容易出现错误)。但注意函数 reverse 的第一次、第二次和第三次调用均未完成,所以程序应该将保存在堆栈中应该执行而未执行的程序代码取出执行。由于堆栈先进后出的特性,所以取出并执行堆栈中代码的顺序与其压入堆栈的顺序相反,在例 5.9 中首先取出并执行的是函数 reverse 第三次调用时压入的代码,然后是第二次的代码,最后是第一次的代码,这种回溯的过程一直到取出堆栈中压入的所有代码为止,回溯过程中堆栈的变化情况如图 5.8(e)至图 5.8(g)所示。所以程序执行时输入数据为字符串:abc#,则输出数据为字符串:#cba。

在对例 5.9 程序的分析中,由于分析了系统堆栈的行为,过程显得比较复杂。但在对递归函数调用进行理解或者在阅读分析含有递归调用函数的 C 程序时,没有必要过分地追求系统堆栈变化的细节,只要掌握在函数递归的过程中需要将应该执行而未执行的程序代码依次保留下来,当递归结束程序回溯时将保留下来的程序代码用相反的次序依次执行一遍即可。

【例 5.10】 编写程序使用递归方式求 n!。

```
/* Name: ex0510.c */
#include <stdio.h>
int main( )
{
    long fac( long n );
    long n,result;
    printf( "Input the n: " );
    scanf( "%ld",&n );
    result = fac( n );
    printf( "%ld 的阶乘等于:%ld\n",n,result );
    return 0;
}
long fac( long n )
{
    if( n<=1 )
        return 1;
    else
        return fac( n-1 ) * n;
}
```

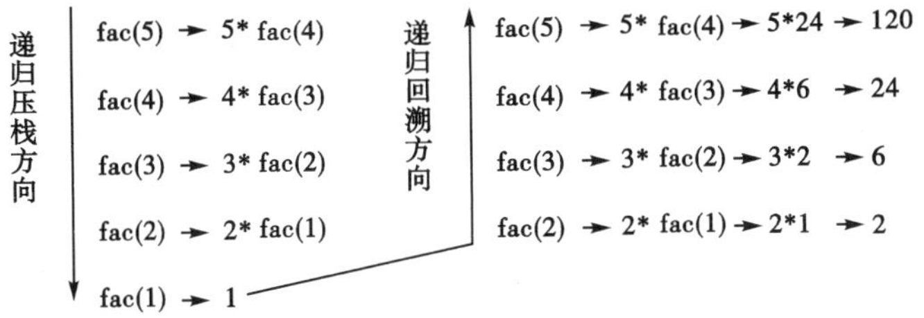

图 5.9 函数递归调用过程示意图

上面程序运行时首先输入欲求阶乘的整数(本例中以整数 5 为例),如图 5.9 所示,程序在运行时将求 fac(5)分解为求 5 * fac(4)、将求 fac(4)分解为求 4 * fac(3)、将求 fac(3)分解为求 3 * fac(2)、将求 fac(2)分解为求 2 * fac(1)、得到 fac(1)等于 1,然后程序进入递归回溯过程,由 fac(1)等于 1 求得 fac(2)等于 2、由 fac(2)等于 2 求得 fac(3)等于 6、由 fac(3)等于 6 求得 fac(4)等于 24、由 fac(4)等于 24 求得 fac(5)等于 120,函数递归调用结束。

递归函数的调用,使得程序的执行常常有非常复杂的流程,但在实际设计递归函数时,我们可以忽略系统的具体执行过程,将重点放在分析递归公式和递归终止条件上面,只要算法和递推公式正确,结论一定是正确的,不必陷入分析执行的复杂流程中。

递归的实质是一种简化复杂问题求解的方法,它将问题逐步简化直至趋于已知条件。在简化的过程中必须保证问题的性质不发生变化,即在简化的过程中必须保证两点:一是问题简化后具有同样的形式;二是问题简化后必须趋于比原问题简单一些。具体使用递归技术时,必须能够将问题简化分解为递归方程(问题的形式)和递归结束条件(最简单的解)两个部分。如例 5.10 求 n 的阶乘问题,分解出的递归方程为:n * (n-1)!;递归结束条件是:当 n<=1 时,阶乘值为 1。

在程序结构上,总是用分支结构来描述递归过程,递归函数的一般结构如下:

if 递归结束条件成立

    return 已知结果;

else

    将问题转化为同性质的较简单子问题;

    以递归方式求解子问题(递归方程);

【例 5.11】 汉诺塔(Tower of Hanoi)问题。有 A、B、C 三根杆,最左边杆上自下而上、由大到小顺序呈塔形串有 64 个金盘。现要把左边 A 杆上的金盘借助 C 杆全部移到中间 B 杆上,条件是一次只能移动一个盘,且任何时候都不允许大盘压在小盘的上面。

问题分析:通过计算可以得出,64 个盘的移动次数为:$2^{64}-1 = 18,466,744,073,709,$ $511,615$ 次。采用递归方法求解该问题时,可以将问题 movetower(n,one,three,two)分解为以下 3 个子任务:

①以 B 杆过渡,将上面的 1 到 n-1 号盘从 A 移动 C,记为:

    movetower(n-1,one,three,two);

②将 A 杆的第 n 号盘移动到 B 杆;

③以 A 杆过渡,将 1 到 n-1 号盘从 C 移动 B,记为:

    movetower(n-1,three,two,one);

子任务②只需要移动一次就可以实现,子任务①和③与原问题相比,除 3 个杆位发生变化以外,对应的盘子数也减少了一个,这是向着问题解决的方面发展了一步。反复进行上述类似的分解过程,以同样的方式移动 n-1 个圆盘,n-2 个圆盘……递归将终止于最后移动一个盘子。

设计一个递归函数 movetower(n,one,two,three)来实现把 n 个圆盘从 one 轴借助 three 轴移动到 two 轴,参数 one,two,three 表示 A、B、C 3 个杆的位置。

```
/* Name: ex0511.c */
#include <stdio.h>
void movetower( int n,char one,char two,char three);
int main( )
{
    int n;
    printf("请输入金盘个数：");
    scanf("%d",&n);
```

```
        printf("移动%d 个金盘的步骤如下:\n",n);
        movetower(n,'A','B','C');
        return 0;
    }
void movetower(int n,char one,char two,char three)
    {

    if(n==1)
        printf("D%d: %c ====> %c\n",n,one,two);
        else
        {

        movetower(n-1,one,three,two);
        printf("D%d: %c ====> %c\n",n,one,two);
        movetower(n-1,three,two,one);

        }

    }
```

程序执行时,输入需要移动的金盘个数,通过程序执行输出移动金盘的方案。

5.5 变量的作用域和生存期

C 程序一般应该由若干个函数组成,根据不同的需要,构成一个 C 程序的若干个函数可以存放在同一个 C 源程序文件中,也可以存放在几个不同的 C 源程序文件中。在一个完整的 C 程序中,函数将程序划分为若干个相对独立的区域。在一个函数的内部,复合语句也可以划分出更小的范围区间。C 语言规定,在函数外部、函数的内部、甚至在复合语句中都可以定义或声明变量。对于程序中所使用的变量,需要考虑以下几个方面的问题:

①各种区域内定义的变量作用范围如何界定。

②变量在程序运行期间内的存在时间如何确定。

③如何使用同一 C 程序内其他源程序文件中定义的变量。

④如何限制某一源程序文件中定义的变量在同一 C 程序的其他源程序文件中的使用。

在 C 语言中,对变量的性质可以从两方面进行分析:一是其能够起作用的空间范围,即变量的作用域;二是变量值存在的时间范围,即变量的存在时间(生存期)。

变量的作用域和生存期是两个相互联系而又有本质区别的不同概念,它们的基本意义如下:

①一个变量在某个复合语句、某个函数、某个源程序文件或某几个源程序文件范围内是有效的,则称其有效的范围为该变量的作用域,在此范围内可以访问或引用该变量。变量的作用域与变量的定义位置有关。

②一个变量的存储空间在程序运行的某一时间段是存在的,则认为这一时间段是该变量的"生存期",或称其在这一时间段"存在",变量的生存期与变量的存储类别和定义位置有关。

为了能够有效地确定变量的上述两项属性,C 语言中用存储类别和定义位置来对变量进行限定。在之前的讨论中都只考虑了变量的数据类型,事实上,C 语言中变量定义的完整形式为:

　　　　［存储类别符］＜数据类型符＞ 变量表;

其中,数据类型符说明变量的取值范围以及变量可以参加的操作(即可以进行的运算);存储类别符用于指定变量在系统内存储器中的存放方法。变量的存储类别有 4 种,它们是:自动型(auto)、寄存器型(register)、静态型(static)和外部参照型(extern)。变量的作用范围和存在时间都与变量的存储类别相关,下面从变量的作用域和生存期两个方面来讨论这些存储类别符的意义和用法。

5.5.1　变量的作用域

变量的作用域与变量的定义位置有关,根据定义位置上将变量分为"全局变量"和"局部变量"两类。

1.全局变量

所谓全局变量,是指定义在 C 程序中所有函数之外的变量,全局变量也称为外部变量。C 程序中全局变量的作用域(作用范围)从其在源程序文件中定义处开始到其所在的源程序文件结束为止。C 语言中全局变量定义的一般形式如下:

　　　　［extern］＜数据类型符＞ 变量表;

在全局变量的定义形式中,关键字 extern 是全局变量默认的存储类型,在定义全局变量时一般将其省略。如果对于全局变量使用了关键字 extern,目的是对程序中定义的全局变量进行重新声明以扩充其作用域,这种声明方法的意义和使用方法将在后面予以讨论。

在定义全局变量时,也可以对其进行初始化工作。如果在定义全局变量时没有显式初始化,编译系统会自动将其初始化为 0(若是字符类数据则初始化为'\0')。

【例 5.12】　全局变量的作用域示例(为了讨论方便加上行号)。

```
1     /* Name: ex0512.c */
2     #include <stdio.h>
3     void increa( );
4     void increb( );
5     int x;----------------------------------------------
6     int main( )                    全局变量X的作用范围
7     {
8         x ++;
9         increa( );
10        increb( );
11        printf("x = %d\n",x);
12        return 0;
13    }
```

```
14    void increa( )
15    {
16        x+=5;
17    }
18    void increb( )
19    {
20        x-=2;
21    }
```

程序在第 5 行定义了整型变量 x,由于变量 x 定义在所有函数的外面,所以变量 x 是全局变量,其作用范围(作用域)从第 5 行开始至第 21 行结束。同时由于定义全局变量 x 时没有对其进行初始化,因而全局变量 x 的初始值为 0。程序执行时,在主函数(第 8 行)对全局变量 x 实施了增一的操作,使得变量 x 的值为 1;然后在第 9 行调用函数 increa,在函数 increa 中对全局变量 x 实施了 x+=5 的操作,使得变量 x 的值为 6;其后又调用了函数 increb,在函数 increb 中对全局变量 x 实施了 x-=2 的操作,使得变量 x 的值为 4;所以该程序运行的结果为:x=4。

2.局部变量

所谓局部变量是指定义在函数内部的变量,局部变量默认情况下也称为自动变量。局部变量的作用域被限定在它们所定义的范围之内。在 C 程序中定义局部变量的地方有 3个,它们是:①函数形式参数表部分;②函数体内部;③复合语句内部。C 语言中局部变量定义的一般形式如下:

[auto] <数据类型符> 变量表;

局部变量的存储类别符是 auto,由于 auto 类型符是局部变量默认的存储类型,所以在变量的定义中一般将该关键字省略。同样,在 C 程序中定义局部变量的同时也可对其进行初始化工作,如果定义局部变量时没有对其进行显式的初始化则局部变量的初始值是随机的数值。

自动变量的建立和撤销都是系统自动进行的,如在某个函数中定义了自动变量,只有当这个函数被调用时系统才会为这些局部变量分配存储单元;当函数执行完毕,程序控制流程离开这个函数时,自动变量被系统自动撤销,其所占据的存储单元被系统自动收回。由此可以得出关于局部变量的两个非常重要的结论:

①C 函数中同一组局部变量(自动变量)的值在该函数的任意两次调用之间不会保留,即函数的每次调用都是使用的不同局部变量组。

【例 5.13】 局部变量在函数调用时的特征示例。

```
/* Name: ex0513.c */
#include <stdio.h>
int main( )
{
    int incre( );
```

```
        printf("x = %d\n", incre());
        printf("x = %d\n", incre());
        return 0;
    }
    int incre()
    {
        int x = 20;
        x += 5;
        return x;
    }
```

例 5.13 程序的函数 incre 在第一次被调用时,会创建局部变量 x 并赋初值为 20,然后对其进行加 5 的操作并将结果 25 返回到主函数中输出(注意:随着函数执行完成后控制流程的返回,函数中定义的局部变量 x 被系统自动撤销)。当函数 incre 第二次被调用时,会重新创建局部变量 x 并赋初值为 20,然后对其进行加 5 的操作并将结果 25 返回到主函数中输出,所以程序执行的结果为:

```
        x = 25
        x = 25
```

②C 程序中,定义在不同局部范围内的局部变量之间是毫无关系的,即使它们的名字相同亦是如此。

【例 5.14】 编写程序输出如图所示的字符图形,见图 5.10(每行 15 个星号,共输出 5 行)。

```
/ * Name: e0514.c * /
#include <stdio.h>
int main()
{
    void myprint();
    int i;
    for(i = 0; i < 5; i ++)
        myprint();
    return 0;
}
void myprint()
{
    int i;
    for(i = 0; i < 15; i ++)
        putchar(' * ');
    printf("\n");
}
```

```
***************
***************
***************
***************
***************
```

图 5.10 例 5.14 字符图形

上面程序中,虽然在两个函数中都定义了名字为 i 的变量,但由于它们是定义在各自函数内部的,所以它们都是局部变量,这些局部变量的作用范围(作用域)被限制在它们定义所处的函数内部,即两个在不同函数中定义的局部变量 i 的作用域是互不相交的,因而在两个不同函数中定义的同名变量之间是毫无关系的。在上面程序中,两个用于控制循环的循环变量 i 都能够按照自己的规律变化,所以程序能够得到正确的结果。

3.全局变量与局部变量作用域重叠问题

在 C 程序中,全局变量与局部变量的作用域有可能出现重叠的情形。即在某些特定的情况下,可能会出现全局变量、在函数内部定义的局部变量乃至于在复合语句中定义的局部变量名字相同的现象,这样在程序中的某些区域内势必会出现若干个同名变量都起作用的情形,如图 5.11 所示。

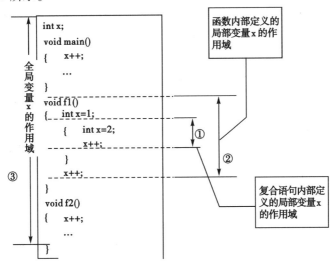

图 5.11　全局变量与局部变量作用域重叠示意图

在这种全局变量与局部变量作用域重叠的情况下,当程序的控制流程进入这个作用域重叠区域时必须要确定应该使用哪一个同名的变量。C 语言中规定按"定义就近原则"来确定使用的变量,具体说就是如下两条原则:

①在函数中如果定义有与全局变量同名的局部变量,则当程序的控制流程进入到函数作用范围时,程序使用在函数内部(包括形式参数表和函数体)定义的局部同名变量。

②在程序的一个更小局部范围(复合语句)中如果定义有与较大范围(函数局部或全局)变量同名的变量,则当程序的控制流程进入到这个小的(复合语句)局部范围时,使用在该小局部范围内所定义的局部同名变量。

在图 5.11 中,在标注为①的程序区域内,全局变量 x、函数中定义的变量 x 以及复合语句中定义的变量 x 都起作用,当程序的控制流程进入该区域时,使用的是在复合语句中定义的变量 x;在标注为②的区域中除去标注为①区域的剩余部分,全局变量 x、函数中定义的变量 x 都起作用,当程序的控制流程进入该区域时,使用的是在函数中定义的变量 x;在标注为③的源程序文件其余地方(除去②所占据区域),程序使用的是全局变量 x。

【例 5.15】 全局变量与局部变量作用域重叠时使用变量示例。

```
/* Name: ex0515.c */
#include <stdio.h>
void f1( );
int x;  ------------------------------------------------------------
int main( )
{
      int x = 10;------------------------------------------
      {
            int x = 20; --------------------------
            printf("复合语句中:x=%d\n",x);      ①
      }------------------------------------------
      printf("主函数中:x=%d\n",x);                      ②            ③
      f1( );
      return 0;
}  ------------------------------------------------------
void f1( )
{
      printf("函数 f1 中:x=%d\n",x);
}  ------------------------------------------------------------
```

　　上面程序在主函数之前、主函数中以及在主函数内部的复合语句中都定义了整型变量 x。在程序的执行过程中,首先执行了复合语句中的 printf("复合语句中:x=%d\n",x);语句,虽然在此区域中全局变量 x、主函数开始部分定义的局部变量 x 以及复合语句中定义的变量 x 都能够起作用,但按 C 语言的规定应该使用在复合语句中定义的变量 x,所以程序在此输出结果:"复合语句中:x=20";当程序执行到语句 printf("主函数中:x=%d\n",x);时,由于在主函数中定义有与全局变量同名的变量 x,按 C 语言规定因该使用在函数体开始处定义的变量 x,所以程序在此输出结果:"主函数中:x=10";程序在调用函数 f1 时执行语句 printf("函数 f1 中:x=%d\n",x);,由于在函数 f1 中没有定义变量 x,按 C 语言规定应该使用全局变量 x,所以程序在此输出结果:"函数 f1 中:x=0",注意函数输出 x=0 的原因是全局变量并没有初始化,编译系统将全局变量自动初始化为 0 值。综上所述,例 3.15 程序的执行结果为(注意输出顺序):

　　　　复合语句中:x=20

　　　　主函数中:x=10

　　　　函数 f1 中:x=0　　/* 全局变量 x 没有显式初始化,默认的初始化值为 0 */

5.5.2　变量的生存期

　　程序运行过程中,变量存在的时间(生存期)与其在系统存储器中占据的存储位置相关。在 C 语言中使用关键字 auto、register、static 和 extern 规定程序中变量的存储类别,不同存储类别的变量,不但占用的存储区域不同,而且 C 系统为它分配存储的时间也不同。

C 程序运行过程中,计算机系统将其使用到的存储器分为两个区域:静态存储区域和动态存储区域。在 C 程序执行的整个过程中,全局变量和稍后要讨论到的静态变量(全局或局部)是存放在系统存储器静态存储区域中的,而且系统在对 C 程序进行编译时就已经为这类变量分配好了存储空间,因而这类变量的存在时间(生存期)是 C 程序的整个运行期间;而自动变量在程序执行过程中被使用到时系统才会为它们分配存储空间,而且自动变量是存放在系统存储器动态存储区域中的,所以自动变量的存在时间(生存期)只是在程序运行过程中使用到该变量的时间段内。

为了达到在 C 程序设计中合理选择使用变量的目的,从使用的目的出发,对 C 语言中提供的存储类别关键字以及它们在程序设计中对变量的作用上分为以下三个方面讨论:

- 寄存器型存储类别关键字 register 的作用。
- 外部存储类型关键字 extern、静态存储类别关键字 static 与全局变量之间的关系。
- 自动存储类别关键字 auto、静态存储类别关键字 static 与局部变量的关系。

1.register 关键字

用关键字 register 限定的变量称为寄存器变量,所谓寄存器变量指的是将其值存放在 CPU 寄存器中的变量。由于对寄存器的使用不经过系统内存,故寄存器变量是在程序执行过程中存取速度最快的变量类型。在 C 程序设计中,可以考虑将使用频率较高的变量定义为 register 型变量,以提高程序执行的速度。但在 C 程序设计中使用 register 存储类型的变量必须理解以下两点:

①在 C 程序中并不是所有的变量都可以使用寄存器存储类别关键字 register 来限定,register 存储类型只能作用于整型(或字符型)的非函数形式参数局部变量,不能作用于全局变量,也不能作用于实型变量或者其他构造类型变量。

②寄存器类型的变量是否起作用取决于 C 程序运行所处的软硬件环境。在 C 程序设计中,使用关键字 register 限定变量只是表达了使用者的一种愿望,该愿望是否能实现取决于使用的系统硬件环境和编译系统。在能够识别并处理 register 存储类型变量的编译系统环境中,如果 CPU 中没有足够的寄存器供寄存器变量使用,则编译系统自动将超过限制数量的寄存器变量作为自动变量(auto)处理;还有一些编译系统虽然能够识别 register 存储类型变量,但对 register 存储类别并不进行处理,而是将寄存器类型变量一律作为自动变量处理。

2.extern 和 static 关键字与全局变量的关系

对于 C 程序中的全局变量,编译系统将其存储区域分配在系统的静态存储区,而且编译系统在对 C 程序进行编译的时候就对全局变量进行存储分配和初始化处理,因而全局变量的存在时间(生存期)是整个程序的运行周期。对于全局变量而言,能够起作用的关键字为 extern 和 static 两个。

使用关键字 extern 对全局变量重新声明可以将全局变量的作用域在本源程序文件内扩充或者扩充到同一 C 程序的其他源程序文件中。

从图 5.12 中可以看出,在 C 源程序文件中较后部分定义了一个全局变量 x,根据其定义位置得到了原作用域,可以看出该全局变量 x 在其所处的源程序文件上半部分不能起作用。在源程序文件的较前位置对全局变量 x 用 C 语句 extern int x;进行了重新声明,通过这种对全局变量的重新声明,使得全局变量 x 的作用域从原来所定义的区域扩充(大)到了对其重新声明处。

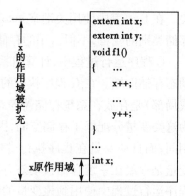

图 5.12　extern 关键字对全局变量的作用

【例 5.16】　全局变量作用域在一个源程序文件 C 程序中的扩充示例(为了讨论方便加上行号)。

```
1     /* Name: ex0516.c */
2     #include <stdio.h>
3     extern int x;
4     int main( )
5     {
6         void f( );
7         x+=10;
8         printf("主函数中的输出:%d\n",x);
9         f( );
10        return 0;
11    }
12    int x=100;
13    void f( )
14    {
15        x+=20;
16        printf("函数 f 中的输出:%d\n",x);
17    }
```

例 5.16 程序中在第 12 行定义了全局变量 x 并赋初值为 100,根据定义其作用域为第 12～17 行所构成的区间。在程序中的第 7 行、8 行都要使用到全局变量 x,但在默认的情况下,全局变量 x 在这些范围内无定义,即默认情况下这些对全局变量 x 的操作是非法的。程序在第 3 行对全局变量 x 用 C 语句 extern int x;进行了重新声明,使得全局变量的作用范围扩充到了从第 3 行开始至第 17 行为止,从而使得在第 7、8 行中对全局变量 x 的操作可以顺利进行。如果不在第 3 行对全局变量 x 的作用域进行扩充,则该程序在编译时会出现编译错误:error C2065:'x': undeclared identifier,读者可将上面程序的第 3 行去掉(注释掉)后了解这种情况。例 3.16 程序执行的结果为:

　　　　主函数中的输出:110

　　　　函数 f 中的输出:130

同样使用关键字 extern 对全局变量重新声明可以将全局变量的作用域扩充到其定义所在的源程序文件之外。

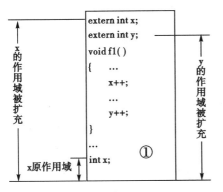

图 5.13　extern 关键字对全局变量的作用

在图 5.13 中标注为②的源程序文件中定义了全局变量 y，该全局变量默认的作用域范围为其定义所在的整个源程序文件。全局变量 y 在没有进行重新声明的情况下在标注为①的源程序文件中是没有定义的。为了将全局变量 y 的作用域扩充到标注为①的源程序文件中，在标注为①的源程序文件中使用 C 语句 extern int y;对全局变量 y 进行了重新声明。

如果不允许将全局变量的作用范围扩充到同一程序的其他源程序文件，可以使用关键字 static 在定义全局变量时予以限定，即定义静态的全局变量。

全局变量作用域在两个以上源程序文件构成的 C 程序中进行扩充的问题涉及如何处理有多个 C 语言源程序文件的问题，请读者参考其他教学资料。

3.auto 和 static 关键字与局部变量的关系

对局部变量能够起作用的关键字为 auto 和 static 两个。如前所述，用 auto 说明的局部变量称为自动变量，系统在调用函数时才对函数中所定义的自动变量在动态存储区域中分配存储并按要求进行初始化，一个自动变量如果没有被初始化则其初始值是随机的。自动变量的生存期与其所在函数被调用运行的时间相同，并且自动变量的值在函数的多次调用中都不会保留。

如果希望（要求）某些局部变量不随着函数调用过程的结束或复合语句执行结束而消失，即期望当程序执行的控制流程再次进入这些局部变量所存在的函数或复合语句时，这些变量仍能在保持原值基础上继续被使用，C 程序中可以使用静态局部变量满足这种需求。静态局部变量定义的一般形式是：

　　　　static <数据类型符> 变量表;

C 程序中的静态局部变量具有如下特点：

● 静态局部变量的存储位置。编译系统在编译时就为静态局部变量在系统静态存储区域中分配存储空间，静态局部变量的存储空间在程序的整个运行期间是固定的。因而静态局部变量的生存期是整个程序的运行周期。

● 静态局部变量的初始化。静态局部变量的初始化是在源程序被编译时进行的。如果在定义静态局部变量时没有对它进行显式的初始化，编译系统会自动将其初始化为 0（若是字符类数据则初始化为'\0'）。

● 静态局部变量的作用域(作用范围)。静态局部变量也是局部变量,它的值也只能在定义它的局部范围内使用,即静态局部变量作用域界定方法与自动局部变量作用域的界定方法是相同的。离开静态局部变量的作用域后,该静态局部变量虽然存在,但不能对它进行访问(操作)。

● 静态局部变量具有继承性。在某个函数中定义的静态局部变量值在函数的多次调用中具有可继承性,即对于某函数中的静态局部变量而言,在函数被多次调用时是同一变量。

【例 5.17】 静态局部变量与自动变量的比较示例(为了讨论方便加上行号)。

```
1    /* Name: ex0517.c */
2    #include <stdio.h>
3    int main( )
4    {
5        void f1( );
6        f1( );
7        f1( );
8        return 0;
9    }
10   void f1( )
11   {
12       int a = 10;
13       static int b = 10;
14       a += 100;
15       b += 100;
16       printf("a = %d, b = %d\n", a, b);
17   }
```

上面程序的 f1 函数中,在第 12 行定义了自动变量 a,初始值为 10;在第 13 行定义了静态局部变量 b,初始值为 10。程序在执行时,第 6 行第一次调用函数 f1,此时系统会为自动变量 a 分配存储(即创建该变量)并初始化为 10;对于静态局部变量 b 而言,在程序编译时就分配了存储,即此时该变量已经是存在的;第 14 行和第 15 行分别对变量 a 和变量 b 增加值 100,使得变量 a 和 b 的值都为 110,程序输出:a = 110, b = 110;输出结果后函数 f1 执行完成,程序的控制流程返回到主函数中的第 6 行。此时,在函数 f1 中定义的变量 a 被系统自动撤销;根据静态局部变量的特点,变量 b 仍然存在,但由于此时控制流程在主函数中,已经离开了静态局部变量 b 的作用域,所以静态局部变量 b 虽然存在但在主函数中不能使用。程序在第 7 行第二次调用了函数 f1,对于自动变量 a 系统重新为其分配存储(即重新创建该变量)并初始化为 10,但对于静态局部变量 b 则不会重新创建,使用的就是上一次调用时使用的变量 b(此时变量 b 的值为上一次操作后的结果 110);所以在第二次 f1 函数的调用中程序输出的结果为:a = 110, b = 210。

上面我们从使用的角度出发,分析了 C 语言中 4 个存储类别符的使用方法。表 5.1 对变量存储位置与变量作用域以及生存期的关系进行了小结。

表 5.1　变量存储位置与作用于和生存期的关系

类　别		内存中存储位置	作用域(可见性)		存在性(生存期)	
			本函数内	本函数外	函数执行期	程序执行期
局部变量	自动变量	内存动态存储区	√	×	√	×
	静态局部变量	内存静态存储区	√	×	√	√
	寄存器变量	CPU 寄存器	√	×	√	×
全局变量	静态全局变量	内存静态存储区	√	√(本源文件内)	√	√
	全局变量	内存静态存储区	√	√	√	√

习题 5

一、单项选择题

1.C 语言中函数返回值的类型取决于(　　　)。

　　A.函数定义时指定的类型　　　　　　　B.return 语句中的表达式类型

　　C.调用该函数时的实参的数据类型　　　D.形参的数据类型

2.C 语言规定,简单变量做实参时,它和对应形参之间的数据传递方式为(　　　)。

　　A.由系统选择　　　　　　　　　　　　B.单向值传递

　　C.由用户指定传递方式　　　　　　　　D.地址传递

3.在 C 语言程序中,有关函数的定义正确的是(　　　)。

　　A.函数的定义可以嵌套,但函数的调用不可以嵌套

　　B.函数的定义不可以嵌套,但函数的调用可以嵌套

　　C.函数的定义和函数的调用均不可以嵌套

　　D.函数的定义和函数的调用均可以嵌套

4.函数 funa 要实现的功能是交换两个形参所对应实参变量的值,下面所列函数中,能够实现所需功能的是(　　　)。

```
A.funa(int *x, int *y)            B.funa(int x , int y)
    {  int *p;                         {  int t;
        *p= *x, *x= *y, *y= *p;            t=x,x=y,y=t;
    }                                  }

C.funa(int *x,   int *y)          D.funa(int *x, int *y)
    {  int *p;                         {  int t;
```

```
        p=x,x=y,y=p;                          t= * x, * x= * y, * y=t;
    }                                     }
```

5.下面程序执行后的输出结果是(   )。

```
#include <stdio.h>
int func(int a,int b)
{   return(a+b);}
void main()
{   int x=2,y=x,z=8,r;
    r=func(func(x,y),func(y,z));
    printf("%d\n",r);
}
```

A.12   B.13

C.14   D.15

6.下面关于变量作用域的说法中,正确的是(   )。

A.局部变量在一定范围内有效,且可与该范围外的变量同名

B.一个源文件中,局部变量与全局变量同名时,局部变量被全局变量屏蔽

C.局部变量缺省情况下都是静态变量

D.函数体内的局部静态变量,在函数体外也有效

7.函数调用语句:func(rec1,rec2+rec3,(rec4,rec5));中,含有的实参个数是(   )。

A.3   B.4

C.5   D.不确定

8.设有下面代码段,则 fun 函数首部的正确形式是(   )。

```
    int a=1;
    float x=0;
    fun(x,a);
```

A.void fun(int m,float x)   B.void fun(float a,int x)

C.void fun(int m,float x[ ])   D.void fun(int x,float a)

9.C 语言中,表示静态存储类别的关键字是(   )。

A.auto   B.register

C.static   D.extern

10.在函数体内定义的变量,如果未指定存储类别,其隐含的存储类别为(   )。

A.auto   B.static

C.extern   D.register

二、填空题

1.C 函数定义时,_____嵌套定义。C 函数声明的形式和调用的形式_____。

2.按照变量的作用域分类,变量分为:_____和_____。若定义全局变量时没有初始化,则_____。若定义局部变量时没有初始化,静态局部变量_____,而非静态局部变量则_____。

3.下面程序实现的功能是:实现计算 x 的 n 次方。请完善程序。

```c
#include <stdio.h>
double power( double x,int n)
{
    int i;
    double t=1;
    for(i=1;i<=n;i++)
        t=t*x;
    _____ ;
}
int main( )
{
    double x,y;
    int n;
    scanf("%lf,%d",&x,&n);
    y=power(x,n);
    printf("%8.2f\n",y);
    return 0;
}
```

4.下面程序实现的功能是:求正整数 n 的各位数字之积。请完善程序。

```c
#include <stdio.h>
int func( int m)
{
    int k_____ ;
    do
    {
        k*=m%10;
        m/=10;
    } while( _____ );
    return k;
}
int main( )
{
    int n;
    scanf("%d",&n);
    printf("%d\n",func(n));
    return 0;
}
```

5.下面程序实现的功能是:用递归方法求菲波拉契数列的 7 项值。请完善程序。

```c
#include<stdio.h>
int fib(_____ )
{
    switch(g)
    {
    case 0: return 0;
    case 1:
    case 2: return 1;
    }
    return (fib(g-1)+_____ );
}
int main()
{
    int k;
    k=fib(7);
    printf("k=%d\n",k);
    return 0;
}
```

6.下面程序实现的功能是:通过调用函数 fun 求变量 a 和 b 的乘积和商。请完善程序。

```c
#include <stdio.h>
void fun(double a,double b,double *x,double *y)
{
    _____ ;
    *y=a/b;
}
int main()
{
    double a=61.82, b=12.65, c, d;
    fun(a,b,_____ );
    printf ("c=%f,d=%f\n",c,d);
    return 0;
}
```

三、阅读程序题

1.阅读下面的程序,写出程序的运行结果。

```c
#include <stdio.h>
int f()
```

```
{
    static int i=0;
    int s=1;
    s+=1;
    i++;
    return s;
}
int main()
{
    int i,a=0;
    for(i=0;i<5;i++)
        a+=f();
    printf("%d\n",a);
    return 0;
}
```

2.阅读下面的程序,写出程序的运行结果。

```
#include <stdio.h>
void swap(int *p1,int p2)
{
    int t;
    t=*p1,*p1=p2,p2=t;
}
int main()
{
    int x=10,y=20;
    swap(&x,y);
    printf("x=%d,y=%d\n",x,y);
}
```

3.阅读下面的程序,写出程序的运行结果。

```
#include <stdio.h>
int fun(int x);
int main()
{
    int x,y;
    x=fun(3);
    y=fun(4);
    printf("%d,%d\n",x,y);
    return 0;
```

```c
    }
    int fun( int x)
    {
        int y;
        if( x == 0 | | x == 1)
            return 3;
        y = x * x-fun( x-2) ;
        return y;
    }
```

4.阅读下面的程序,写出程序的运行结果。

```c
#include <stdio.h>
int a,b;
void fun( )
{
    a = 100;
    b = 200;
}
int main( )
{
    int a = 5,b = 7;
    fun( );
    printf( "%d%d\n",a,b) ;
    return 0;
}
```

5.阅读下面的程序,写出程序的运行结果。

```c
#include <stdio.h>
int func( );
extern int i;
int main( )
{
    int j = 1;
    j = func( );
    printf( "%d,",j) ;
    j = func( );
    printf( "%d\n",j) ;
    return 0;
}
int i = 10;
```

```
int func( )
{
    int k = 0;
    k = k+i;
    i = i+10;
    return k;
}
```

6.阅读下面的程序,写出程序的运行结果。

```
#include <stdio.h>
fun( int x,int y,int * cp,int * dp)
{
    * cp = x+y;
    * dp = x−y;
}
int main( )
{
    int a,b,c,d;
    a = 30,b = 50;
    fun( a,b,&c,&d);
    printf("%d,%d\n",c,d);
    return 0;
}
```

四、程序设计题

1.编写一个判断素数的函数。

2.打印出 2 到 1 100 之间的全部素数(判素数由函数实现)。

3.编写函数 fun 求 1 000 以内所有 8 的倍数之和。

4.读入一个整数 $k(2 \leqslant k \leqslant 10\ 000)$,打印它的所有质因子(即所有为素数的因子)。例如:若输入整数:2 310,则应输出:2、3、5、7、11。

5.请设计函数计算如下公式的值:$y = 1+1/3+1/5+1/7+...+1/(2m-3)$,其中函数的形参用变量 m 表示。用相应的主函数对其进行测试。

6.编写函数 fun 计算下列分段函数的值。

$$f(x) = \begin{cases} x * 20 & x < 0 \text{ 且 } x \neq -3 \\ \sin(x) & 0 \leqslant x < 10 \text{ 且 } x \neq 2 \text{ 及 } x \neq 3 \\ x * x + x - 1 & \text{其他} \end{cases}$$

第6章　数组和字符串

数组是一组有序同类型数据的集合,主要用于对批量数据使用相同处理方法的应用程序。数组可分为一维数组、二维数组、三维数组等,二维及其以上维数的数组称为多维数组。C语言没有字符串数据类型,字符串的存储和处理都是通过一维字符数组的方式实现的,为了便于处理字符串数据,C系统的标准库中提供了一系列用于字符串处理的标准函数。

6.1　数组的定义及数组元素的引用

根据所处理的问题不同,在一组同类型数据对象构成的数据集合中确定其中一个数据所需要的位置序号个数也不同。数组的维数取决于在数组中确定一个数组元素时需要多少个下标,需要一个下标的称为一维数组,需要两个下标的称为二维数组,以此类推,需要 n 个下标的称为 n 维数组。

6.1.1　一维数组的定义和元素引用方法

一维数组是指只用一个下标就可以引用其元素的数组,数组中的元素都具有相同的数据类型。在 C 程序中,数组使用前必须先定义,定义中指定数组的数据类型、名字、维数以及各维的长度。

1.一维数组的定义

定义一维数组的一般形式:

　　　数据类型符　数组名[常量表达式];

其中,数据类型指定数组元素的数据类型,可以是基本数据类型,也可以是构造数据类型;方括号是定义数组的标志,其中的常量表达式用于指定数组的长度,即数组中数组元素的个数。例如,int score[10];定义了由 10 个数据类型为整型的数组元素组成的一维数组 score。

定义数组必须注意以下几点:

①数组名的命名必须符合 C 语言关于标识符的书写规定,同时数组名也是变量,因此在定义数组时,数组的名字不能与同一范围内已经定义的其他变量名字相同。

②定义数组时,不能用变量来表示数组的长度(注:在 C99 标准中可以用变量表示数组长度),但是可以用符号常数或常量表达式。下面是一组用于比较的定义形式:

合法的数组定义方法：
#define FD 50
void main( )
{　int a[FD+5],b[FD]；
　　⋮
}

（C99 标准前）非法的数组定义方法：
void main( )
{　int n=5；
　　int a[n]；
　　⋮
}

③可以在一个语句中定义若干个相同数据类型（维数可以不同）的数组，也可以在定义数组的同时定义同数据类型的其他变量。例如，int a1[10],a2[40],x,y；同时定义了整型数组 a1、a2 以及整型变量 x 和 y。

④若有需要，可以定义全局（外部）数组或静态数组。若定义了全局或者静态数组，在没有显示初始化的情况下，数组全部元素的初始值为 0。例如：

　　static double score[50]；//定义长度为 50 的双精度实型静态数组

一维数组在存储时需要占用连续的内存空间，数组名代表数组存储区的首地址，数组在系统内存中按其下标的顺序连续存储元素值。数组的下标值规定为从 0 开始到指定长度的数减 1 为止。假定数组 int a[10]；在内存中的起始地址为 4 000，数组 a 在存储器中的映像如图 6.1 所示，其每一个数据元素所占用的字节长度与它们的数据类型相关。

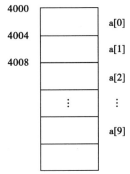

图 6.1　数组 a 在存储器中的映像

在 32 位系统中，每个整型数据占用 4 个字节。若有以下数组定义：

　　int a[10]；

则长度为 10 的整型数组 a 占用的内存空间长度为 40 个字节。

一个数组所占用的内存空间长度可以使用两种方法之一来获取：

● 使用 sizeof(数组名)。例如，sizeof(a)；。

● 使用数组长度 * sizeof(数组类型名)。例如，10 * sizeof(int)；。

2.一维数组的初始化

C 语言允许在定义数组的同时进行初始化，一维数组初始化的一般形式如下：

　　数据类型符　数组名[常量表达式] ={常数 1,常数 2,…,常数 n}；

例如：int a1[5]={1,2,3,4,5}；

一维数组的初始化可以用以下方法实现：

①数组初始化时，给出全部数组元素的初始值。例如：

int a1[5]={ -10,20,28,-1,88 };

float b[3]={ 2.18,3.14,89.0 };

②数组初始化时,给出部分数组元素的初始值,此时未初始化元素值为 0(字符类为'\0')。例如:

int a2[10]={1,2,3,4,5};// a2 的后 5 个数组元素的值均为 0

int a3[10]={0};//a3 中所有数组元素的值均为 0

③数组初始化时未指定数组的长度,则以初始化数值的个数作为数组的长度,或者说如果在初始化时给出了全部的数组元素初始值,可以不指定数组的长度。例如:

int a4[]={1,2,3,4,5,6,7,8,9,10};//a4 的长度为 10

3.一维数组元素的引用方法

C 语言规定,一般情况下数组不能作为一个整体参加数据处理,而只能通过处理每一个数组元素(下标变量)达到处理数组的目的。数组元素的表示形式为:

数组名[下标]

其中,下标就是数组元素在数组中的位置序号,可以是整型常数或表达式。若下标是实型数据,系统会自动将其取整。例如,若有定义语句:int a[5];,表示定义了有 5 个元素的数组 a,这 5 个元素分别为 a[0]、a[1]、a[2]、a[3]、a[4]。

在使用一维数组时还需要注意以下几点:

①C 语言不提供数组下标越界的保护。定义数组时用到的"数组名[整型常量表达式]"和引用数组元素时用到的"数组名[下标]"是有区别的。

如定义数组 int a[5];表示只能有效引用 a[0]、a[1]、…、a[4]这 5 个元素。如果程序中出现 c=a[5];或 d=a[8]+5;之类的引用时,C 语言的编译系统不会给出错误提示,程序也可以运行,但其结果是不可预料的,甚至会产生严重的后果。

②每个数组元素与其他基本类型变量一样有自己的地址,并用"&"符号获取。

③C 语言规定:每个数组元素只能逐个引用,而不能一次引用整个数组。

④引用数组元素之前,必须确保数组元素已经被赋值,否则得到的是一个不确定的值。例如,若有定义语句:int a[3];,可以通过赋值语句来对每个数组元素赋值,a[0]=1;a[1]=3;a[2]=259;确保每个数组元素有值。

⑤数组元素与它同类型的一般变量(简单变量)的用法相同。

4.一维数组的基本操作

对于一维数组,可以像普通变量一样对其任一元素进行处理,当需要数组中所有元素参与运算时,则使用一重循环的形式进行处理。

设有定义语句:int a[10],i;,下面展示了一维数组常见处理的代码段:

①输入数组元素值。

```
for(i=0; i<10; i++)
    scanf("%d",&a[i]);
```

②输出数组元素值。

```
for(i=0; i<10; i++)
```

```
        printf("%d",a[i]);
```

③求数组元素的最小值 min。

```
    min=a[0];
    for(i=1; i<10; i++)
        if(min>a[i])
            min=a[i];
```

④求数组元素的最小值下标 mini。

```
    mini=1;
    for(i=0; i<10; i++)
        if(a[mini]>a[i])
            mini=i;
```

⑤求数组元素的最大值 max 和最大值下标 maxi。

```
    max=a[0];
    maxi=0;
    for(i=1; i<10; i++)
        if(max<a[i])
        {
            max=a[i];
            maxi=i;
        }
```

⑥求数组元素的和 sum。

```
    sum=0;
    for(i=0; i<10; i++)
        sum=sum+a[i];
```

【例6.1】 将一个整型数组中所有元素值在同一个数组中按逆序重新存放并输出。

```
/* Name:ex0601.c */
#include <stdio.h>
int main()
{
    int arr[10],i,j,temp;
    printf("请输入 10 个整数:\n");
    for(i=0;i<10;i++)                 //用循环控制输入数组元素
        scanf("%d",&arr[i]);
    for(i=0,j=9;i<j;i++,j--)
    {
        temp=arr[i];
        arr[i]=arr[j];
        arr[j]=temp;
```

```
    }
    for(i=0;i<10;i++)                    //用循环控制输出数组元素
        printf("%4d",arr[i]);
    printf("\n");
    return 0;
}
```

程序中,用整型变量 i 和 j 分别表示要交换元素的位置,初始时 i 表示第一个元素的位置,j 表示最后一个元素的位置。实现一次交换后用 i++将 i 指向下一个欲交换的元素,用 j--将 j 指向前一个欲交换的元素,只要满足条件 i<j 就进行对应元素值的交换;反复进行上述操作直至满足条件 i>=j 中止循环。程序一次运行情况如下所示:

请输入 10 个整数:
21 23 25 27 29 30 32 34 36 38
　 38　 36　 34　 32　 30　 29　 27　 25　 23　 21

【例 6.2】 编写程序使用一维数组打印如下所示的杨辉三角形前 10 行。

```
    1
    1    1
    1    2    1
    1    3    3    1
    1    4    6    4    1
    1    5   10   10    5    1
    1    6   15   20   15    6    1
    1    7   21   35   35   21    7    1
    1    8   28   56   70   56   28    8    1
    1    9   36   84  126  126   84   36    9    1
```

```c
/* Name: ex0602.c */
#include <stdio.h>
int main()
{
    int yh[11],row,col;
    yh[1]=1;                             //单独处理第一行
    printf("%4d\n",yh[1]);
    for(row=2;row<=10;row++)
    {
        yh[row]=1;                       //每行的最后一个元素值为 1
```

```
        for(col=row-1;col>=2;col--)          //生成一行
            yh[col]=yh[col]+yh[col-1];
        for(col=1;col<=row;col++)             //输出一行
            printf("%4d",yh[col]);
        printf("\n");
    }
    return 0;
}
```

例 6.2 程序中,为了简化对应关系(避免使用 0 号元素对应第一个数据)使用了一个 11 个元素的数组进行处理。程序中反复利用同一个一维数组处理杨辉三角形,所以每生成一行杨辉三角形的元素值后立即将该行值输出。对每一行杨辉三角形值的具体处理方法为:首先用表达式 yh[row]=1 将该行数据的最后一个置 1,然后从后向前依次在循环条件满足的情况下执行表达式:yh[col]=yh[col]+yh[col-1],该表达式的意思是将一维数组 yh 上一次当前位置元素值与其前面一个位置上一次的元素值相加作为本次当前位置上的元素值,图 6.2 展示了通过第 5 行数据生成第 6 行数据的情况。

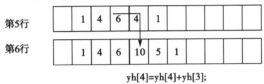

图 6.2　使用一维数组杨辉三角形一行的生成方法

6.1.2　二维数组和多维数组

在程序设计中如果需要处理诸如矩阵、平面的或立体的图形等数据信息,使用一维数组显然不方便,此时可使用二维、三维以至更多维的数组。一维数组存储线性关系的数据,二维数组则可以存储平面关系的数据,三维数组可以存储立体信息,依次类推可以合理地使用更高维数的数组。

1.二维数组和多维数组的定义

C 语言中对多维数组概念的解释是:n 维数组是每个元素均为 n-1 维数组的一维数组。由此可以推论出二维数组是由若干个一维数组作为数组元素的一维数组,三维数组则是由若干个二维数组作为元素的一维数组,多维数组的这种概念对理解多维数组的存储、处理都有很大的帮助。

二维数组定义的一般形式为:

　　　　数据类型符　　数组名[常量表达式 1][常量表达式 2];

二维数组的元素个数为整型常量表达式 1 与整型常量表达式 2 的乘积。各维元素的下标仍然从 0 开始。

例如 int a[3][4]是表示 3 行 4 列的二维数组,共 12 个元素,每个元素均是 int 型数据,如图 6.3 所示。

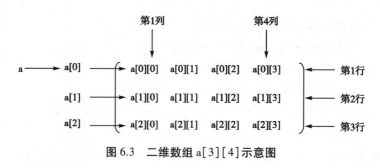

图 6.3　二维数组 a[3][4]示意图

多维数组定义的一般形式为：

数据类型符　数组名[常量表达式][常量表达式]…;

例如,int a[3][4],matrix[10][10][10];就定义了整型二维数组 a 和三维数组 matrix,其中 a 由 3 行 4 列共 12 个元素构成;matrix 由 10×10×10 共 1 000 个元素组成。

C 语言中规定数组按"行"存储,由于计算机系统内存是一个线性排列的存储单元集合,所以当需要将二维或多维数组存放到系统存储器时,必须进行二维空间或多维空间向一维空间的投影。例如,有定义语句:int a1[2][2],a2[2][2][2];,则数组 a1 和 a2 在内存中存放的形式如图 6.4 和图 6.5 所示。

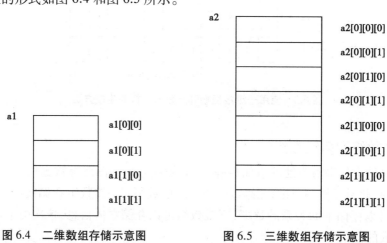

图 6.4　二维数组存储示意图　　　图 6.5　三维数组存储示意图

根据多维数组在存储器中按行存储的规则和多维数组的行列顺序可以计算出多维数组元素存储时在线性连续存储单元中的排列序号。

设有 m×n(m 行 n 列)二维数组 a,用 i、j 表示行列下标,则二维数组元素 a[i][j]在数组的连续存储区域中的单元序号计算公式为：

i×n+j;　　//行号×列数+列号

例如,有二维数组定义 int a[5][5];,则数组中的元素 a[2][3]在线性存储区域中的序号为:2×5+3＝13,即将二维数组投影为一维序列存储后,二维空间中的 2 行 3 列元素是一维空间中的 13 号元素。

设有 p×m×n(p 页 m 行 n 列)三维数组 a,则三维数组元素 a[i][j][k]在数组的连续存储区域中的单元序号计算公式为：

i×m×n+j×n+k;　//页号×行数×列数+行号×列数+列号

例如,有三维数组定义 int a2[2][2][2];,则数组中元素 a2[0][1][1]在线性存储区域中的序号为:0×2×2+1×2+1 = 3,即将三维数组投影为一维序列存储后,三维空间中的 0 页 1 行 1 列元素是一维空间中的 3 号元素。

2.二维数组和多维数组的初始化

多维数组也可以进行初始化,以二维数组和三维数组为例,初始化的方式有两种:

(1)分行赋值初始化方式

二维(多维)数组分行初始化方式是将二维(多维)数组分解为若干个一维数组,然后依次向这些一维数组赋初值,赋值时使用大括号(花括号)嵌套的方法区分每一个一维数组,例如:

int a[2][3] = {{1,1,1},{2,2,2}};

int a1[2][3][3] = {{{1,1,1},{2,2,2},{3,3,3}},{{4,4,4},{5,5,5},{6,6,6}}};

(2)单行赋值初始化方式

二维(多维)数组单行初始化方式是使用一个数据序列为多维数组赋初值。使用这种方式时将所有的初始化数据依次写在一个大括号中,书写时要注意数据正确的排列顺序。例如:

int a[2][3] = {1,1,1,2,2,2};

int a1[2][3][4] = {1,1,1,1,2,2,2,2,3,3,3,3,3,4,4,4,4,5,5,5,5,6,6,6,6};

在对二维数组或多维数组进行初始化时,还需要注意以下几点:

①初始化数据序列中只给出部分数组元素的初始值。这种方法称为部分初始化,此时未初始化元素值为 0(字符类为'\0')。例如,int a[2][3] = {{1,1},{2,2}};,则初始化后二维数组 a 的取值形式如图 6.6 所示。

a	1	1	0
	2	2	0

arr	1	1	2
	2	0	0

图 6.6 二维数组部分初始化　　图 6.7 二维数组部分初始化

例如,int arr[2][3] = {1,1,2,2};,则初始化后二维数组 arr 的取值形式如图 6.7 所示,读者应该特别注意上面两个初始化示例以及图 6.6 与图 6.7 的区别。同样,如果需要将二维数组或多维数组的所有元素值初始化为 0,可按如下所示的部分初始化形式即可:

　　　　int b[10][20] = {0};　　　　/*将数组 b 的 200 个元素初始化为 0 值*/

　　　　int c[100][100][50] = {0};　　/*将数组 c 的 50 万个元素初始化为 0 值*/

②由初始化元素值的个数确定数组最高维的长度。初始化时,如果多维数组最高维的长度没有指定,则系统通过对初始化序列中数值的个数的统计计算来确定多维数组最高维的长度;或者说如果在初始化时给出了全部的数组元素初始值,可以不指定多维数组最高维的长度。

　　例如,int a[ ][3] = {{1,1,1},{2,2,2}};　/*初始化时给出了所有元素值*/

　　例如,int a1[ ][3] = {1,1,1,2,2,2};　　　/*初始化时给出了所有元素值*/

③多维数组初始化数值的个数必须在各维规定的范围内。例如,下面多维数组初始化形式是错误的:

```
int a1[2][3]={1,1,1,2,2,2,3,3,3};  /＊初始化表中的数值个数太多＊/
```

3.二维数组的基本操作

二维数组和多维数组元素的下标表示分别为：

数组名[下标][下标]；　和　数组名[下标][下标]…；

其中，下标值应该是整型常数、变量或表达式，该值表示了数组元素在多维数组中的位置，如果下标值是实型数据，系统会自动将其取整。

对于二维数组，可以像普通变量一样对其任一元素进行处理，当需要数组中所有元素参与运算时，则使用二重循环的形式进行处理。

设有定义语句：int a[2][3],i,j,,下面展示了二维数组常见处理的代码段：

（1）按行输入二维数组各元素值

```
for(i=0;i<2;i++)                      /＊先循环行下标＊/
    for(j=0;j<3;j++)                  /＊控制列下标＊/
        scanf("%d",&a[i][j]);         /＊对每个元素赋值＊/
```

（2）按列输入二维数组各元素值

```
for(j=0;j<3;j++)                      /＊先循环列下标＊/
    for(i=0;i<2;i++)                  /＊控制行下标＊/
        scanf("%d",&a[i][j]);         /＊对每个元素赋值＊/
```

（3）求二维数组各元素最大值

```
max=a[0][0];
for(i=0;i<2;i++)                      /＊控制行＊/
    for(j=0;j<3;j++)                  /＊控制列＊/
        if(a[i][j]>max)
            max=a[i][j];              /＊将最大值放在max变量中＊/
```

习惯上采用先行后列的形式处理多维数组中的各个元素。在多重循环结构中，也可以改变下标变量的取值范围，按列优先、倒序等方式输入、输出、处理二维或多维数组。

【例6.3】　从键盘上输入一个3行3列矩阵的各个元素的值，然后输出2条主对角线元素之和。

```
/＊ Name: ex0603.c ＊/
#include<stdio.h>
int main()
{
    int a[3][3],sum=0;
    int i,j;
    for(i=0;i<3;i++)
        for(j=0;j<3;j++)
            scanf("%d",&a[i][j]);
    for(i=0;i<3;i++)
```

```
        for(j=0;j<3;j++)
            if(i==j||2-j==i)
                sum=sum+a[i][j];
    printf("sum=%d\n",sum);
    return 0;
}
```

程序运行结果如下所示:

```
1 2 3 4 5 6 7 8 9
sum=25
```

【例 6.4】 在二维数组 a[3][4]中依次选出各行最大元素值存入一维数组 b[3]的对应元素中。

```
/* Name: ex0604.c */
#include <stdio.h>
int main()
{
    int a[][4]={3,16,87,65,4,32,11,108,10,25,12,27};
    int b[3],i,j,max;
    for(i=0;i<=2;i++)
    {
        max=a[i][0];                //求 i 行元素中的最大值
        for(j=1;j<4;j++)
            if(a[i][j]>max)
                max=a[i][j];
        b[i]=max;                   //i 行元素最大值存入 b 数组 i 号元素
    }
    printf("narray a:\n");
    for(i=0;i<=2;i++)               //按照矩阵的形式输出数组 a 的元素值
    {
        for(j=0;j<=3;j++)
            printf("%5d",a[i][j]);
        printf("\n");
    }
    printf("array b:\n");
    for(i=0;i<=2;i++)               //输出 b 数组,即 a 数组各行最大元素值
        printf("%5d",b[i]);
    printf("\n");
    return 0;
}
```

程序运行结果如下所示：

array a：

3	16	87	65
4	32	11	108
10	25	12	27

array b：

87	108	27

6.2　字符数组和字符串

C 语言中没有字符串数据类型，字符串的存储和处理都通过一维字符数组的方式实现。C 系统的标准库中提供了一系列用于字符串处理的标准函数。

6.2.1　字符数组的定义和初始化

1.字符数组的定义

用来存放字符数据的数组就是字符数组，字符数组中的每一个元素均存放一个字符。字符数组的定义方法与一般的数组定义方法类似，包括一维字符数组、二维字符数组等。

一维字符数组定义的一般形式为：

　　　char　数组名［整型常量表达式］；

二维字符数组定义的一般形式为：

　　　char　数组名［整型常量表达式 1］［整型常量表达式 2］；

例如：char a［10］；定义了一个一维字符数组 a，可以存放 10 个字符。

又如：char b［3］［20］；定义了一个二维数组 b，可以存放 3 个一维字符数组，每个一维字符数组又可以存放 20 个字符。

2.字符数组的初始化

字符数组初始化的方法主要有两种：使用单个字符常量序列和使用字符串常量数据。

①使用单个字符常量初始化字符数组。单个字符初始化时，将常量表中的字符依次赋值给对应的字符数组元素。

字符数组的初始化与一般数组的初始化类似，可以有完整赋值、部分赋值等情况。例如：

　　　char a［5］={' c ',' h ',' i ',' n ',' a ' }；

　　　char b［10］={' c ',' ',' p ',' r ',' o ',' g ',' r ',' a ',' m ','\0' }；

对于字符数组 a，由于最后没有'\0' 字符，所以只能使用处理数组的方式进行处理；对于字符数组 b，初始化数据字符序列最后有'\0' 字符，所以既能够使用数组方式进行处理，也能够使用字符串方式进行处理。

②使用字符串常量初始化字符数组。使用字符串常量对字符数组进行初始化时，系统会自动在末尾加上字符串结尾符号'\0' ，但定义的字符数组必须提供足够的长度。在初始

化时应该注意以下几点：

- 字符串常量只需要提供有效字符数据。
- 字符串常量不足以填满整个字符数组空间时系统会自动用'\0'字符填充。
- 字符串常量数据可以使用花括号括住，也可以不使用花括号。
- 如果没有指定字符数组的长度，系统自动指定为字符串常量中有效字符的个数+1。

下面是几个字符串常量初始化字符数组的示例：

  char s1[80] = { "New Year"} ;

  char s2[80] = "New Year";

  char s3[ ] ="New Year";   //此时字符数组的长度为9

与其他类型数组类似，字符数组名也是地址常量，字符数组不能整体操作。程序中任何试图修改数组名值的操作或者试图为数组整体赋值的操作都是错误的。

  /＊错误的程序代码段＊/

  char str[7] ="abcd";

    …

  str="123456";   /＊错误赋值操作，试图将数组作为整体操作＊/

6.2.2　字符数组的输入输出

前面已经讨论了数组的输入输出，采用循环结构同样可以实现字符数组的输入输出。程序设计中常常希望将字符串作为整体进行输入输出处理，C 标准库中提供了专门用于字符串输入输出的函数。

1.字符串数据的输入

C 程序设计中字符串数据的输入通过调用标准库函数 scanf 或者 gets 来实现。在使用标准库函数 scanf 时，既可以用一般处理数组的方式循环为字符数组的每一个数组元素赋值（此时需要使用格式控制项%c），也可以将字符串数据作为整体一次性地送入字符数组（此时需要格式控制项%s），例如，下面两个程序段都可以实现将字符串数据"123456789"送入字符数组 str 的目的。

  /＊使用格式控制项%c＊/

  char str[100];

  int j;

  …

  for(j=0;j<9;j ++)

   scanf("%c",&str[j]);   //使用函数 getchar 也可达到同样目的

  str[j] ='\0' ;/＊为了保证字符串数据的完整性，自行处理字符串结尾符号＊/

  …

  /＊使用格式控制项%s＊/

  char str[100];

  …

```
scanf("%s",str);    /* 字符串数据作为整体处理,系统会自动处理结尾符号 */
...
```

使用标准库函数 gets 时,将字符串数据作为一个整体来看待,用于输入字符串数据的程序段如下:

```
/* 使用标准库函数 gets */
char str[100];
...
gets(str);    /* 字符串数据作为整体处理,系统会自动处理结尾符号 */
...
```

C程序中通过调用标准库函数 scanf 或 gets 都可以在程序的运行过程中从程序外界获得所需要的字符串数据,两个标准库函数在使用时有以下不同之处:

(1)一次函数调用可以输入的字符串数据个数不同

使用标准库函数 scanf 一次可以输入两个以上的字符串数据,每两个字符串数据之间用空格分隔;使用标准库函数 gets 一次只能输入一个字符串数据。试比较下面两个程序段:

```
/* 使用标准库函数 scanf */
char str1[80], str2[80];
...
scanf("%s%s",str1, str2);/* 输入字符串 str1 和 str2 */
...
/* 使用标准库函数 gets */
char str1[80], str2[80];
...
gets(str1);/* 输入字符串 str1 */
gets( str2);/* 输入字符串 str2 */
```

(2)字符串输入结束方式不同

使用标准库函数 scanf 时,用空格字符、制表字符(Tab 键)以及换行符(Enter 键)都可以表示结束字符串输入,所以在输入的字符串数据中不能含有空格字符或者制表字符,在实际使用中,常常用空格字符作为两个字符串数据的分隔符。例如,对于下面程序段:

```
char str1[80], str2[80];
scanf("%s%s",str1, str2);
```

若输入数据是字符串"abcdefg 1234567",则字符数组 str1 的内容是"abcdefg"、str2 的内容是"1234567"。

使用标准库函数 gets 时,用换行符(Enter 键)表示结束字符串输入,系统会自动去掉该换行符'\n' 然后加上'\0' 构成输入的字符串,所以输入的字符串数据中可以含有空格字符和制表字符。

2.字符串数据的输出

C程序中字符串数据的输出通过调用标准库函数 printf 或 puts 来完成。在使用标准库函数 printf 输出字符串数据时,同样既可以使用格式控制项%c 将其按逐个的字符对待,也可以使用格式控制项%s 将字符串数据作为整体对待,试比较下面两个程序段:

```
/* 使用格式控制项%c */
int j=0;
…
while(str[j]!='\0')        //注意,处理字符串数据时不要用数组长度作为控制
{
    printf("%c",str[j]);//使用函数 putchar 也可达到同样目的
    j++;
}
…
/* 使用格式控制项%s */
…
printf("%s",str);/* 将字符串数据作为整体看待 */
…
```

在使用标准库函数 puts 时,将字符串数据作为一个整体来看待,用于输出字符串数据的程序段如下:

```
/* 使用标准库函数 puts */
…
puts(str);        /* 将字符串数据作为整体看待 */
…
```

C 程序中使用标准函数 printf 或 puts 都可以在程序的运行过程中输出字符串数据,两个标准库函数在使用时有以下不同之处:

(1)一次调用能够输出的字符串个数不同

使用标准库函数 printf 一次可以输出两个以上的字符串数据;使用标准库函数 puts 一次只能输出一个字符串数据。试比较下面两个程序段:

```
/* 使用标准库函数 printf */
…
printf("%s\n%s",str1, str2);  /* 一次调用输出两个以上的字符串数据 */
…
/* 使用标准库函数 puts */
…
puts(str1)            /* 一次调用只能输出一个字符串数据 */
puts(str2);
…
```

(2)输出数据换行处理方式不同

使用标准库函数 puts 输出字符串数据时,输出完成后会自动进行换行;而使用标准库函数 printf 时,一个字符串数据输出完成后不会自动换行,若需实现换行功能,需要在格式

控制字符串中的适当位置插入换行字符'\n'。

【例6.5】 字符串输入输出示例。

```c
/ * Name: ex0605.c * /
#include <stdio.h>
#define N 100
int main( )
{
    char s1[N],s2[N],s3[N],s4[N];
    int i;
    printf("单个字符输入方式1:\n");
    for(i=0;i<N;i ++)/ * 用字符方式输入字符串 * /
    {   scanf("%c",&s1[i]);
            if(s1[i]=='\n')
                break;
    }
    s1[i]='\0';/ * 作字符串结尾符号并覆盖不需要的换行符 * /
    printf("单个字符输入方式2:\n");
    for(i=0;i<N;i ++)/ * 用字符方式输入字符串 * /
        if((s2[i]=getchar( ))=='\n')
            break;
    s2[i]='\0';  / * 作字符串结尾符号并覆盖不需要的换行符 * /
    printf("字符串整体输入方式1:\n");
    gets(s3);     / * 字符串作为整体输入,系统会自动添加结尾符号 * /
    printf("字符串整体输入方式2:\n");
    scanf("%s",s4);/ * 字符串作为整体输入,系统会自动添加结尾符号 * /
    printf("\n");
    for(i=0;s4[i]!='\0';i ++)/ * 用单个字符处理形式输出字符串 * /
        putchar(s4[i]);
    printf("\n");  / * 上面的输出处理没有换行 * /
    printf("%s\n%s\n",s3,s2);/ * 输出两个字符串,自行处理换行 * /
    puts(s1);     / * 输出一个字符串,系统自动换行 * /
    return 0;
}
```

上面程序展示了字符串数据输入输出的常用方法,程序一次执行的过程如下,请读者对照输入数据和输出结果进行分析理解:

单个字符输入方式1:

123456789

单个字符输入方式2:

987654321

字符串整体输入方式 1：

Abcdefghi

字符串整体输入方式 2：

ABCDEFGHI

ABCDEFGHI

abcdefghi

987654321

123456789

6.2.3 常用字符类数据处理标准库函数

字符和字符串都是 C 程序设计中经常处理的数据对象之一，而且字符串处理具有特殊性，往往需要在程序设计中将字符串作为整体操作。C 标准库中包含了许多用于字符或者字符串处理的标准库函数，本小节讨论其中最常用的字符分类函数和字符串处理函数的使用方法。

1.字符分类函数

C 程序设计中常用的字符分类函数见表 6.1，它们的原型在 ctype.h 中声明，使用这些函数时要用编译预处理语句#include <ctype.h>将头文件 ctype.h 包含到源程序文件中来。

表 6.1　常用字符分类标准函数(ctype.h)

函数原型	功能解释
int isalpha(int ch) ;	若 ch 是字母('A'-'Z','a'-'z')返回非 0 值,否则返回 0
int isdigit(int ch) ;	若 ch 是数字('0'-'9')返回非 0 值,否则返回 0
int isspace(int ch) ;	若 ch 是空格(" "),水平制表符('\t'),回车符('\r'),垂直制表符('\v'),换行符('\n')返回非 0 值,否则返回 0
int isupper(int ch) ;	若 ch 是大写字母('A'-'Z')返回非 0 值,否则返回 0
int islower(int ch) ;	若 ch 是小写字母('a'-'z')返回非 0 值,否则返回 0
int toupper(int ch) ;	若 ch 是小写字母('a'-'z')返回相应的大写字母('A'-'Z')
int tolower(int ch) ;	若 ch 是大写字母('A'-'Z')返回相应的小写字母('a'-'z')

【例 6.6】　字符分类函数应用。输入一个字符串,统计其中字母和数字的个数,并将其中的数字依次提取出来构成一个对应的十进制整数。

/＊ Name: ex0606.c ＊/

#include<stdio.h>

#include<ctype.h>

int main( )

```
    {
        char ch;
        int count1 = 0, count2 = 0, n = 0;
        while( ( ch = getchar( ) ) ! = '\n' )
        {
            if( isalpha( ch ) )
                count1 ++;
            else if( isdigit( ch ) )
            {
                count2 ++;
                n = n * 10+ch-'0' ;
            }
        }
        printf("字母个数:%d,数字个数:%d\n",count1,count2);
        printf("依次提取数字构成的整数是:%d\n",n);
        return 0;
    }
```

程序一次运行的结果是:

  Abc123<>,.90ascii   //输入数据

  字母个数:8,数字个数:5

  依次提取数字构成的整数是:12390

【例 6.7】 输入一个字符串,将其中的英语字母大小写对换,其余字符保持不变。

```
/ * Name: ex0607.c */
#include<stdio.h>
#include<ctype.h>
int main( )
{
    char s[100];
    int i;
    printf("请输入字符串:");
    gets(s);
    for(i=0;s[i]! ='\0' ;i ++)        //依次读取字符串中的所有字符进行处理
        if(isupper(s[i]))
            s[i] = tolower(s[i]);     //s[i]+=32;
        else if(islower(s[i]))
            s[i] = toupper(s[i]);     //s[i]-=32;
    printf("转换后的结果是:");
    puts(s);
```

```
        return 0;
    }
```

程序在对字符串进行处理时,用循环表达依次取出字符串中所有字符进行处理的控制过程,请读者理解对于字符数组(字符串)为什么不用数组本身的长度进行循环控制。程序一次运行的结果是:

请输入字符串:abcdefg12345ABCDEFG(∗)&^%^& ＄ABCD

转换后的结果是:ABCDEFG12345abcdefg(∗)&^%^& ＄abcd

2.字符串处理函数

C 程序设计中常用的字符串处理函数见表 6.2,它们的原型在 string.h 中声明,使用这些函数时要用编译预处理语句#include ＜string.h＞将头文件 string.h 包含到源程序文件中来。

许多字符串处理标准函数的被处理字符串数据、返回值类型使用的都是字符指针形式,用指针形式可以表达出字符串的起始或任意位置。字符串的起始位置对应于字符数组名字,本小节仅讨论使用字符数组名进行字符串处理的应用,关于使用指针方式处理字符串的问题,将在后续章节进行讨论。

表 6.2　常用字符串处理标准函数(string.h)

函数原型	功能解释
double atof(char ∗ s);	将字符串 s 转换成双精度浮点数并返回, 错误返回 0
int atoi(char ∗ s);	将字符串 s 转换成整数并返回, 错误返回 0
long atol(char ∗ s);	将字符串 s 转换成长整数并返回, 错误返回 0
size_t strlen(const char ∗ s);	返回字符串 s 的长度,即字符数
char ∗ strcpy(char ∗ st,char ∗ sr);	将字符串 sr 复制到字符串 st。失败返回 NULL
char ∗ strcat(char ∗ st,char ∗ sr);	将字符串 sr 连接到字符串 st 末尾。失败返回 NULL
char ∗ strchr(char ∗ str,int ch);	找出在字符串 str 中第一次出现字符 ch 的位置,找到就返回该字符位置的指针(也就是返回该字符在字符串中的地址的位置),找不到就返回空指针(就是 null)
int strcmp(char ∗ s1,char ∗ s2);	比较字符串 s1 与 s2 的大小,并返回结束部分串 s1−串 s2 对应字符值。相等返回 0
char ∗ strncat(char ∗ st, 　　const char ∗ sr,size_t len);	将字符串 sr 中最多 len 个字符连接到字符串 st 尾部
int strncmp(const char ∗ s1, 　　const char ∗ s2,size_t len);	比较字符串 s1 与 s2 中的前 len 个字符。如果配对返回 0
char ∗ strncpy(char ∗ st, 　　const char ∗ sr,size_t len);	复制 sr 中的前 len 个字符到 st 中
char ∗ strrev(char ∗ s);	将字符串 s 中的字符全部颠倒顺序重新排列,并返回排列后的字符串

续表

函数原型	功能解释
char * strstr(const char * s1, const char * s2);	找出在字符串 s1 中第一次出现字符串 s2 的位置(也就是说字符串 s1 中要包含有字符串 s2),找到就返回该字符串位置的指针(也就是返回字符串 s2 在字符串 s1 中的地址的位置),找不到就返回空指针(就是 null)

(1)字符串长度计算

字符串长度计算的基本思想是:依次统计每个字符数据,直到字符串结束符'\0' 为止。字符串长度不包括结束符。

【例 6.8】 从键盘输入一个字符串,统计该字符串中有效字符个数(即字符串长度)。

```
/ * Name: ex0608.c */
#include <stdio.h>
int main( )
{
    char s[100];
    int i;
    printf("? s: ");
    gets(s);
    for(i=0;s[i]!='\0';i++)        //字符串长度统计功能
        ;
    printf("字符串的长度是:%d\n",i);
    return 0;
}
```

字符串长度测试标准库函数 strlen 的原型为:

size_t strlen(const char * s);

函数原型中的 size_t 是系统定义好的用于统计存储单元个数和重复次数的数据类型,实质上就是整型(int)数据类型。

函数的功能是:返回(获取)由 s 表示的字符串数据中的字符个数,统计在遇到字符串数据中的第一个'\0' 字符时结束。

在 strlen 函数的使用中,参数字符串可以是字符串常量或字符数组名。函数向调用函数返回字符串中第一次出现'\0' 之前的字符串有效长度。注意 strlen 函数和 sizeof 运算符之间的区别,strlen 是统计字符串的有效字符个数,而 sizeof 运算符是计算存放字符串数据的数组(存储区域)字节数。

例如,设有定义:char a[10] = "123";,则 strlen(a)得到的值是 3(有效字符个数),而 sizeof(a)得到的值是 10(数组长度)。

使用标准函数,例 6.8 程序可重写如下:

```
/ * Name: ex0608a.c */
```

```
#include <stdio.h>
#include <string.h>
int main( )
{
    char s[100];
    int len1;
    printf("? s: ");
    gets(s);
    len1 = strlen(s);              //调用标准函数测试字符串长度
    printf("字符串的长度是:%d\n",len1);
    return 0;
}
```

（2）字符串拷贝

字符串拷贝（复制）的基本思想是：从源字符串的第一个字符开始依次取出每一个字符，赋值到目标串对应元素，直到字符串结尾符号为止。注意，符号'\0' 要照样赋值。

【例 6.9】 字符串复制方法的实现。

```
/ * Name: ex0609.c */
#include <stdio.h>
int main( )
{
    char s1[100],s2[100];
    int i;
    printf("? s1: ");
    gets(s1);
    for(i=0;s1[i];i++)             //字符串复制功能
        s2[i] = s1[i];
    s2[i] = '\0';                  //为复制生成的字符串做结尾符号
    puts(s2);
    return 0;
}
```

字符串复制标准库函数 strcpy 的原型为：

$$char * strcpy(char * st,char * sr);$$

函数的功能是：将由 sr 表示的源字符串复制到由 st 指定的目标地址中。

在 strcpy 函数的使用中，st 参数对应的必须是一个字符数组表示的空间，sr 参数既可以对应字符数组名，也可以使用字符串常量。字符数组 st 的长度要足够大，不得小于字符串 sr 的长度，复制时连同'\0' 一起复制。

特别提示：不能使用赋值（=）语句方式拷贝字符串，其原因是对字符数组也不能整体操作。

使用标准函数,例 6.9 程序可重写如下:

```c
/* Name: ex0609a.c */
#include <stdio.h>
#include <string.h>
int main()
{
    char s1[100],s2[100];
    printf("? s1: ");
    gets(s1);
    strcpy(s2,s1);              //调用标准函数实现字符串复制
    puts(s2);
    return 0;
}
```

(3)字符串连接

字符串连接的基本思想是:将源串 sr 的每个字符(含结束符)依次赋值到从目标串 st 结束符开始的后续数据单元中。

【例 6.10】 字符串连接方法实现。

```c
/* Name: ex0610.c */
#include <stdio.h>
int main()
{
    char s1[100]="连接结果:",s2[100];
    int i,j;
    printf("? s2: ");
    gets(s2);
    for(i=0;s1[i];i++)          //字符串连接功能
        ;
    for(j=0;s2[j];j++,i++)
        s1[i]=s2[j];
    s1[i]='\0';
    puts(s1);
    return 0;
}
```

字符串连接标准库函数 strcat 的原型为:

```c
char *strcat(char *st,char *sr);
```

函数的功能是:将由 sr 表示的源字符串拷贝到由 st 表示的目标字符串的末尾(即连接到 st 所表示的字符串后)。

在 strcat 函数的使用中,st 参数对应的必须是一个字符数组表示的空间,st 字节长度必

须满足两个字符串连接后的长度要求,参数 sr 既可以是字符数组,也可以是字符串常量。

使用标准函数,例 6.10 程序可重写如下:

```
/ * Name: ex0610a.c * /
#include <stdio.h>
#include <string.h>
int main( )
{
    char s1[100]="连接结果:",s2[100];
    printf("? s2: ");
    gets(s2);
    strcat(s1,s2);              //调用标准函数实现字符串连接
    puts(s1);
    return 0;
}
```

(4)字符串比较

基本思想是从参与比较操作的两个字符串的第一个字符开始依次比较相同位置的两个对应字符,在下列两种情况之下结束比较过程:

● 两个字符串中对应位置字符的 ASCII 码值不相同。

● 遇到两字符串中任何一个字符串的串结尾字符'\0'。

字符对位比较过程结束,用该时刻两个字符串中对应位置字符的 ASCII 码差值来确定两个字符串之间的关系。

【例 6.11】 字符串比较方法实现。

```
/ * Name: ex0611.c * /
#include <stdio.h>
int main( )
{
    char s1[100],s2[100];
    int result,i;
    printf("? s1: ");
    gets(s1);
    printf("? s2: ");
    gets(s2);
    for(i=0;s1[i]==s2[i];i++)          //字符串比较功能
        if(s1[i]=='\0')
        {
            result=0;
            break;
        }
```

```
            if(s1[i]!=s2[i])
                result=s1[i]-s2[i];
        if(result==0)
            printf("两字字符串相同\n");
        else if(result>0)
            printf("第1个字符串大于第2个字符串\n");
        else
            printf("第1个字符串小于第2个字符串\n");
        return 0;
    }
```

字符串比较标准库函数 strcmp 的原型为：

```
    int strcmp(char *s1,char *s2);
```

strcm 函数对参数 s1 和参数 s2 表示的两个字符串进行比较,方式是依次比较两字符串中对应位置的字符,当遇到第一对不同的字符或者两字符串中的任一字符串结束标志符时退出比较。比较值是按 ASCII 码的大小进行的,即 ASCII 码值大的字符较大,ASCII 码值小的字符较小,如"computer"比"company"大,因为第一个不相同的字符' u' 的 ASCII 码值比' a' 的 ASCII 码值大。函数的返回值是一个整数,根据该值判定两字符串的大小关系。

①字符串 s1 等于字符串 s2 时,函数返回 0 值。

②字符串 s1 大于字符串 s2 时,函数返回正整数值(s1 与 s2 对应字符 ASCII 码差值)。

③字符串 s1 小于字符串 s2 时,函数返回负整数值(s1 与 s2 对应字符 ASCII 码差值)。

strcmp 函数的使用中,两个参数 s1 和 s2 都可以是字符串常量或字符数组名。

特别提示:字符串的比较不能使用类似 if(s1==s2)的关系运算实现,其原因是对字符数组也不能整体操作。

使用标准库函数,例 6.11 程序可重写如下:

```
/* Name: ex0611a.c */
#include <stdio.h>
#include <string.h>
int main()
{
    char s1[100],s2[100];
    int result;
    printf("? s1: ");
    gets(s1);
    printf("? s2: ");
    gets(s2);
    result=strcmp(s1,s2);              //调用标准函数实现字符串拷贝
    if(result==0)
        printf("两字字符串相同\n");
```

```
    else if( result>0)
        printf("第 1 个字符串大于第 2 个字符串 \n");
    else
        printf("第 1 个字符串小于第 2 个字符串 \n");
    return 0;
}
```

【例 6.12】 字符串处理函数综合使用示例。反复从键盘上输入若干字符串(直到输入空串为止),判断输入的字符串是否是回文字符串,是回文字符串输出提示信息"Yes",否则输出提示信息"No"。

```c
/*  Name: ex0612.c  */
#include <stdio.h>
#include <string.h>
int main( )
{
    char s[200],t[200];
    while(1)
    {
        printf("请输入字符串进行判断,直接按回车键退出! \n");
        gets(s);
        if( strlen(s)==0)                //若输入时直接按回车键
            break;
        strcpy(t,s);                     //复制获取字符串副本 t
        strrev(t);                       //将副本字符串 t 颠倒
        if( strcmp(s,t)==0)
            printf("\"%s\"是回文字符串\n",s);
        else
        printf("\"%s\"不是回文字符串\n",s);
    }
    return 0;
}
```

6.3 函数调用中的数组参数传递

在程序设计时使用数组做函数参数,可以理解为两层含义:一是将一个数组元素传递给函数,等同于简单变量作为函数参数(请读者参考本书前面章节相关内容);二是将数组看成一个整体作为函数的参数。用数组名作为函数的形式参数,用数组名或数组元素的地址作为实际参数,实现的是函数间的传地址值调用,下面分别讨论一维数组和二维数组作为函数参数的问题。

6.3.1 一维数组作函数的参数

将一维数组(包括字符数组)看成一个整体作为函数参数时,用数组名作为函数的形式参数或实际参数。如前所述,数组在存储时有序地占用一片连续的内存区域,数组的名字表示这段存储区域的首地址。用数组名作为函数参数实现的是"传地址值调用",其本质是在函数调用期间实际参数数组将它的全部存储区域或者部分存储区域提供给形式参数数组共享,即形参数组与实参数组是同一存储区域或者形参数组是实参数组存储区域的一部分。直观地说,就是同一个数组在主调函数和被调函数中有两个不同(甚至相同)的名字。

如果需要把整个实参数组传递给被调函数中的形参数组,可以使用实参数组的名字或者实参数组第一个元素(0 号元素)的地址(参见图 6.8)。

一维数组作为函数的形式参数本质上是一个指针变量,所以在描述上不需要指定形参数组的长度。

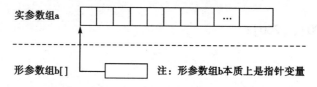

图 6.8　数组存储区域全部共享时形参数组与实参数组的关系

【例 6.13】　编写求和函数并通过该函数求数组的元素值和。

```c
/ *  Name: ex0613.c  * /
#include <stdio.h>
#define N 10
int main( )
{
    int sum(int v[ ],int n);
    int a[N]={1,2,3,4,5,6,7,8,9,10},total;
    total=sum(a,N);
    printf("total=%d\n",total);
    return 0;
}
int sum(int v[ ],int n)
{
    int i,s=0;
    for(i=0;i<n;i++)
        s+=v[i];
    return s;
}
```

上面程序中函数 sum 的原型为:int sum(int v[ ],int n);,表示了该函数在被调用时应该传递一个整型数组给一维数组形式参数 v[ ],数组的长度由整型变量 n 表示,函数 sum 的功能是将用形式参数 v 表示的长度为 n 的数组元素求和。主函数通过函数调用表达式 sum(a,N)调用函数 sum,调用时将数组名作为实际参数(也可以用 &a[0]作为实际参数)传递给函数 sum 的形参组 v。数组 v 本质上是一个指针变量,通过参数传递获取了主调函数中数组 a 的首地址,从而可以操作 a 数组,可以认为形式参数 v 就是实际参数 a 数组在函数 sum 中的另外一个名字,在 sum 函数中操作 v 数组实质上就是操作主调函数中的 a 数组,程序执行的结果为:total=55。

函数调用时用数组的某一个元素地址值作为实际参数传递给形式参数数组,可以实现将实参组自某一元素开始后面所有的区域提供给形参数组共享的目的(参见图 6.9),下面的例 6.14 程序展示了这种用法。

图 6.9　数组存储区域部分共享时形参数组与实参数组的关系

【例 6.14】　编写求和函数并通过该函数求数组自某一元素后的所有元素值和,起始点元素序号从键盘上输入。

```c
/* Name: ex0614.c */
#include <stdio.h>
#define N 10
int main()
{
    int sum(int v[ ],int n);
    int a[N]={1,2,3,4,5,6,7,8,9,10},total,pos;
    printf("请输入求和起始元素序号: ");
    scanf("%d",&pos);
    total=sum(&a[pos],N-pos);      //调用时数组长度相应减少 pos 个
    printf("total=%d\n",total);
    return 0;
}
int sum(int v[ ],int n)
{
    int i,s=0;
    for(i=0;i<n;i++)
        s+=v[i];
    return s;
}
```

比较例 6.14 和例 6.13 的程序, 可以发现函数 sum 没有任何改变, 程序中有所改变的是主调函数中的调用表达式:sum(&a[pos], N-pos), 其中, 参数 &a[pos] 表示将数组 a 自 a[pos]元素以后的元素全部提供给形参数组共享, N-pos 是传递到函数 add 中共享的数组元素个数, 请读者结合图 6.9 自行分析程序运行方式。

在前面章节关于函数的讨论中我们知道, 一个函数通过其返回机制仅能返回一个值。如果期望通过一个函数的执行能够获取多个数据, 就需要使用指针参数来达到目的。如果需要通过函数执行获取的数据非常多, 势必造成函数的参数表十分臃肿。这种情况下, 通过数组参数可以大大简化程序的设计。下面的例 6.15 展示了通过函数数组参数获取多个值的用法。

【例 6.15】 反复从键盘上输入若干字符串(直到输入空串为止), 统计所输入的字符串中每一个小写英文字母出现的次数。

```c
/* Name: ex0615.c */
#include <stdio.h>
void count(char s[], int c[]);
int main()
{
    char s1[200];
    int i, counter[26] = {0};        //counter 是 26 个计数器构成的计数器组
    printf("请输入字符串 s1:");
    gets(s1);
    count(s1, counter);
    for(i = 0; i < 26; i++)          //输出结果表头
        printf("%3c", 'a' + i);
    printf("\n");
    for(i = 0; i < 26; i++)          //输出 26 个计数器值
        printf("%3d", counter[i]);
    printf("\n");
    return 0;
}
void count(char s[], int c[])
{
    int i;
    for(i = 0; s[i]; i++)
        if(s[i] >= 'a' && s[i] <= 'z')
            c[s[i] - 'a']++;
}
```

在上面程序中, 函数 count 使用了两个数组参数, 其中 s 参数用于接收传递到函数中处理的字符串, c 参数用于统计的实参数组 counter。函数中, 当判断一个字符 s[i] 是小写英

文字母时,通过 s[i]-' a' 计算出对应的计数器(计数器数组元素)位置,将该计数器值增加1。

6.3.2 二维数组作函数的参数

二维数组在存储时也是有序地占用一片连续的内存区域,数组的名字表示这段存储区域的首地址。需要特别注意的是,二维数组起始地址有多种表示方法,而且这些表示方法在物理含义上还有表示平面起始地址和表示线性起始地址之分,所以在使用二维数组的起始地址时必须注意区分需要用哪一种起始地址。以二维数组 a 为例,二维数组起始地址的表示方法以及各种表示方法的级别(包含的物理含义)有:

- 数组名:a,表示二维数组的起始地址,二级地址;
- 数组首元素地址:&a[0][0],表示二维数组的线性起始地址,一级地址;
- 数组 0 号行名字:a[0],表示二维数组的线性起始地址,一级地址;
- 数组名指针运算后的地址:∗a,表示二维数组的线性起始地址,一级地址;

由于二维数组的起始地址有一级地址和二级地址之分,所以二维数组作为函数调用实际参数时可以分为二级地址参数和一级地址参数两种。

1.用二维数组名作为实际参数

用二维数组名作为函数参数实现的是"传地址值调用",其本质仍然是在函数调用期间实际参数数组将它的全部存储区域提供给形式参数数组共享,即形参数组与实参数组是同一存储区域。直观地说,就是同一个数组在主调函数和被调函数中有两个不同(甚至相同)的名字。由于此时函数调用的实际参数是二维数组名,被调函数中的形式参数需要使用二维数组样式,数组存储区域全部共享时形参数组与实参数组的关系如图 6.10 所示。

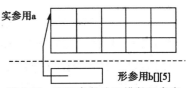

图 6.10 实际参数为二维数组名字

【例6.16】 编写求二维矩阵最大元素的函数(假定矩阵为 3 行 4 列),用相应主函数进行测试。

```c
/* Name: ex0616.c */
#include <stdio.h>
#define M 3
#define N 4
int main()
{
    int max(int v[][N]);
    int maxv,a[M][N]={38,23,56,9,56,2,789,45,76,7,45,34};
    maxv=max(a);
    printf("Max value is:%d\n",maxv);
    return 0;
}
```

```
int max(int v[][N])        //注意数组参数只能省略最高维的长度指定
{
    int i,j,mv;
    mv=v[0][0];
    for(i=0;i<M;i++)
        for(j=0;j<N;j++)
            if(v[i][j]>mv)
                mv=v[i][j];
    return mv;
}
```

例6.16程序的函数max中使用了二维数组样式的形式参数接收从主调函数中传递过来的二维数组首地址,使得形参数组v共享实参数组a的存储区域;然后通过对形参数组v的操作达到操作参数a的目的,即在形参数组v中寻找最大值实质上是在实参数组a中寻找最大值,程序执行的结果为:

Max value is:789。

2.用二维数组起始地址的一级地址形式作为实际参数

例6.16程序的致命弱点是只能求列数是N列矩阵的最大元素。在实际应用程序设计中,有时需要能够处理任意行列大小的二维数组的函数(例如,要求上例中的函数max能够查找任意二维数组中的最大元素),此时直接用二维数组作为形式参数的设计形式就不太适合。为了提高函数的通用性,可以借助一维数组作为形式参数时可以不指定长度的特点,使用一维数组样式的形式参数接收二维数组实参。这种参数传递实质上就是要用线性数据的处理方法来处理平面形式的数据(读者可以在此基础上考虑更高维数组的处理),实现这种参数传递时须注意以下两点:

● 数调用时的实际参数必须是二维数组起始地址的一级地址形式,同时还应将二维数组的构造信息(行数和列数)传递到被调函数中。

● 被调函数中只知道被处理二维数组的起始地址,所以在处理过程中二维数组每一行的长度由程序员根据参数表中传递过来的信息自行控制。

【例6.17】 重新设计例6.16中的函数max,使其能够处理任意行列的二维数组,并用相应的主函数进行测试。

```
/* Name: ex0617.c */
#include <stdio.h>
#define M 3
#define N 4
int main()
{
    int max(int v[],int m,int n);
    int maxv,a[M][N]={38,23,56,9,56,2,789,45,76,7,45,34};
```

```
        maxv = max(a[0], M, N);
        printf("Max value is:%d\n", maxv);
        return 0;
    }
    int max(int v[], int m, int n)
    {
        int i, j, mv;
        mv = v[0];
        for(i = 0; i < m; i ++)
            for(j = 0; j < n; j ++)
                if(v[i * n+j] > mv)
                    mv = v[i * n+j];
        return mv;
    }
```

程序中函数 max 用一维数组样式的形式参数 v 来接收从主调函数中传递过来的二维数组首地址,注意到二维数组的名字表示的是二级地址,所以被传递的二维数组首地址要使用 3 种一级地址形式之一,本示例中使用的是 a[0],还可以使用 &a[0][0] 和 *a 形式。在被调函数中将传递过来的二维数组当作一维数组处理,其元素对应关系应该是:a[i][j]→v[i * n+j]。程序执行的结果为:

        Max value is:789。

6.4 数组的简单应用

数组在计算机程序设计中是一种十分重要的组织数据方法。用数组组织数据可以实现许多的数据处理操作,排序和查找就是其中最常见的数据处理方法。

6.4.1 数组元素值的随机生成

在前面的章节中已经讨论过整数的产生方法,本小节以数组为载体进一步讨论产生随机数的技术。

为了能够在学习程序设计的过程中深刻体会被处理数据的多样性和不可见性,有必要用某种方法来模拟所处理的数据,在程序中随机生成所处理的数据就是一种比较好的模拟数据方法。为了能够在程序中随机生成数据,需要使用 C 语言提供的 srand、rand 和 time 3 个标准库函数。

srand 函数的功能是初始化随机数发生器,函数原型在头文件 stdlib.h 中声明,其原型为:

        void srand(unsigned int seed);

rand 函数的功能是随机产生一个在 0 到 RAND_MAX(0x7fff)之间的正整数,函数在头文件 stdlib.h 中声明,其原型为:

        int rand(void);

time 函数的功能是获取系统时间,函数原型在头文件 time.h 中声明,其原型为:

　　time_t time(time_t * timer) ;

其中的数据类型 time_t 是一个系统定义好的长整型数据类型,其变量用于存放从系统中取出的以秒为单位的整型数据,参数 time_t * timer 表示用 timer 数据对象保存取出的时间值,调用时用空(NULL)作为参数(即调用形式为:time(NULL))则表示只需要用其返回的长整型数值而不需要保存该值。

【例 6.18】 随机生成 20 个 3 位以内的整数序列存放在数组中,然后用每行 10 个数据的形式输出所有数组元素。

```
/ * Name: ex0618.c * /
#include <stdlib.h>
#include <stdio.h>
#include <time.h>
#define N 20
int main( )
{
    int i, arr[ N] ;
    srand( ( unsigned) time( NULL) ) ;//初始化随机数发生器
    for( i = 0; i<N; i ++)//按要求生成随机数放入数组
        arr[ i] = rand( )%1000;
    for( i = 0; i<N; i ++)//按要求输出所有随机产生的数组元素值
    {
        if( i%10 == 0)
            printf( "\n") ;
        printf( "%4d", arr[ i] ) ;
    }
    printf( "\n") ;
    return 0;
}
```

程序一次运行结果为:

```
  6    73   796 864 999 12   881 293 634 453
 110 636  127 541 896 731 615 841 533 796
```

在上面程序中,用表达式 rand( )%1000 获取 3 位以内的随机整数。在实际的程序设计实践中,可以通过下面所列的表达式形式获取所需要的各种类别随机数据:

100+rand( )%900//获取 3 位随机整数,通式:100+rand( )%(1000−100)

' A' +rand( )%26//获取随机的大写英语字母

' a' +rand( )%26//获取随机的小写英语字母

(10000+rand( )%90000) * 1e−2　//获取 3 位以内整数部分,2 位小数的随机实数

100+rand( )%900+rand( )%100 * 1e−2　//获取 3 位整数部分,2 位小数的随机实数

6.4.2　基于数组的常用排序方法

排序是计算机处理数据的一种常见重要操作,其作用是将数列中的数据按照特定顺序,如升序或降序重新排列组织。排序分为内部排序和外部排序。在进行内部排序时,要求被处理的数据全部进入计算机系统的内(主)存储器,整个排序过程都在计算机系统的内存储器中完成。针对不同的实际应用,数据排序方法有很多种。本节介绍两种常用排序方法的基本思想和实现方法,帮助读者初步理解排序方法的计算机解决思路。

1.冒泡排序(Bubble sorting)

冒泡排序算法的基本思想是两两比较待排序数据序列中的相邻数据,根据比较结果来交换这两个数据在序列中的位置。其算法基本概念可描述如下:

①从待排序列中第一个位置开始,依次比较相邻两个位置上的数据,若是逆序则交换,一趟扫描后,最大(或最小)的数据被交换到了最后,这个过程称为一趟排序。

②不考虑已排好序的数据,将剩下的数据作为待排序列。

③重复①、②两步直到排序完成,n 个数据的排序过程最多进行 n-1 趟。

【例 6.19】　编写程序实现冒泡排序算法,对随机生成的 10 个 3 位整数按升序进行排序并输出。

```
/* Name: ex0619.c */
#include <stdlib.h>
#include <stdio.h>
#include <time.h>
#define N 10
void bubble( int a[ ] ,int n ) ;          //声明冒泡排序函数
int main( )
{
    int i,a[ N ] ;
    srand( ( unsigned) time( NULL) ) ;
    printf( "数据排序前 ...\n") ;
    for( i=0;i<N;i ++)      //随机产生并输出未排序数组元素
        printf( "%4d", a[ i ] =100+rand( )%900) ;
    bubble( a,N) ;          //调用冒泡排序函数
    printf( "\n 数据排序后 ...\n") ;
    for( i=0; i<N; i ++)     //输出排序后的所有数组元素值
        printf( "%4d", a[ i ]) ;
    printf( "\n") ;
    return 0;
}
void bubble( int a[ ] ,int n )     //定义冒泡排序函数
```

```
    {
        int i,j,t;
        for(i=0;i<n-1;i++)
            for(j=1;j<n-i;j++)
                if(a[j]<a[j-1])
                {
                    t=a[j];
                    a[j]=a[j-1];
                    a[j-1]=t;
                }
    }
```

程序的一次执行结果为：

数据排序前：169 999 306 717 383 243 702 652 249 612

数据排序后：169 243 249 306 383 612 652 702 717 999

2.选择排序(Select sorting)

选择排序法的基本思想是对于待排的 N 个数据,在其中寻找最大(或最小)的数值,并将其移动到最前面作为第一个数据;在剩下的 N-1 个数据中用相同的方法寻找最大(或最小)的数值,并将其作为第二个数据;以此类推,直到将整个待排数据集合处理完为止(只剩下一个待处理数据)。选择排序的基本方法是：

① 在所有的数据中选取最大(或最小)的一个,并将其与第一个数据交换位置。

②将上次操作完成后剩下的数据构成一个新数据集合。

③在新数据集的所有数据中选取最大(或最小)的一个,并将其与新数据集中的第一个数据交换位置。

④如果还有待处理数据,转到②。

【例 6.20】 编写程序实现选择排序算法,随机生成长度为 50 的英语字母字符串,将字符串中的数据按升序进行排序并输出。

```c
/ * Name: ex0620.c  * /
#include <stdlib.h>
#include <stdio.h>
#include <time.h>
#include <string.h>
#define N 50
void selectsort(char s[]);      //声明选择法排序函数
int main()
{
    int i,select;
    char str[N+1];
```

```
    srand((unsigned) time(NULL));
    for(i=0;i<N;i++)        //随机产生字符串
    {
        select=rand()%100;          //获取生成大小写字母判断因子
        if(select%2)                //select 是奇数时随机产生大写英语字母
            str[i]='A'+rand()%26;
        else
            str[i]='a'+rand()%26;
    }
    str[i]='\0';
    printf("数据排序前:");
    puts(str);                  //输出未排序字符串
    selectsort(str);            //调用选择法排序函数
    printf("数据排序后:");
    puts(str);                  //输出排序后的字符串
    return 0;
}
void selectsort(char s[])            //定义选择法排序函数
{
    int i,j,k,t,len;
    len=strlen(s);
    for(i=0;i<len-1;i++)
    {   k=i;
        for(j=i+1;j<len;j++)
            if(s[j]<s[k])
                k=j;
        if(k!=i)
            t=s[i],s[i]=s[k],s[k]=t;
    }
}
```

程序的一次运行结果为:

　　数据排序前:jDwnuxpVULEUYrgcDjUSEqCavvWfGtdeCoDSZKkSiHpZoIdrmpS

　　数据排序后:CCDDDEEGHIKLSSSSUUUVWYZZacddefgijjkmnoopppqrrtuvvwx

6.4.3　基于数组的常用查找方法

　　查找也称为检索,是在一个数据集合中找出符合某种条件的数据。查找的结果有两种:在数据集合中找到了与给定条件相符合的数据,称为成功的查找,根据需要可以处理所查找的数据信息或给出数据的位置信息。若在表中找不到与给定条件相符合的数据,则称为不成功的查找,给出提示信息或空位置信息。本节介绍最常用的两种查找方法:顺序查找和折半查找。

1.顺序查找(Linear search)

顺序查找又称为线性查找。其基本过程是:从待查集合中的第一个数据开始,将给定的关键字值与查找集合中的数据逐个进行比较。如果找到相符合的数据时,查找成功;如果在数据集合中找不到与关键字值相符合的数据,则查找失败。顺序查找方法适用于被查找集合无序的场合。

【例 6.21】 编写程序实现顺序查找算法,在随机生成的 50 个整数中查找指定值,要求程序能够显示出查找是否成功的信息。

```c
/* Name: ex0621.c */
#include <stdio.h>
#include <stdlib.h>
#include <time.h>
#define N 50
int linearsearch(int a[],int n,int key);    //声明顺序查找函数
void ptarray(int v[],int n);
int main()
{
    int i,key,a[N],loc;
    srand((unsigned) time(NULL));
    for(i=0;i<N;i++)                    //随机产生被查找的数据集合
        a[i]=100+rand()%900;
    printf("被查找数据集合如下…\n");
    ptarray(a,N);
    printf("请输入被查找的值:");
    scanf("%d",&key);
    loc=linearsearch(a,N,key);          //调用函数在 a 中查找 key
    if(loc>=0)
        printf("查找成功! 值%4d 在集合中序号是:%d\n",key,loc);
    else
        printf("查找不成功! 值%d 不在数据集合中\n",key);
    return 0;
}
int linearsearch(int a[],int n,int key)    //线性查找函数定义
{
    int i;
    for(i=0;i<n;i++)                    //在数据集合中寻找与 key 相同的第一个数
```

```
        if( a[i] ==key)          //如果找到则返回 key 在数据集合的位序
            return i;
    return -1;                   //如果没找到返回-1 无效值
}
void ptarray( int v[ ], int n)
{
    int i;
    for( i = 0; i<n; i ++)
        printf( "%4d", v[i] );
    printf( "\n");
}
```

2.折半查找(Binary search)

折半查找法又称为二分查找法,该算法要求在一个对查找关键字而言有序的数据序列上进行,其基本思想是逐步缩小查找目标可能存在的范围,具体描述如下:

①以查找集合中间位置的数据作为基准,将查找集合划分为两个子集。

②基准位置数据值与查找的关键字值相符合时,返回基准数据的位置,算法结束。

③基准位置数据值与查找的关键字值不相符时,在两个子集合中选取一个,重复执行①、②,直到被处理的查找集合中没有数据为止。

图 6.11 是在一有序序列中实现对 key = 21 进行折半查找的过程。

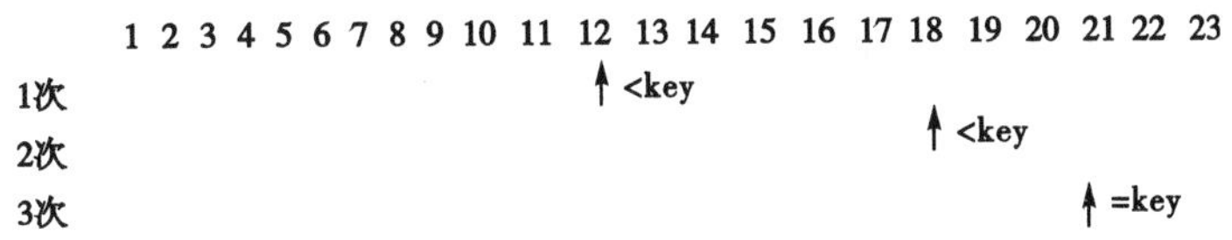

图 6.11 折半查找算法示意图

【例 6.22】 编写程序实现折半查找算法,在随机生成的 50 个整数中查找指定值,要求程序能够显示出查找是否成功的信息。

```
/* Name: ex0622.c */
#include <stdlib.h>
#include <stdio.h>
#include <time.h>
#define N 50
int Binarysearch( int v[ ], int n, int key);     //声明折半查找函数
void selectsort( int v[ ], int n);               //声明选择排序函数
void ptarray( int v[ ], int n);
int main( )
```

```
{
    int i,a[N],key,flag;
    srand((unsigned) time(NULL));
    for(i=0;i<N;i++)
        a[i]=100+rand()%900;
    printf("下面是未排序的数据集合…\n");
    ptarray(a,N);
    printf("请输入被查找的关键值：");
    scanf("%d",&key);
    selectsort(a,N);                    //调用排序函数对数据集合 a 排序
    printf("下面是已排序的数据集合…\n");
    ptarray(a,N);
    flag=Binarysearch(a,N,key);         //调用折半查找函数
    if(flag>=0)
        printf("查找成功！值%4d 在已排序数据集合中的序号是:%d\n",key,flag);
    else
        printf("查找不成功！数据集合中不存在被查找数据！\n");
    return 0;
}

int Binarysearch(int v[],int n,int key)     //定义折半查找函数
{
    int low=0,high=n-1,middle;
    while(low<=high)
    {
        middle=(low+high)/2;
        if(key==v[middle])
            return middle;
        else if(key>v[middle])
            low=middle+1;
        else
            high=middle-1;
    }
    return -1;
}

void selectsort(int v[],int n)
{   int i,j,k,t;
    for(i=0; i<n-1; i++)           //本循环实现选择排序算法
```

```
    {
        k=i;
        for(j=i+1;j<n;j++)        //在剩余的待排序数据中寻找最小数的位置
            if(v[j]<v[k])
                k=j;
        if(k!=i)                  //将找到的最小数交换到指定的位置上
            t=v[i],v[i]=v[k],v[k]=t;
    }
}
void ptarray(int v[],int n)
{
    int i;
    for(i=0;i<n;i++)
        printf("%4d",v[i]);
    printf("\n");
}
```

习题 6

一、单项选择题

1.下列关于数组的描述正确的是(　　)。

　A.数组的大小是固定的,但可以有不同类型的数组元素

　B.数组的大小是可变的,但所有数组元素的类型必须相同

　C.数组的大小是固定的,且所有数组元素的类型必须相同

　D.数组的大小是可变的,且可以有不同类型的数组元素

2.C 程序中,长度为 10 的数组下标范围是(　　)。

　A.1 到 10　　　　　　　　　　　　　B.0 到 10

　C.1 到 9　　　　　　　　　　　　　　D.0 到 9

3.对以下说明语句的正确理解是(　　)。

　int a[10]={6,7,8,9,10};

　A.将 5 个初值依次赋给 a[1]到 a[5]

　B.将 5 个初值依次赋给 a[0]到 a[4]

　C.将 5 个初值依次赋给 a[6]到 a[10]

　D.因为数组长度与初值的个数不相同,所以此语句不正确

4.若有说明"int a[3][4]={0};",则下面正确的叙述是(　　)。

　A.只有元素 a[0][0]可得到初值 0

B.数组 a 中每个元素均可得到初值 0

C.数组 a 中各元素都可得到初值,但不一定为 0

D.此说明语句不正确

5.下列选项中合法的数组定义是(　　　)。

A.int s[ ]={"string"};　　　　　　　　　B.int a[5]={'abc','1'};

C.char a={"string"};　　　　　　　　　D.char a[ ]={0,1,2,3};

6.下列选项中对二维数组不正确的初始化是(　　　)。

A.int a[ ][3]={3,2,1,1,2,3};　　　　　B.int a[ ][3]={{3,2,1},{1,2,3}};

C.int a[2][3]={{3,2,1},{1,2,3}};　　　D.int a[ ][ ]={{3,2,1},{1,2,3}};

7.若有如下定义:char x[ ]="China",y[10]= "China";,则下列选项中叙述正确的是(　　　)。

A.数组 x 的长度为 5　　　　　　　　　B.数组 x 和数组 y 长度相同

C.数组 x 的长度大于数组 y 的长度　　D.数组 x 的长度小于数组 y 的长度

8.函数调用 strcat(strcpy(str1,str2),str3)的功能是(　　　)。

A.将字符串 str1 复制到字符串 str2 中后再连接到字符串 str3 之后

B.将字符串 str1 复制到字符串 str2 中后再复制到字符串 str3 之后

C.将字符串 str2 复制到字符串 str1 中后再将字符串 str3 连接到字符串 str1 之后

D.将字符串 str2 连接到字符串 str1 中后再将字符串复制到字符串 str3 中

9.若有定义 char s1[ ]="AaCdE",s2[ ]="aBcDe";,则表达式 strcmp(s1+1,s2+1)的值是(　　　)。

A.零　　　　　　　　　　　　　　　　B.负数

C.正数　　　　　　　　　　　　　　　D.非零值,正负数难以确定

10.下列程序的输出结果是(　　　)。

```
#include <string.h>
#include <stdio.h>
void main()
{   char x[ ]="1234567",y[ ]="1234567";
    printf("%d,%d,%d\n",strlen(x),sizeof(x),sizeof(y));
}
```

A.7,7,7　　　　　B.7,8,8　　　　　C.7,8,12　　　　　D.8,8,8

二、填空题

1.若有如下定义:int a[ ][3]={1,2,3,4,5,6};,则 a[1][0]的值是_____。

2.调用 strlen("abcd\0ef\ng\0")的结果是_____。

3.若有定义:int k,a[ ][3]={9,8,7,6,5,4,3,2,1};,则下面代码段的输出结果是_____。

```
for( k = 0;k<3;k ++)
        printf("%d",a[ k][ k]);
```

4.下面程序段的输出结果是_____。

```
char s[ 12] = "a student! ";
printf("%s",s+2);
```

5.设有下面程序段,则 a 数组中第一个非零值元素的下标是_____。

```
int a[ 200] = {0} ,i;
for( i = 0;i<100;i ++)
        a[ 2 * i+1] = 2 * i-1;
```

6.下面程序实现的功能是:按下面形式输出数组左上半三角。请完善程序。

```
1   2   3   4
6   7   8
11  12
16
```

```
#include<stdio.h>
int main( )
{
    int num[ 4][ 4] = {{1,2,3,4} ,{5,6,7,8} ,{9,10,11,12} ,{13,14,15,16}} ,i,j;
    for( i = 0;i<4;i ++)
    {
        for( _____ ;j<4;j ++)
            printf( "%4d",num_____ );
        printf( "\n") ;
    }
    return 0;
}
```

三、阅读程序题

1.阅读下面的程序,写出程序的运行结果。

```
#include <stdio.h>
int main( )
{
    int a[ ][ 3] = {9,7,5,3,1,2,4,6,8} ;
    int i,j,s1 = 0;
    for( i = 0,j = 0;i<3;i ++,j --)
        if( i == j)
```

```
                    s1+=a[i][j];
         printf("%d\n",s1);
         return 0;
}
```

2.阅读下面的程序,写出程序的运行结果。

```
#include <stdio.h>
#include <string.h>
int main( )
{
    char s1[50]="some string * ";
    char s2[ ]="test";
    printf("%d, ",strlen(s2));
    strcat(s1,s2);
    printf("%s\n",s1);
    return 0;
}
```

3.阅读下面的程序,写出程序的运行结果。

```
#include <stdio.h>
int main( )
{
    int i,j,a[ ]={0,2,8,4,5};
    for(i=1;i<=5;i++)
    {
        j=5-i;
        printf("%2d",a[j]);
    }
    printf("\n");
    return 0;
}
```

4.阅读下面的程序,写出程序的运行结果。

```
#include <stdio.h>
int main( )
{
    int a[ ]={1,3,5,2,7},b[ ]={5,3,9,4,6};
    int c[5],i;
    for(i=0;i<5;i++)
        printf("%d ",(c[i]=a[i]*b[i],c[i]/2));
```

```
        printf("\n");
        return 0;
}
```

5.阅读下面的程序,写出程序的运行结果。

```
#include<stdio.h>
#include<string.h>
int main()
{
        int i,j;
        char str[]="123456",k;
        for(i=0,j=strlen(str)-1;i<j;i++,j--)
        {
                k=str[i];
                str[i]=str[j];
                str[j]=k;
        }
        puts(str);
        return 0;
}
```

6.阅读下面的程序,写出程序的运行结果。

```
#include<stdio.h>
int main()
{
        int a[4][5]={1,2,3,4,5,6,7,8,9,10,11,12,13,14,15,16,17,18,19,20};
        int i,j,s1=0;
        for(i=0;i<4;i++)
                for(j=0;j<5;j++)
                {
                        if(i%2!=0&&j%2!=0)
                        s1=s1+a[i][j];
                }
        printf("%d\n",s1);
        return 0;
}
```

四、程序设计题

1.编程实现功能:求 3 行 4 列矩阵中所有元素的最小值。数组元素值可以初始化、输入,或者用随机数填充。

2.编程实现功能:将数组 x 中各相邻两个元素的和依次存放到数组 a 中,然后输出数组 a 的所有元素值。

3.编程实现功能:将 4 行 4 列数组的左下三角设置为下图所示的数据。

```
4
3  7
2  6  9
1  5  8  10
```

4.编程实现数据分隔功能,分隔的规则是在字符串中的每个数字字符之后插入一个#号。例如字符串为 cq2016r8,执行结果为:cq2#0#1#6#r8#。

5.编程实现功能:用循环结构为二维数组按下图方式赋值,然后求出该二维矩阵两条对角线上的元素之和。

```
1   2   3   4   5
6   7   8   9   10
11  12  13  14  15
17  18  19  20  16
21  22  23  24  25
```

6.编程输出如下图所示的魔方阵。所谓魔方阵是一个由整数构成的奇数矩阵,它的任意一行、任意一列以及对角线的所有数之和均相等。

```
8   1   6
3   5   7
4   9   2
```

第 7 章　C 程序文件处理基础

前面讲过的所有程序运行时所需的数据是在程序中给出或在键盘上输入,其结果都输出到显示器上。显示器和键盘为输入输出设备,但输入输出设备中不仅仅有显示器和键盘,还可以是磁盘,程序运行所需的数据可以来自这些设备,程序运行结果也可以输出到这些设备以便暂存。与显示器和键盘相比,磁盘上的数据可以重复使用,更方便、安全。例如,一个程序运行所需的数据来自另一个程序的运行结果,这时应把第一个程序运行的结果以文件的形式保存到磁盘上,运行第二个程序时,其运行数据不是来自于键盘,而是从文件读取数据,这种方式可以避免繁琐的数据输入工作。本章主要讨文件处理的基础知识和相关的操作。

7.1　文件处理基础

在 C 语言中,所有与输入输出相关的资源都看作文件,如打印机文件、显示器文件和磁盘文件等。所谓文件,一般是指存放在外部存储设备上的数据集合。本节主要介绍文件的相关概念以及对文件的相关操作。

7.1.1　C 语言的文件数据类型

1.文件的概念和作用

文件是指具名存放在外部存储设备上的一组信息,它们以二进制代码形式存在,可能是一组数据、一个程序,一张照片、一段声音等。在计算机应用中,文件的概念具有更广泛的意义,它甚至包含所有的计算机外部设备,这样的文件称为"设备文件"。对于结构化程序设计语言而言,文件是其处理的最重要的外部数据,通过在程序设计中使用文件可以达到以下两个目的:

①将数据永久地保存在计算机外部存储介质上,使之成为可以共享的信息,即通过文件系统与其他信息处理系统联系。

②可以进行大量的原始数据的输入和保存,以适应计算机系统在各方面的应用。

2.文件的分类

文件按照不同的分类原则可以有不同的分类方法,主要有以下几种文件的分类方法:

①按文件的结构形式分类可以分为文本文件和二进制文件。

文本文件是全部由字符组成的文件,即文件的每个元素都是字符或换行符。即使是整数或者实数在文本文件中也是按其对应的字符存放的。由于文件每个元素都是用 ASCII 码字符来表示的,所以文本文件又称为 ASCII 码文件。例如,1234567 作为整型常量看待时仅需 4 个字节即可表示,但存放到文本文件中去时,由于一个 ASCII 码字符占用一个字节的存储空间,那么就需占用 7 个字节空间来存放。文本文件的特点是存储效率较低,但便于程序中对数据的逐字节(字符)处理。

二进制文件是把数据按其在内存中的存储形式原样存放到计算机外部存储设备,这类文件可以节省计算机外存空间。例如,在 32 位系统中,存放整数 1234567 时,按文本方式需要 7 个字节,按二进制方式仅需 4 个字节。二进制文件的特点是存储效率较高,但不便于程序中直观地进行数据处理。

②按文件的读写方式分类可以分为顺序存取文件和随机文件。

文件的顺序存取指的是,读/写文件数据只能从第一个数据位置开始,依次处理所有数据直至文件中数据处理完成。

文件的随机存取指的是可以直接对文件的某一元素进行访问(读或者写)。C 程序中随机访问文件包括寻找读写位置和读写数据两个步骤,C 编译系统中都提供了实现随机读取文件中任意数据元素所需要的函数。

③按文件存储的外部设备分类可以分为磁盘文件和设备文件。

磁盘文件的作用是,既可以将程序运行过程中产生的数据信息输出到磁盘上保存,也可以从磁盘中将数据读取到程序中(内存中)进行处理。

在程序设计中,将所有计算机系统外部设备也作为文件对待,这样的文件称为设备文件。C 程序设计中常用的标准设备文件有:KYBD:(键盘)、SCRN:(显示器)、PRN 或 LPT1:(打印机)等。还有 3 个特殊设备文件,它们由系统分配和控制,进入系统时自动打开,退出系统时自动关闭,不需要程序设计人员控制。这 3 个标准设备文件是:

- stdin:(标准输入文件)由系统指定为键盘;
- stdout:(标准输出文件)由系统指定为显示器;
- stderr:(标准错误输出文件)由系统指定为显示器;

C 语言中,将磁盘文件和设备文件都作为相同的逻辑文件对待,对这些文件的操作(输入和输出等)都采用相同方法进行。这种逻辑上的统一为 C 程序设计提供了极大的便利,从而使得 C 标准函数库中的输入输出函数既可以用来处理通常的磁盘文件,又可以用来对计算机系统的外部设备进行控制。

④按系统对文件的处理方法分类可以分为缓冲文件系统和非缓冲文件系统。

缓冲文件系统是指系统自动地在内存中为每一个正在使用的文件开辟一个缓冲区。从内存向磁盘输出数据必须先送到内存中的缓冲区,待缓冲区装满后才将整个缓冲区的数据一起送到磁盘文件中保存。如果从磁盘文件向系统内存读入数据,则从磁盘文件中一次读入一批数据到系统缓冲区,然后再从数据缓冲区中将数据送到对应程序的变量数据存储区。

非缓冲文件系统指的是不由系统开辟文件缓冲区,而是由程序员为用到的每个文件设置数据缓冲区,并自行对文件缓冲区进行管理。

1983 年 ANSI C 标准决定放弃采用非缓冲文件系统而只使用缓冲文件系统,无论是文本文件还是二进制文件都使用缓冲文件系统进行处理。

3.文件数据类型和文件类型指针变量

在缓冲文件系统中,对文件的处理都是通过在内存中开辟一个缓冲区来存取文件的相关信息,如文件的名字、状态、文件读写指针的当前位置等,这些关于文件处理的信息在整个文件处理的过程中必须妥善保存。C语言中,用一个系统已经构造好的文件类型(FILE)变量来保存这些信息。

C程序在处理文件时,对任何一个正在处理的文件都会自动定义一个FILE类型的变量,将对文件的各种描述信息和控制信息存放在该变量中,程序中对这个FILE类型变量的操作需要通过指向它的指针来进行,文件处理的程序中,需要定义一个FILE数据类型的指针变量(称为文件指针),当建立或者打开文件时系统就自动建立一个FILE类型变量并将文件的有关信息存放到该变量中,然后将变量的地址赋给文件类型(FILE类型)指针变量,使得文件指针与被打开文件建立起关联。文件指针和特定文件的关联建立起来后,此后的代码中既可通过文件指针对该文件中的数据进行各种各样的操作。在应用程序中如果需要同时处理若干个文件,则需要定义若干个文件类型指针。定义文件类型指针变量的方法与定义其他类型变量的方法类似,其一般形式如下:

```
FILE  * fp;
```

7.1.2　文件的打开/创建和关闭

C程序中,处理文件数据的过程可以分为3个主要步骤:

①打开(或者建立)要处理的文件;

②按某种方式处理文件;

③关闭文件。

1.打开文件

打开文件的目的是建立被处理文件与文件类型(FILE)指针变量的关联,C程序中使用标准库函数fopen来实现打开(或建立)文件的操作。fopen函数的原型如下:

```
FILE  * fopen( const char  * filename, const char  * mode);
```

fopen函数的功能是:按照指定的文件操作模式(操作方式)打开(或创建)指定的文件,打开(或创建)成功时返回与文件相对应的FILE类型变量的指针,否则返回空(NULL)。

在fopen函数使用中,filename是将要处理文件的名字,可以使用变量形式(字符数组名,有确定指向的字符指针变量)或者字符串常量;mode为文件模式,用以规定文件可以操作的方式,其意义见表7.1。

表7.1　文件模式及意义

"r"	以只读方式打开一个已有的文本文件
"w"	以只写方式打开一个文本文件。若指定文件不存在,则先建立一个新文件
"a"	以添加(写)方式打开一个文本文件,将文件读写位置指针移到文件末尾,在文件末尾进行添加。若指定文件不存在,则先建立一个新文件再进行添加

续表

"rb"	以只读方式打开一个二进制文件
"wb"	以只写方式打开一个二进制文件。若指定文件不存在,则先建立一个新文件
"ab"	以添加方式打开一个二进制文件,将文件读写位置指针移到文件末尾,在文件末尾进行添加。若指定文件不存在,则先建立一新文件再进行添加
"r+"	以读写方式打开一个已有的文本文件
"w+"	以读写方式打开一个文本文件。若指定文件不存在,则先建立一个新文件
"a+"	以读写方式打开一个文本文件,将文件读写位置指针移到文件末尾,在文件末尾进行添加。若指定文件不存在,则先建立一个新文件再进行添加
"rb+"	以读写方式打开一个已有的二进制文件
"wb+"	以读写方式打开一个二进制文件。若指定文件不存在,则先建立一个新文件
"ab+"	以读写方式打开一个二进制文件,将文件读写位置指针移到文件末尾,在文件末尾进行添加。若指定文件不存在,则先建立一个新文件再进行添加

打开或建立指定文件成功时,fopen 函数将返回一个文件类型变量的地址,该地址应赋值给 FILE 类型指针变量;若打开或建立文件失败,fopen 函数返回一个空指针值(NULL)。为了在程序设计中正确地了解文件是否是打开的状态,一般使用如下两种 C 代码形式去打开或建立文件。

```
//文件打开代码形式1
    FILE  * fpt;                        //定义一个指向文件类型的指针变量 fpt
    fpt=fopen(file_name,file_mode)      //fopen 返回值赋值给指针变量 fpt
    if(fpt==NULL)                       //fpt 值为 NULL 表示文件打开/创建不成功
    {
        printf("Can't open/create this file! \n");
        return -1;                      //void 类型函数中,可以使用 return;语句
    }
//文件打开代码形式2
    FILE  * fpt;
    if((fpt=fopen(file_name,file_mode))==NULL)
    {
        printf("Can't open/create this file! \n");
        return -1;                      //void 类型函数中,可以使用 return;语句
    }
```

2.文件的关闭

打开(或创建)一个文件就在内存中分配一段区域作为文件缓冲区,文件在使用过程中将一直占据着缓冲区内存空间,在文件使用完后应及时地关闭文件以释放文件所占用的存储区域。C 程序使用标准库函数 fclose 实现文件的关闭。fclose 函数的原型如下:

```
int fclose( FILE  * stream );
```

函数的功能是:将与指定文件指针 stream 相关联的文件关闭。系统在关闭文件时首先将对应文件缓冲区中还没有处理完的数据写回相对应的文件,然后将处理文件使用的所有资源归还系统。fclose 函数若正常关闭了文件,返回值为 0,否则返回 EOF(-1)。

例如,若已使用文件类型指针变量 fp 打开了一个指定文件,则可以使用下面的函数调用语句关闭该文件:

```
fclose(fp);
```

7.1.3 文件内部读写位置指针和文件尾的检测方法

1.文件内部读写位置指针

记录是文件内部的组织单位,不同类型文件之间的记录大小也不尽相同。例如,文本文件的记录是一个字节,而 32 位系统的二进制整型数据文件的记录则是 4 个字节。当打开(或创建)一个文件时,系统自动为打开的文件建立一个文件内部读写位置指针(也称为文件内部记录指针)。该指针在对文件的读写过程中用于指示文件的当前读写位置,每次对文件进行了读或写之后,文件位置指针自动更新指向下一个新的读写位置。

在程序设计中,需要区别文件指针和文件内部读写位置指针两个不同的操作对象。文件指针(FILE 类型)用于关联程序中被操作文件,在程序中必须进行定义。打开一个文件并与文件指针关联后,只要不重新赋值,文件指针的值是不变的。文件内部读写位置指针用以指示文件内部的当前读写位置,每读写一次,根据读写记录的个数,该指针均自动向后移动与读写方式相适应的距离。文件内部记录指针不需在程序中定义说明,由系统在创建或者打开文件时自动设置。

2.文件尾的检测

文件处理程序中,需要判断所处理的文件是否处理完成,即文件的读写位置指针是否已经移动到了文件尾标志处。

对于文本文件,由于任何一个字符的 ASCII 值均不可能是-1,所以用-1 表示文本文件的文件尾标志,系统中用符号常量 EOF 来表示。除了可以表示文本文件的结尾外,EOF 还常常用于判断键盘上的输入字符流是否结束。

在二进制文件中,因为数据中有可能出现-1,所以使用 EOF 符号常量并不能正确地表示出二进制文件的结尾。C 标准库中提供了一个用于测试文件状态的函数 feof,使用 feof 函数判断文件内部读写指针位置是否到了文件尾标志处(即文件数据处理是否结束),它既适用于文本文件又适用于二进制文件。feof 函数的原型为:

```
int feof( FILE  * stream );
```

feof 函数的功能是:测试由 stream 所对应文件的内部读写位置指针是否移动到了文件结尾。读写位置指针未到文件尾时函数返回 0 值;读写位置指针到达文件尾时函数返回非0 值。例如,当文件指针变量 fp 已经正确地关联了被处理文件,则程序中常用 feof(fp)函数调用的结果(0 或非 0)作为判断文件数据处理是否完成的条件。

需要特别指出的是,无论是文件操作模式的选取还是文件尾的判断,凡是能够处理二进制文件的选择都可以处理文本文件。所以当文件处理问题中没有明显指定是文本文件处理时,都可以考虑使用二进制文件方式进行处理。

7.2 文件处理中数据的读/写方法

程序中进行文件处理的主要操作有两个:一是将文件中的数据读入程序中进行处理;二是将程序处理的结果数据写入文件。C 标准库中提供了一系列关于文件数据读写的函数,下面讨论最常用的单个字符数据读写、字符串数据读写、格式化数据读写以及数据块读写标准库函数的使用方法和简单应用。

7.2.1 单个字符数据的读写

在 C 程序中,可以通过标准库函数 fgetc 和 fputc 实现在文件中单个字符(字节)数据的读写。这两个函数的原型分别为:

    int fgetc(FILE * stream);
    int fputc(int c, FILE * stream);

函数 fgetc 的功能是从与文件指针 stream 相关联的文件中读取一个字符(字节)数据,读取数据的位置由文件的内部读写位置指针指定,fgetc 函数执行成功时返回其读取的字符,当执行 fgetc 函数时遇到文件结束符或者在执行中出错时返回 EOF(−1)。

函数 fputc 的功能是将用变量 c 表示的字符数据写到与文件指针 stream 相关联的文件中去,写入数据的位置由文件的读写位置指针指定,fputc 函数执行成功时返回被输出的字符值,当函数执行发生错误时则返回 EOF(−1)。

【例 7.1】 编写程序实现功能:将从键盘上输入的若干字符数据写入文本文件 mydata. txt。(提示:需要结束键盘输入时,输入 ctrl+z(EOF)后按回车键)

```
/* Name: ex0701.c */
#include <stdio.h>
int main()
{
    FILE   * fp;
    char   ch;
    fp = fopen("mydata.txt","w");
    if(fp == NULL)
    {
        printf("Can't create file mydata.txt! \n");
        return −1;
    }
    printf("请输入字符串,用 Ctrl+Z<CR>结束输入:\n");
    while((ch = getchar())! = EOF)   //从键盘上输入字符写入文件 mydata.txt
        fputc(ch,fp);
```

```
        fclose(fp);
        return 0;
    }
```

上面程序运行时,首先建立/打开了名为 mydata.txt 的文本文件(注意到文件模式用的是"w",所以当指定的文件不存在时会创建一个新文件,如指定的文件已经存在则会将其打开,然后删除文件中原有的全部数据内容),然后将键盘上提供的字符序列依次写入文件中。

【例7.2】 编写程序实现功能:从文件 mydata.txt(程序 ex0501.c 创建)中读出所有字符数据,并在系统标准输出设备显示器上输出。

```
/* Name: ex0702.c */
#include <stdio.h>
int main()
{
    FILE    *fp;
    char    ch;
    fp=fopen("mydata.txt","r");
    if(fp==NULL)
    {
        printf("Can' t open file mydata.txt! \n");
        return -1;
    }
    printf("文件中读出的数据如下:\n");
    while((ch=fgetc(fp))!=EOF)
        putchar(ch);
    fclose(fp);
    return 0;
}
```

上面程序运行时,首先打开了名为 mydata.txt 的文本文件(注意文件模式用的是"r",所以当指定的文件不存在或是指定的路径不对时都不能正确打开文件),然后用字符(字节)的方式依次读出文件中的所有字符并在显示器上显示。

【例7.3】 编写能够实现文件复制功能的程序。文件名在程序运行时从键盘提供,要求:

①文件数据复制部分使用单独的函数实现。

②程序既能实现文本文件的复制,又能够实现二进制文件的复制。

```
/* Name: ex0703.c */
#include <stdio.h>
void filecopy(FILE *fin,FILE *fout);        //文件复制函数的声明
int main()
```

```
    {
        FILE  * in , * out;
        char sfn[50] , tfn[50];        //两个字符数组用于存放被处理的文件名(字符串)
        printf("请输入源文件名: ");
        gets(sfn);
        printf("请输入目标文件名: ");
        gets(tfn);
        if( ( in = fopen( sfn , "rb") ) == NULL)        //注意用变量方式表示的文件名
        {
            printf("Cannot open file %s. \n" , sfn);
            return -1;
        }
        if( ( out = fopen( tfn , "wb") ) == NULL)
        {
            printf("Cannot open file %s. \n" , tfn);
            return -1;
        }
        filecopy( in , out);
        fclose( in);
        fclose( out);
        return 0;
    }
    void filecopy( FILE  * fin , FILE * fout)        //文件复制函数的定义
    {
        char ch;
        while(1)
        {
            ch = fgetc( fin);
            if( !feof( fin))
                fputc( ch , fout);
            else
                break;
        }
    }
```

上面程序运行时,首先使用两个字符数组接收键盘上提供的文件名,然后使用它们打开了两个被操作的文件(注意打开文件时用变量的形式表示的文件名)。然后调用函数 filecopy 实现文件复制工作。具体实现复制功能时,调用函数 fgetc(in)从源文件读出一个字节的数据到变量 ch 中,然后调用函数 feof(in)判断读出的是文件中的有效数据还是文件

结尾符,如果是有效数据则调用函数 fputc(ch,out)将 ch 中的内容写入目标文件,然后再读出下一个文件数据;如果读出的不是有效数据(此时 feof(in)调用的值为非0),则表示已经读到了文件尾,通过 break 语句退出循环,结束复制过程。返回主函数后关闭两个文件,当关闭目标文件(写的文件)时,系统会在文件数据末尾为文件做一个结尾符号。

函数 filecopy 中实现文件内容复制部分的代码段切忌写成下面表示的形式:

```
while( !feof( in) )
        fputc( fgetc( in) ,out) ;
```

使用这种表示形式,看似比较简洁,也没有语法错误,而且也可以进行文件内容的复制工作。但被复制生成的文件内容会比源文件多出一个字节来,究其原因是因为在这段代码的操作过程中违反了计算机程序设计中"写类"操作应该先判断是否能够写,然后再执行写操作的原则,将源文件中的文件结尾符号写入目标文件后才判断是否遇到了源文件中的文件结束标志。在最后执行文件关闭函数调用时又写了一个文件结束标志,因而在复制生成的目标文件中会多出一个字节来。

【例7.4】 编写程序实现功能:统计一篇英文文章(文本文件)中单词的个数。

```c
/* Name: ex0704.c */
#include <stdio.h>
#include <ctype.h>
int main( )
{
    FILE * fpt;
    int count = 0;          /*单词计数器*/
    int compart = 1;        /*单词分隔符号标志*/
    char ch,fn[ 50] ;
    printf("请输入处理的文件名:");
    gets( fn) ;
    if( ( fpt = fopen( fn,"r") ) == NULL)
    {
        printf( "Can' t open file. \n") ;
        return −1;
    }
    while( ( ch = fgetc( fpt) ) != EOF)
        if( isalpha( ch) == 0)        //标准库函数 isalpha 用于判断 ch 是否英文字母
            compart = 1;              //isalpha 函数返回值为0时表示不是英文字母
        else if( compart)             //如果前一个字符不是英语字母则执行下面操作
        {
            compart = 0;
            count ++;
        }
```

```
    fclose(fpt);
    printf("%s 文件中有英语单词 %d 个。\n",fn,count);
    return 0;
}
```

上面程序中的标准库函数 isalpha 的功能是判断其参数 ch 是否是英文字母,ch 是英文字母时返回非 0 值,否则返回 0 值。程序中使用变量 compart 作为单词分隔符标志,当读到单词分隔符(非英文字母)时置 1(compart = 1),代表上一个单词的结束(或者还没进入下一个单词),当遇到单词的首字符时统计单词数,同时将标志变量 compart 置 0 以保证每个单词只统计一次。

7.2.2 字符串数据的读写

在 C 程序中,可以通过标准库函数 fgets 和 fputs 对文件中的字符串数据进行读写。fgets 和 fputs 的原型如下:

```
    char *fgets(char *s, int n, FILE *stream);
    int fputs(const char *s, FILE *stream);
```

函数 fgets 的功能是:从与文件指针 stream 相关联的文件中最多读取 n-1 个字符,添加上字符'\0' 构成字符串后存放到 s 所代表的字符串对象中去。如果在读入 n-1 个字符前遇到换行符'\n' 或文件结束符 EOF 时操作也将结束,将遇到的换行符作为一个有效字符处理,然后在读入的字符串末尾自动加上一个字符串结尾符'\0' 后存放到 s 所代表的字符串对象中。函数 fgets 的返回值为 s 对象的首地址,若直接读到文件结尾标志或操作出错时则返回 NULL。

函数 fputs 的功能是:将 s 所代表的字符串写入文件指针 stream 相关联的文件。函数 fputs 正常执行时返回写入文件中的字符个数,函数执行出错时返回值为 EOF(-1)。

【例 7.5】 从键盘上读入若干行字符串并将它们存放到指定文件中,仅输入一个回车时结束输入过程。

```
/* Name: ex0705.c */
#include <stdio.h>
#include <string.h>
#define SIZE 256
int main()
{
    FILE *fpt;
    char str[SIZE],fn[50];
    printf("请输入文件名:");
    gets(fn);
    if((fpt=fopen(fn,"w"))==NULL)
    {
        printf("Can' t create file.! \n");
```

```
        return −1;
    }
    printf("请输入文件内容,直接回车结束输入\n");
    while(strlen(gets(str))>0)
    {
        fputs(str,fpt);
        fputc('\n',fpt);//每个字符串数据后写入一个换行符以分隔写入的字符串数据
    }
    fclose(fpt);
    return 0;
}
```

由于 fputs 函数将字符串写入文件时会去掉串结尾符号'\0',这样会使得连续输入的字符串连接在一起。为了将输入的字符串分隔开,结合 fgets 函数在读到'\n' 时会结束一次函数调用的特点,在每个字符串写入文件后再用 fputc 函数在字符串后写入一个换行符'\n',用以分隔写入的字符串数据。

【例 7.6】 编写程序实现功能:打开例 5.5 创建的数据文件,将文件中的字符串数据读出并显示在屏幕上。

```
/* Name: ex0706.c */
#include <stdio.h>
#define SIZE 256
int main()
{
    FILE *fpt;
    char str[SIZE],fn[50];
    printf("请输入文件名:");
    gets(fn);
    if((fpt=fopen(fn,"r"))==NULL)
    {
        printf("Can' t open file.! \n");
        return −1;
    }
    while(fgets(str,SIZE,fpt)!=NULL)
        printf("%s",str);
    fclose(fpt);
    return 0;
}
```

7.2.3　格式化数据的读写

为了满足在文件操作中处理格式化数据的需求,C 标准函数库提供了 fscanf 和 fprintf 两个函数,它们的原型如下:

```
int fscanf（FILE ∗ stream, const char ∗ format［, address, …］）;
int fprintf（FILE ∗ stream, const char ∗ format［, argument, …］）;
```

从两个函数的原型可以看出,函数 fscanf 与格式化输入函数 scanf 的功能基本相同,不同的是 scanf 函数的数据来源于标准输入设备(键盘),而 fscanf 函数的数据来源于与 stream 相关联的文件;函数 fprintf 与格式化输出函数 printf 的功能基本相同,不同的是 printf 函数输出数据的目的地是标准输出设备(显示器),而 fprintf 函数输出数据的目的地是由 stream 指定的文件。

【**例 7.7**】　编写程序实现功能:随机产生 100 个具有 3 位整数、2 位小数的双精度实数,将它们依次写入指定文件中,两个数据之间用空格分隔,文件名在程序运行时从键盘提供。

```c
/ ∗ Name: ex0707.c ∗ /
#include <stdio.h>
#include <stdlib.h>
#include <time.h>
int main( )
{
    FILE ∗ f;
    double x;
    int i;
    char fn［50］;
    printf("请输入文件名:");
    gets( fn);
    if( ( f=fopen( fn,"wb") )==NULL)
    {
        printf("创建文件失败! \n");
        return −1;
    }
    srand( time( NULL) );
    for( i=0;i<100;i ++)
    {
        x=100+rand( )%900+rand( )%100 ∗ 1e-2;
        fprintf( f,"%.2lf ",x);        //注意控制格式,写入数据用空格分隔。也可使
                                            用%−7.2lf
    }
    fclose( f);
```

```
        return 0;
    }
```

程序运行时,通过 100 次循环处理,每次用表达式 100+rand( )%900+rand( )%100 *
1e-2;产生一个具有 3 位整数、2 位小数的随机实数,然后用格式化写入函数将其写入文
件中。

【例 7.8】 编写程序实现功能:读出例 5.7 创建的文件数据中所有数据,然后将它们按
降序排序后输出。

```
/ * Name: ex0708.c */
#include <stdio.h>
#define N 100
void sort( double v[ ],int n);
void printarray( double v[ ],int n);
int main( )
{
    FILE  * fp;
    double a[N];
    int i;
    char fn[50];
    printf("请输入文件名:");
    gets(fn);
    if( (fp=fopen(fn,"rb"))==NULL)
    {
        printf("打开文件失败!\n");
        return -1;
    }
    for(i=0;i<N;i ++)
        fscanf(fp,"%lf",&a[i]);
    fclose(fp);
    sort(a,N);           //调用排序函数进行排序
    printarray(a,N);     //调用输出函数进行显示
    return 0;
}
void sort( double v[ ],int n)
{
    int i,j,k;
    double t;
    for(i=0;i<n-1;i ++)
    {
```

```
            k=i;
            for(j=i+1;j<n;j ++)
                if(v[j]>v[k])
                    k=j;
            if(k!=i)
                t=v[i],v[i]=v[k],v[k]=t;
        }
    }

void printarray(double v[ ],int n)
{
    int i;
    for(i=0;i<n;i ++)
    {
        printf("%7.2lf",v[i]);
        if((i+1)%10==0)
            printf("\n");
    }
}
```

上面的程序代码中,首先按照指定文件中数据的类型和个数定义了一个长度为 100 的双精度实型数组,通过循环控制将文件中的数据依次读入到数组中,然后依次调用排序函数 sort 和输出函数 printarray 实现题目所要求的功能。

【例 7.9】 在文件 in.txt 中有两个用逗号分开的整数,请编写程序求出这两个整数之间的所有素数,并将求出的素数依次写到文件 out.txt 中。程序设计要求:

①判断素数的功能使用独立的函数实现。

②写入文件 out.txt 中的数据用空格分隔。

```
/ * Name: ex0709.c * /
#include <stdio.h>
int main()
{
    int isprime(int n);              //判断素数函数
    FILE *fp;
    int a,b,num;
    if((fp=fopen("in.txt","rb"))==NULL)
    {
        printf("Can' t open file %s. \n","in.txt");
        return -1;
    }
    fscanf(fp,"%d,%d",&a,&b);     //读出 in.txt 中用逗号分隔的数据区间上下限值
```

```
        fclose(fp);                         //输出读出后立即关闭文件
        if((fp=fopen("out.txt","wb"))==NULL)
        {
            printf("Can't create file %s.\n","out.txt");
            return -1;
        }
        for(num=a;num<=b;num++)              //判断区间[a,b]中数据,将素数写入文件
            if(isprime(num))
                fprintf(fp,"%d ",num);       //写入的两个数据之间用空格分隔
        fclose(fp);
        return 0;
    }
    #include <math.h>
    int isprime(int n)
    {
        int i,k;
        if(n<=1)
            return 0;
        else if(n==2)
            return 1;
        k=(int)sqrt(n);
        for(i=2;i<=k;i++)
            if(n%i==0)
                return 0;
        return 1;
    }
```

在需要按某种格式处理文件数据的程序中,特别要注意正确书写格式控制字符串中的输入输出控制格式,请读者参照程序中注释进行分析理解。

7.2.4　数据块的读写

为了能够实现对文件中构造数据类型对象的整体读取和加快文件数据读取处理速度,标准函数库中提供了关于数据块的读写函数 fread 和 fwrite,它们的原型如下:

```
        size_t fread(void * ptr, size_t size, size_t n, FILE * stream);
        size_t fwrite(const void * ptr, size_t size, size_t n, FILE * stream);
```

函数 fread 的功能是从与文件指针 stream 相关联的文件中按指定长度读取一个数据块到内存储器的指定区域。

函数 fwrite 的功能则是将内存储器中指定区域的数据块写入与文件指针 stream 相关联的文件中。

　　fread 和 fwrite 两个函数都有 4 个意义基本相同的参数,只不过操作方向刚好相反。4 个参数的基本意义如下:

- ptr:指定内存储器中存储区域的首地址;
- size:指定读取或写入的一个数据项的字节长度;
- n:指定一次函数操作(调用)读取或写入的数据项个数。由此可知函数每次操作数据块的字节长度为 size×n;
- stream:为与操作文件相关联的文件类型指针。

【例 7.10】 将一个 5×10 的整型二维数组数据存入指定文件中(数组数据用随机数填充)。

```
/ *  Name: ex0710.c  */
#include <stdlib.h>
#include <stdio.h>
#include <time.h>
#define M 5
#define N 10
int main( )
{
    void mkarr(int v[ ],int m,int n);//填充数组值函数
    int a[M][N],i;
    FILE  *f;
    char fn[50];
    printf("请输入文件名:");
    gets(fn);
    if((f=fopen(fn,"wb"))==NULL)
    {
        printf("Can' t create file.\n");
        return −1;
    }
    mkarr(a[0],M,N);
    for(i=0;i<M;i++)          //可用 fwrite(a,sizeof(int),M * N,f);代替整个循环
        fwrite(a[i],sizeof(int),N,f);
    fclose(f);
    return 0;
}
void mkarr(int v[ ],int m,int n)
{
    int i,j;
    srand((unsigned) time(NULL));
```

```
    for(i=0;i<m;i ++)
        for(j=0;j<n;j ++)
            v[i * n+j] = rand()%100;
}
```

上面程序代码中,定义了一个5行10列的二维数组,调用函数 mkarr 用两位以内的随机数填充数组元素。然后利用循环,每次将二维数组中的一行写入文件,循环5次将二维数组全部数据写入的文件中。写入数据到文件中时,也可以考虑将二维数组一次性写入文件,写入函数的调用方法参见程序中的注释。

【例7.11】　编写程序实现功能:将例7.10所创建文件中的数据读出,并将数据按5行10列的矩阵形式进行显示。

```
/ * Name: ex0711.c * /
#include <stdio.h>
#define M 5
#define N 10
int main()
{
    void ptarr(int b[ ],int m,int n);
    int a[M][N],i;
    FILE  * f;
    char fn[50];
    printf("请输入文件名:");
    gets(fn);
    if( (f=fopen(fn,"rb"))==NULL)
    {
        printf("Can' t open file. \n");
        return −1;
    }
    for(i=0;i<M;i ++)   / * 可用 fread(a,sizeof(int),M * N,f);代替整个循环 * /
        fread(a[i],sizeof(int),N,f);
    fclose(f);
    ptarr(a[0],M,N);
    return 0;
}
void ptarr(int b[ ],int m,int n)
{   int i,j;
    for(i=0;i<m;i ++)
    {
        for(j=0;j<n;j ++)
```

```
            printf("%4d",b[i * n+j]);
        printf("\n");
    }
}
```

由于要接收从文件中读出的二维数组数据,程序中需要定义构成方式与之对应的二维数组。在具体的读取数据过程中,既可以用循环每次读出二维数组一行的方式进行,也可以将数组数据一次性地全部读出(参见程序中的注释)。

7.3 随机存取文件处理基础(＊)

文件随机存取对应于文件顺序存取。在文件的顺序存取中,文件内部读写位置指针在每一次读或写操作之后都会自动向后移动与读写方式相适应的距离,将文件内部读写位置指针定位到下一次在文件中读或写的位置上。在程序设计中使用对文件的顺序存取方式可以解决许多文件处理的问题,但对于那些要求对文件内容的某部分直接操作的文件处理问题则显得效率非常低下,这时就可以采用文件随机存取方式。

7.3.1 随机存取文件处理的基本概念

文件的随机存取就是使用 C 标准库中提供的移动文件内部读写位置指针标准库函数,将读写位置指针移动到要处理的文件数据区指定位置,然后再通过使用文件数据读写标准库函数进行处理,从而实现修改文件部分内容的功能、提高文件数据处理效率。文件的随机存取处理分为两大步骤:①按要求移动文件内部记录指针到指定的读写位置;②用系统提供的读写方法读写所需要的信息。

在 C 程序设计中文件的随机读写是一种比较重要的技术,如在实际应用中经常需要设计查表的程序等。C 程序中实现随机读写的一般步骤如下:

①通过某种方式求得文件数据区中要读写的起始位置。

②使用标准库函数将文件的内部读写位置指针移动到所需的起始位置,常用的标准函数是 fseek 和 rewind。

③根据所需读取的数据内容选择合适的数据读写标准库函数读出或者写入数据。

④实现文件随机存取的处理过程中,在需要的时候可以通过使用标准函数 ftell 来检测文件内部读写位置指针的当前位置。

在 C 程序中,无论是顺序读写还是随机读写,文件数据信息的读写操作都是通过系统提供的标准库函数实现,常用的读写标准库函数在文件的顺序处理中已经作了介绍。对于文件内部读写位置指针而言,在实现文件随机读写时必须要求系统提供查询文件内部读写位置指针的位置和设置文件内部读写位置指针位置的功能。程序中常用 C 标准库中提供的标准库函数 rewind、fseek、ftell 来实现这些功能,下面分别予以讨论。

7.3.2 重置文件内部记录指针

重置文件内部记录指针的作用就是将文件的内部读写位置指针从文件数据区中任意

位置重新移动到文件头部(文件首标处),程序中使用 C 标准库函数 rewind 可以完成此功能。标准库函数 rewind 的原型如下:

> void rewind(FILE * stream);

函数的功能是:将由 stream 所关联文件的文件内部读写位置指针从文件数据区的任何位置重新拨回文件开头。

【例 7.12】 编写程序实现功能:将一个指定文件拷贝若干个备份。

```c
/* Name: ex0712.c */
#include <stdio.h>
#include <stdlib.h>
#include <conio.h>
int yesno(char * s);
int main()
{
    FILE * in, * out;
    char ch,sfn[50],tfn[50];
    printf("请输入源文件名:");
    gets(sfn);
    if((in=fopen(sfn,"rb"))==NULL)
    {
        printf("打开文件失败! \n");
        return -1;
    }
    while(yesno("拷贝到目标文件"))
    {
        puts("请输入目标文件名:");
        gets(tfn);
        rewind(in);
        if((out=fopen(tfn,"wb"))==NULL)
        {
            printf("创建目标文件失败! \n");
            return -1;
        }
        while(1)
        {
            ch=fgetc(in);
            if(!feof(in))
                fputc(ch,out);
            else
```

```
                    break;
                }
            fclose(out);
        }
    fclose(in);
    return 0;
}
int yesno(char *s)
{
    char c;
    while(1)
    {
        printf("%s(y/n)? \n",s);
        c=toupper(getch());
        switch(c)
        {
            case'Y':return 1;
            case'N':return 0;
            default:break;
        }
    }
}
```

程序中 yesno 函数的功能是:首先显示传递到函数中的字符串"拷贝到目标文件"并构成疑问句形式,然后接受使用者从键盘上提供的选择(输入选择时仅需输入一个字符,不需要回车),当输入的字符是' y' 或' Y' 时,返回值 1 使得文件的拷贝工作可以进行一次;当输入的字符是' n' 或' N' 时,返回值 0 使得拷贝工作终止;输入其他字符时重新提示,强制用户只能输入' y/Y' 或' n/N' 两类选择之一。

7.3.3 设置文件内部读写位置指针

设置文件内部读写位置指针的作用是将文件内部读写位置指针从某一个起始位置移动(设置)到另外一个指定的位置,使用 C 标准库函数 fseek 可以完成此功能。标准库函数 fseek 的原型如下:

        int fseek(FILE *stream, long offset, int origin);

标准库函数 fseek 的参数意义是:

- stream:用以指定被设置内部读写位置指针的文件;
- offset:是一个长整型量,表示的文件内部读写位置指针需移动的字节位移量;
- origin:指定文件内部读写位置指针移动的起始位置,其值和意义见表 7.2。

表 7.2　标准库函数 fseek 的 origin 参数值及意义

起始位置	符号常量	数字表示
文件头(首标处)	SEEK_SET	0
内部记录指针当前位置	SEEK_CUR	1
文件尾(尾标处)	SEEK_END	2

函数的功能是:将由 stream 所关联文件的内部读写位置指针从 origin 指定的起始位置开始移动 offset 所指定的字节数,当参数 offset 为正值时向文件尾方向移动,当参数 offset 为负值时向文件头方向移动。注意,无论指定的移动距离为多远,文件内部读写位置指针只能在文件的数据区中移动。

【例 7.13】 数据文件 mydata.txt 中存放有一个 5 行 10 列二维数组的内容,编写程序找出第 4 行(3 号行)中的最大值。

提示:可以用前面例 7.10 的程序构造数据文件,用例 7.11 程序查看文件数据。

```
/* Name: ex0713.c */
#include <stdio.h>
#define N 10
int max(int v[],int n);
int main()
{
    FILE *fp;
    int a[N],len;
    char fn[50];
    printf("? fn: ");
    gets(fn);
    if((fp=fopen(fn,"rb"))==NULL)
    {
        printf("Can't open file %s.\n",fn);
        return -1;
    }
    len=3*10*4;   //计算出所需数据离文件头的距离
    fseek(fp,len,SEEK_SET);   //将读写位置指针移动到需读取数据前
    fread(a,sizeof(int),N,fp);   //读取所需数据
    fclose(fp);
    printf("最大值是: %d\n",max(a,N));
    return 0;
}
int max(int v[],int n)
```

```
    {
        int i,maxv;
        maxv = v[0];
        for(i = 1;i<n;i ++)
            if(v[i]>maxv)
                maxv = v[i];
        return maxv;
    }
```

上面程序中,打开文件后首先计算出所需要数据的位置(离文件头的距离),然后通过标准库函数 fseek 移动读写位置指针到指定位置,读出数据进行后续处理。

【例 7.14】 模仿操作系统的 COPY 命令,编写一个实现拷贝功能的程序(要求使用数据块拷贝的方式)。

```
/* Name: ex0714.c */
#include <stdio.h>
int main()
{
    FILE *in, *out;
    int copysize = 32768;
    int offset = 0;
    char buffer[32768],sfn[50],tfn[50];
    printf("请输入源文件名:");
    gets(sfn);
    if((in = fopen(sfn,"rb")) == NULL)      //打开源文件
    {
        printf("打开源文件 %s 失败! \n",sfn);
        return -1;
    }
    printf("请输入目标文件名:");
    gets(tfn);
    if((out = fopen(tfn,"wb")) == NULL)     //打开或创建目标文件
    {
        printf("打开/创建目标文件 %s 失败! \n",tfn);
        return -1;
    }
    while(copysize)//文件拷贝进行到 copysize 值为 0 为止
    {
```

```
        if( fread( buffer, copysize, 1, in) )      //如果读取数据成功
        {
             fwrite( buffer, copysize, 1, out) ;
             offset+= copysize ;                    //记录成功读取数据的读写位置指针值
        }
        else      //读取数据失败
        {
             fseek( in, offset, SEEK_SET) ;  //将读写位置指针移动到上次成功拷贝处
             copysize/= 2 ;
        }
    }
    fclose( in) ;
    fclose( out) ;
    return 0 ;
}
```

例 7.14 的程序运行时,用变量 copysize 表示拷贝数据的长度(copysize 变量同时用于控制拷贝工作是否继续进行),用字符数组 buffer 作为拷贝的数据缓冲区,每正确从源文件中读出一块数据时,直接将其拷贝到目标文件中,并用变量 offset 记录文件数据拷贝成功的结束位置(当拷贝出错时即是出错处的起始位置);当某次读取数据块出错时,用 fseek 函数将文件内部读写位置指针移回到上次成功读取数据的结束位置(由变量 offset 指出),然后将拷贝长度折半后进入下一次拷贝过程。反复进行上述过程直至数据拷贝完成为止。

7.3.4　获取文件内部读写位置指针的当前位置

使用标准库函数 ftell 可以获取指定文件的文件内部读写位置指针当前位置,函数原型如下:

```
        long ftell( FILE * stream) ;
```

ftell 函数的功能是:获取并返回由 stream 所关联文件的文件内部读写位置指针的当前位置,位置量用读写指针当前位置距文件头的字节数表示。

【例 7.15】　编写程序实现功能:测试一个指定文件的字节长度。

```
/ * Name: ex0715.c * /
#include<stdio.h>
int main( )
{
    FILE * fp ;
    char fn[ 50] ;
    long filelen ;
    printf( "请输入文件名:") ;
    gets( fn) ;
```

```
        if((fp=fopen(fn,"rb"))==NULL)
        {
            printf("打开文件失败！\n");
            return -1;
        }
        fseek(fp,0,SEEK_END);          //将读写位置指针移动到文件尾
        filelen=ftell(fp);
        printf("文件%s的长度为:%ld字节。\n",fn,filelen);
        fclose(fp);
        return 0;
    }
```

上面程序执行时,用函数调用fseek(fp,0,SEEK_END)将指定文件的内部读写位置指针移动到文件结尾处,然后通过函数调用ftell(fp)获取该文件的内部读写位置指针的当前位置,即读写位置指针离文件头的字节距离,此时由于读写位置指针在文件结尾处,所以该字节距离即是文件的长度。

测试指定文件长度的关键是将文件内部读写位置指针移动到文件尾,另外一种常见的方法是通过反复读取文件中的数据,在读取数据过程中读写位置指针会自动向后移动,直到遇到文件尾标志为止。例如,上面程序中的fseek(fp,0,SEEK_END);语句功能同样也可以通过如下方式实现:

```
        while(!feof(fp))               //当没到文件尾时循环继续
            fgetc(fp);
```

7.3.5　文件读写操作模式的使用方法

前面章节讨论了将数据写入文件和从文件中读取数据的方法。在文件处理中还有两个重要的应用范畴:

- 对写入文件中数据是否正确的判断;
- 文件内容的更新(修改)。

在上述两方面应用的文件数据处理中,文件操作的模式应该是"读写"文件。所谓"读写"文件,就是既可以从文件中读取数据,也可以将数据写入文件的那类文件。"读写"文件的打开模式有两大类:读为主的读写类模式和写为主的读写类模式。

读为主的读写类模式包括:"r+""rb+"两种模式,用这类模式打开文件后,其读写位置指针首先是读指针。对文件数据的第一个具体操作必须是读数据的操作,否则会出错。

写为主的读写类模式包括:"w+""wb+""a+""ab+"4种模式,用这类模式打开文件后,其读写位置指针首先是写指针。对文件数据的第一个具体操作必须是写数据的操作,否则会出错。

在C语言中,用同一个数据来表示内部读或者写的位置(即文件的内部读写位置指针是同一个)。在对文件数据读写时,必须确认读写位置指针的性质是"读位置指针"还是"写位置指针"。只有当读写位置指针的性质是"读位置指针"时,才能在该位置上进行读

文件数据的操作;同样,也只有当读写位置指针的性质是"写位置指针"时,才能在该位置上进行写入文件数据的操作。

在对读写类文件的操作中,C 标准库函数 fseek 不但可以移动文件的内部读写位置指针,而且 fseek 每次移动记录指针后就切换文件内部读写位置指针的读/写性质(原来是"读位置指针"则切换为"写位置指针",原来是"写位置指针"则切换为"读位置指针")。下面通过两个示例展示文件"读写"模式的使用方法。

【例 7.16】 现有一批重要的整型数据要写入文件 data.txt 中,为了保证文件数据写入的正确性,要求在程序中对写入文件的数据进行校验。数据校验正确显示"OK",然后继续写入下一个数据;数据校验错误则显示"ERROR",结束程序运行。

```c
/* Name: ex0716.c */
#include <stdio.h>
#include <stdlib.h>
#include <time.h>
int main( )
{
    FILE *f;
    int i,x,n;
    if( ( f=fopen( "data.txt","w+") )==NULL)
    {
        puts( "Can' t open file.") ;
        return −1;
    }
    srand( time( NULL) ) ;
    for( i=0;i<10;i ++)
    {
        x=rand( )%100;
        fprintf( f,"%3d",x) ;
        fseek( f,−3,SEEK_CUR) ;   //位置指针移回写入数据前位置,切换为"读性质"
        fscanf( f,"%3d",&n) ;
        if( x==n)
        {
            puts( "OK") ;
            fseek( f,0,SEEK_CUR) ;   //位置指针原地切换为"写性质"
        }
        else
        {
            puts( "ERROR") ;
            fclose( f) ;
```

```
            return -2;
        }
    }
    fclose(f);
    return 0;
}
```

上面程序用"w+"模式打开文件,对文件的第一个操作必须是写入数据。写入数据后,为了验证是否写入正确,使用语句 fseek(f,-3,SEEK_CUR);将位置指针移回写入数据前的位置(此时位置指针的性质切换为"读位置"),然后读出刚才写入的数据,与原数据进行比较。写入数据正确时,显示提示信息"OK",然后使用语句 fseek(f,0,SEEK_CUR);将位置指针的性质切换为"写位置",此时才能进行下一轮数据的写入。

【例 7.17】 编写程序实现功能:将指定文本文件中的所有小写英文字母转换为大写字母,其余字符保持不变。

```
/* Name: ex0717.c */
#include <stdio.h>
#include <stdlib.h>
int main()
{
    FILE  *fp;
    char c,fn[50];
    printf("请输入文件名:");
    gets(fn);
    if((fp=fopen(fn,"r+"))==NULL)
    {
        printf("打开文件失败! \n");
        return -1;
    }
    c=fgetc(fp);          //"r+"模式文件,第一个数据操作必须是读数据操作
    while(! feof(fp))
    {
        if(c>=' a' &&c<=' z' )
        {
            c-=32;
            fseek(fp,-1,SEEK_CUR);   //位置指针移回字符原位置,切换为"写位
                                       置指针"
            fputc(c,fp);
            fseek(fp,0,SEEK_CUR);    //将位置指针切换为"读位置指针"
        }
        c=fgetc(fp);
    }
```

```
        fclose(fp);
        return 0;
}
```

程序运行时,从文件中依次读取字符处理:当读到的是非英语小写字母时,直接读取下面一个字符;当读取到的是英语小写字母时依次进行下面的操作:

①将读取到的英语小写字母转换为大写字母(变量 c 的值减 32);

②将文件读写位置指针移回一个字符位置(原来读取该字符的位置),同时将文件内部读写位置指针从"读位置指针"切换成"写位置指针";

③将转换后的字符数据写回文件;

④用函数调用 fseek(fp,0,SEEK_CUR)将文件内部读写位置指针从当前位置移动 0 个字节,即保持读写指针位置不动、将文件内部读写位置指针从"写位置指针"切换为"读位置指针",以便正确地进行下一次数据读取操作。

习题 7

一、单项选择题

1.关于 C 语言数据文件的叙述中,正确的是( )。

    A.文件由 ASCII 码字符序列组成,C 语言只能读写文本文件

    B.文件由二进制数据序列组成,C 语言只能读写二进制文件

    C.文件由记录序列组成,可按数据的存放形式分为二进制文件和文本文件

    D.文件由数据流形式组成,可按数据的存放形式分为二进制文件和文本文件

2.系统的标准输入文件是( )。

    A.键盘   B.软盘

    C.显示器   D.硬盘

3.C 语言中,表示文件类型的标识符是( )。

    A.FILE   B.FILE TYPE

    C.file   D.file type

4.在 C 语言的文件存取方式的表述中,文件( )。

    A.只能顺序存取   B.只能随机存取(又称直接存取)

    C.可以顺序存取,也可以随机存取   D.只能从文件的开头存取

5.若文件型指针 fp 已指向某文件的末尾,则函数 feof(fp)的返回值是( )。

    A.0   B.−1

    C.非零值   D.NULL

6.若要用 fopen 函数打开一个新的二进制文件,对该文件进行写操作,则表示文件方式的字符串应是( )。

    A."ab+"   B."wb"

    C."rb+"   D."ab"

7.标准库函数 fputs(p1,p2)的功能是( )。

    A.从 p1 指向的文件中读一个字符串存入 p2 指向的内存

B.从 p2 指向的文件中读一个字符串存入 p1 指向的内存

C.从 p1 指向的内存中读一个字符串存入 p2 指向的文件

D.从 p2 指向的内存中读一个字符串存入 p1 指向的文件

8.使用 fseek( )函数可以实现的功能是( )。

    A.文件的输出和输入　　　　　　　　B.文件的顺序读写

    C.文件的随机读写　　　　　　　　　D.改变文件位置指针的当前位置

9.函数调用 fread(buf,64,2,fp)实现的功能是( )。

    A.从 fp 文件流中读出整数 64,并存放在 buf 中

    B.从 fp 文件流中读出整数 64 和 2,并存放在 buf 中

    C.从 fp 文件流中读出整数 64 个字符,并存放在 buf 中

    D.从 fp 文件流中读出 2 个 64 个字符,并存放在 buf 中

10.若需要从一个指定文件中按照某种规定的数据格式读取数据,最好选用函数( )。

    A.fgetc　　　　　　　　　　　　　　B.fread

    C.fwrite　　　　　　　　　　　　　　D.fscanf

二、填空题

1.系统标准输入文件是_____,而系统标准输出文件是_____。

2.C 程序中可以使用 feof 函数对读写位置进行判断,文件内部读写位置指针到达文件结束位置时函数值为_____,否则为_____。

3.函数调用语句:fseek(fp,-10,2);的含义是_____。

4.下面程序实现的功能是:分别统计文件 data.txt 中大写英文字母、小写英文字母以及数字字符的个数。请完善程序。

```c
#include <stdio.h>
int main ( )
{
        _____ * fp;
    char ch;
    int Upc=0, Lwc=0, Nuc=0;
    if( ( fp=fopen( "data.txt","r") )==NULL)
    {
        printf("Open Error\n");
        return -1;
    }
    while( ( ch=fgetc( fp) )_____)
    {
        if( ch>=' A' &&ch<=' Z' )
            Upc ++;
        else if( ch>=' a' &&ch<=' z' )
            Lwc ++;
```

```
                _____（ch>='0' &&ch<='9'）
                    Nuc ++;
        }
        fclose( fp);
        printf("大写字母:%d,小写字母:%d,数字:%d\n",Upc,Lwc,Nuc);
        return 0;
}
```

5.下面程序实现的功能是:将文本文件 data.txt 中的所有大写英文字母挑选出来,写入到文本文件 result.txt 中。请完善程序。

```
#include <stdio.h>
int main（ ）
{
        FILE_____;
        char ch;
        if( ( fp1 =fopen( "data.txt","r") )==NULL)
        {
            printf("Open Error\n");
            return -1;
        }
        if( ( fp2 =fopen( "result.txt","w") )==NULL)
        {
            printf("Open Error\n");
            return -1;
        }
        while( ( ch =fgetc( fp1) )!=EOF)
        {
            if( ch>='A' &&ch<='Z')
                    _____;
        }
        fclose( fp1);
        fclose( fp2);
        return 0;
}
```

6.设文本文件 data.txt 中有一行字符,其中包含了若干个(少于 10 个)数字字符。下面程序实现的功能是:将文件中的数字字符挑选出来,按在文件中出现的先后次序构成一个整数。请完善程序。

```
#include <stdio.h>
int main（ ）
{
        FILE  *fp;
```

```
        char ch;
        int num_____;
        if( ( fp=fopen( "data.txt","r") )==NULL)
        {
            printf("Open Error\n");
            return -1;
        }
        while( ( ch=fgetc( fp) )!=EOF)
            if( ch>='0' &&ch<='9')
                num=num*10+_____;
        fclose( fp);
        printf("num=%d\n",num);
        return 0;
}
```

三、程序阅读题

1.阅读下面的程序,写出程序执行后 data.txt 文件中的内容。

```
#include <stdio.h>
int main( )
{
    FILE  *fp;
    char t[ ]="How old 3%  *  Are 23you#";
    int i;
    if( ( fp=fopen( "data.txt","w") )==NULL)
    {
        printf("Can not Open File!");
        return -1;
    }
    for( i=0;t[ i]!='#';i++)
        if( t[ i]>='A' &&t[ i]<='Z')
        {   t[ i]=t[ i]+32;
            fputc( t[ i],fp);
        }
    fclose( fp);
    return 0;
}
```

2.阅读下面的程序,写出程序执行后 data.txt 文件中的内容。

```
#include <stdio.h>
int main( )
{
```

```
    FILE  * f1;
    char c =' A' ;
    int i;
    for( i = 0;i<10;i ++)
    {
        f1 = fopen( "data.txt","w") ;
        fputc( c ,f1) ;
        fclose( f1) ;
    }
    return 0;
}
```

3.阅读下面的程序,写出程序执行后 data.txt 文件中的内容。

```
#include <stdio.h>
int main( )
{
    FILE  * f1;
    char c =' A' ;
    int i;
    for( i = 0;i<10;i ++)
    {
        f1 = fopen( "data.txt","a") ;
        fputc( c ,f1) ;
        fclose( f1) ;
    }
    return 0;
}
```

4.阅读下面的程序,写出程序执行后文件 mydata.txt 中的内容。

```
#include <stdio.h>
int main( )
{
    FILE  * fp;
    char f1[ ] ="Hello";
    char f2[ ] ="world!";
    if( ( fp = fopen( "data.txt","w") ) = = NULL)
    {
        printf( "Can not Open File!") ;
        return −1;
    }
    fwrite( f1 ,sizeof( char) ,sizeof( f1) ,fp) ;
    fseek( fp,01,SEEK_SET) ;
```

```
        fwrite(f2,sizeof(f2),1,fp);
        fclose(fp);
        return 0;
    }
```

5.阅读下面的程序,写出程序的运行结果。

```
#include <stdio.h>
#define N 10
int main()
{
    int i,n;
    FILE  * p;
    if((p=fopen("test","w+"))==NULL)
    {
        printf("Can' t open file.\n");
        return -1;
    }
    for(i=1;i<=N;i++)
        fprintf(p,"%8d",i * i);
    for(i=0;i<N/2;i++)
    {
        fseek(p,i * 16,SEEK_SET);
        fscanf(p,"%8d",&n);
        printf("%8d",n);
    }
    printf("\n");
    fclose(p);
    return 0;
}
```

6.阅读下面的程序,给出程序实现的功能。

```
#include <stdio.h>
int main()
{
    FILE  * p;
    char c;
    if((p=fopen("data.txt","r+"))==NULL)
    {
        printf("Can' t open file.\n");
        return -1;
    }
    while((c=fgetc(p))!=EOF)
```

```
            if( c =='  *  ' )
            {   fseek( p,-1,SEEK_CUR);
                fputc(' $ ',p);
                fseek( p,ftell( p),SEEK_SET);
            }
        fclose( p);
        return 0;
    }
```

四、程序设计题

1.编程实现功能:将从键盘输入的若干字符依次存入到磁盘文件 data.txt 中,直到输入字符#时为止。

2.编程实现功能:从第 1 题创建的文件 data.txt 中读出所有内容并显示到屏幕上。

3.计算 sin 函数在 $2 \times \dfrac{x}{32} (x=0,1,2,\cdots,32)$ 上的值,并将所有计算结果存放到一个磁盘文件 data.txt 中。

4.设有两个文本文件 f1.txt 和 f2.txt,文件中各存放了一行按升序排列的字母,编程实现功能:将 f1.txt 和 f2.txt 两个文件中的数据合并后存放到文件 f3.txt 中,要求 f3.txt 中的字母字符仍然保持按升序排列。

5.编程实现功能:随机生成一个二维整型数组,将其中的数据写入指定文件中,要求每次写入二维数组中的一行。

6.编程实现功能:将第 5 题中写入文件中的数据读出并显示到屏幕上,要求每次读入处理二维数组的一行。

第 8 章　指　针

指针是 C 语言的精华部分。通过指针,我们能很好地利用内存资源,使其发挥最大的效率。有了指针技术,我们可以描述复杂的数据结构,对字符串的处理可以更灵活,对数组的处理更方便,使程序的书写简洁、高效。本书第 5 章中已对指针的基础知识做过介绍,本章主要讨论指针与函数、指针与数组、指针数组与命令行参数及如何使用指针构建动态数组。

8.1　指针与函数

C 程序中,函数返回值数据类型除了可以是整型、实型、字符型、空类型(void)以及用户自定义数据类型外,还可以是指针型数据,这种函数称为返回指针值的函数。函数和变量一样,也要占用一段内存单元,即函数也有一个地址,该地址是编译器分配给这个函数的,因此指针变量可以指向整型、实型等变量,也可以指向函数。本节主要讨论返回指针值的函数和指向函数的指针变量。

8.1.1　返回指针值的函数

系统标准库中有许多返回指针值的函数,如字符串处理、存储分配等标准库函数。

返回指针值函数定义的一般形式:

数据类型符　*函数名(形式参数表及定义)

{

　　　　//函数体代码

}

上式中,数据类型符用指针类型(数据类型符 *)表示,标识指针类型的星号(*)可以靠近数据类型名一侧,也可以靠近函数名一侧,习惯上书写为靠近函数名。

例如,设有函数定义的头部为:

float　*fun(int　m)

那么,fun 是函数名,返回值类型是 float *(即单精度实型地址类型),该返回值类型表示函数调用后会返回一个指向实型数据指针值。

返回指针值的函数的调用与普通函数的参数传递相同,所不同的是需要定义一个与其返回值数据类型相同的指针变量来接收返回值。

【例 8.1】　求 $sum = \sum\limits_{i=1}^{n} i!$,要求使用静态局部变量和返回指针的函数方式进行处理。

/ *　Name: ex0801.c　* /

#include <stdio.h>

```
int  * fac( int n) ;      //fac 函数的声明
int main( )
{
    int n,i,sum = 0, * pi;
    printf( "Input n: ") ;
    scanf( "%d",&n) ;
    for( i = 1;i< = n;i ++)
    {
        pi = fac(i) ;           //fac 函数返回整型地址值,赋值给整型指针变量 pi
        sum = sum+ * pi;         //对 pi 取值针运算表示被其指向的数据
    }
    printf( "Sum = %d \n",sum) ;
    return 0;
}
int  * fac( int n)            //fac 函数的定义
{
    static int p = 1;
    p * = n;
    return &p;
}
```

上面程序中,函数 fac 是一个返回整型指针值的函数,每次执行后返回函数中定义的静态变量 p 的地址给主调函数中的指针变量 pi,然后在主调函数中使用指针变量的指针运算形式 * pi 取出指针变量所指向数据对象(fac 函数中的 p)值进行累加。程序一次运行结果如下:

```
    Input n: 6            //输入数据
    Sum = 873
```

定义和使用返回指针值函数必须要注意的是:那些在函数中定义的自动变量的生存期仅与函数调用时间相当,当函数调用结束返回时会自动被系统撤销,所以返回指针值的函数中,不能返回这些自动变量的地址。能够在被调函数中被返回地址值的变量只能是全局变量或者静态局部变量。下面通过一个错误的返回指针值函数示例进行分析。

【例 8.2】 统计[1,1234]中有多少个数能够被 3 整除。

```
/ * Name: ex0802.c * /
#include <stdio.h>
int main( )
{
    int  * fun( ) ;
    int num, * count;
    for( num = 1234;num> = 1;num --)
        if( num%3 == 0)
```

```
                    count = fun( ) ;
          printf( "count = %d\n", * count) ;
     }
     int  * fun( )
     {
          int i = 0;                //i 是自动变量
          i ++;
          return &i;                //返回自动变量的地址值使得程序有潜在的错误
     }
```

例 8.2 程序的函数 fun 中,将局部变量 i 的地址值作为函数的返回值,但局部变量 i 的生存期仅与函数 fun 执行时间相当,当函数 fun 调用结束后变量 i 已经被系统自动撤销(i 的存储空间已经被收回),将变量 i 的地址值返回给 main 函数中的 count 就存在一个潜在错误,程序运行时可能出现不可预料的错误。这种错误在较老的 C 编译器中可能检查不出来,但使用较新的编译系统能够检查出这种错误,例如,VC6 编译系统的提示信息是:warning C4172: returning address of local variable or temporary(错误 C4172:返回局部变量或局部数据的地址)。函数 fun 的正确定义形式如下,请读者对照分析:

```
     int  * fun( )
     {
          static int i;      //i 是静态局部变量
          i ++;
          return &i;         //函数调用结束后 i 仍然存在
     }
```

设函数的原型为:int * getdata(int num) ; ,函数的功能是获取一个存放到连续存储区域的数据序列,序列中数据的个数由参数 num 指定,函数最多能够获取由 100 个整数组成的序列,当要求的数量(由 num 指定)超过 100 个时,函数拒绝进行数据采集,返回空值(NULL)。下面展示的是错误设计方法和正确设计方法的比较,请读者仔细分析。

```
//getdata 函数错误的设计              //getdata 函数正确的设计
int * getdata( int num)             int * getdata( int num)
{                                   {
     int a[ 100];//使用自动数组           static int a[ 100];//使用静态数组
     int k;                              int k;
     if( num>100)                        if( num>100)
         return ( NULL) ;                   return ( NULL) ;
     for( k=0;k<num;k ++)                for( k=0;k<num;k ++)
             scanf( "%d",&a[ k]) ;              scanf( "%d",&a[ k]) ;
     return a;                           return a;
}                                   }
```

通过上面函数对照可以看出,设计正确与否主要在于函数内使用的数组是否静态数组。返回指针值函数设计最重要的一点是其返回值(指针),总体原则是:返回的指针所对应的内存空间不能因该指针函数的返回而被释放掉。返回的指针通常有以下几种:

①函数中动态分配的内存(通过 malloc 等实现)的首地址;

②函数中的静态(static)变量或全局变量所对应的存储单元的首地址;

③通过指针形参所获得的实参的有效地址。

8.1.2　指向函数的指针变量

一个函数在编译时,会被编译器分配一个地址,用函数名来表示,这个地址就称为该函数的指针。可以用一个指针变量指向一个函数,然后通过该指针变量调用此函数。

假设有一个函数 func,则其内存映射方式如图 8.1 所示。

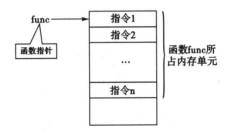

图 8.1　函数内存映射方式

1.指向函数指针变量的定义

C 语言中可以定义指针变量来存储函数的首地址,并利用该指针变量对函数进行调用。由于函数本身具有返回值类型、参数表等特征,所以在定义指向函数指针变量的时候必须表达出这些特征。指向函数指针变量定义的一般形式:

[存储类别符] 数据类型名(* 指针变量名)([形参类型 1,形参类型 2,…,形参类型 n])

其中,存储类别符是函数指针变量本身的存储特性;数据类型则是被指针变量所指向的函数返回值类型,形参类型是指函数指针所指向的函数的形式参数数据,如果被指向函数有形参,则定义时带上形参类型;如果被指向函数没有形参,则定义也没有。

例如,设一函数的原型为:

　　void swap(int x, int y);

如果需要定义指向函数 swap 的指针变量,形式应该是:

　　void (* fp)(int x, int y);

对照上面 swap 函数的原型和指向函数的指针变量 fp 可以看出,在定义指向函数的指针变量时,指针变量名可以根据需要命名,但指针变量的数据类型和所带的参数表则与被指向的函数对应一致。

需要指出的是,定义指向函数的指针变量后,该指针变量不仅仅能指向某一个函数,而是可以指具有相同返回值类型和形参表的任意函数。例如,对于上面根据函数 swap 定义的指针变量 fp 而言,不仅能够指向函数 swap,所有与 swap 返回值类型、参数表相同的函数都能够被该指针变量指向。

2.指向函数指针变量的赋值和引用

定义指向函数的指针变量后,就可以对其进行赋值。对指向函数的指针变量赋值,就是用被指向函数的名字对其赋值,其赋值的一般格式为:

函数指针=[&]函数名;

其中,函数名后不能带括号和参数;函数名前的"&"符号是可选的。例如,对于前面定义的指针变量 fp,可以将函数 swap 的名字直接赋值给该指针变量。赋值的形式为:

fp=swap;   //也可以使用 fp=&swap;

当一个指向函数的指针变量指向了一个函数后,通过对指针变量实施取指针运算就可以表示被指向的函数。利用函数指针来调用函数可以采用下面两种格式之一:

函数指针变量([实参 1,实参 2,…,实参 n]);

(∗函数指针变量)([实参 1,实参 2,…,实参 n]);

例如,若指针变量 fp 已经指向了函数 swap,那么 swap 函数的调用方法有:

swap(10,20)   //用函数名调用 swap 函数

(∗fp)(10,20)   //用指向 swap 函数的指针 fp 调用 swap 函数

fp(10,20)   //用指向 swap 函数的指针变量调用 swap 函数

【例 8.3】 指向函数的指针变量使用示例(求 a+|b|)。

```
/* Name: ex0803.c */
#include <stdio.h>
double add1(double x,double y);
double add2(double x,double y);
int main()
{
    double a,b,result;
    double (∗dp)(double x,double y);
    printf("请输入变量a和b的值: ");
    scanf("%lf,%lf",&a,&b);
    if(b>=0)
        dp=add1;          //也可使用:dp=&add1;
    else
        dp=add2;          //也可使用:dp=&add2;
    result=(∗dp)(a,b);    //也可使用:result=dp(a,b);
    printf("a+|b|的值是:%lf\n",result);
    return 0;
}
double add1(double x,double y)
{
    return x+y;
}
```

```
double add2(double x,double y)
{
    return x-y;
}
```

上面程序中,根据变量 b 的值来确定指针变量 dp 是指向函数 add1 还是指向函数 add2,然后通过指针变量来调用对应的函数。这个示例是为了说明指向函数的指针变量如何赋值以及如何使用指向函数的指针变量来调用函数。指向函数的指针变量的真正作用是作为函数参数使用,使程序在功能的实现上具有更大的灵活性。

3.指向函数指针变量作函数的形式参数

当存在多个函数,它们的功能不同,但参数列表和返回值相同时,为了提高程序的运行效率,可以采用函数指针。这种情况下,函数指针通常作为函数的参数。

【例 8.4】 指向函数的指针变量求最大值、最小值和两数之和。

```
/* Name: ex0804.c */
#include <stdio.h>
int max(int,int);
int min(int,int);
int add(int,int);
void process(int,int,int( *fun)(int,int));

void main()
{
    int a,b;
    scanf("%d%d",&a,&b);
    process(a,b,max);
    process(a,b,min);
    process(a,b,add);
}
void process(int x,int y,int( *fun)(int,int))
{
    int result;
    result=( *fun)(x,y);
    printf("%d\n",result);
}
int max(int x,int y)
{
    printf("max=");
    return (x>y? x:y);
}
```

```
int min(int x,int y)
{
    printf("min=");
    return(x<y? x:y);
}
int add(int x,int y)
{
    printf("sum=");
    return(x+y);
}
```

程序一次运行的过程和结果如下所示:

```
? a,b: 3 4
max=4
min=3
sum=7
```

【例 8.5】 用函数指针数组来实现对一系列同类函数的调用。

```
/* Name: ex0805.c */
#include <stdio.h>
int add(int a,int b);
int sub(int a,int b);
int max(int a,int b);
int min(int a,int b);
int main()
{
    int a,b,i,k;
    int(*fun[4])(int,int)={add,sub,max,min};    //定义指针数组,并使用函数名对
                                                 其初始化
    printf("select operator(0-add,1-sub,2-max,3-min):");
    scanf("%d",&i);
    printf("input number(a,b):");
    scanf("%d%d",&a,&b);
    k=fun[i](a,b);                               //也可使用:k=(*fun[i])(a,b);
    printf("the reusult:%d\n",k);
    return 0;
}
int add(int a,int b)
{
    return a+b;
}
```

```
int sub(int a,int b)
{
    return a-b;
}
int max(int a,int b)
{
    return a>b? a:b;
}
int min(int a,int b)
{
    return a<b? a:b;
}
```
程序一次运行的过程和结果如下:
  select operator(0-add,1-sub,2-max,3-min):1
  input number(a,b):10 20
  the reusult:-10

8.2 指针与一维数组

  从一般概念上说,指向数组的指针实质上是能够指向数组中任何一个元素的指针,所以指向数组的指针应该与它所指向数组的元素同类型。

8.2.1 指向一维数组元素的指针变量

  定义合适的指针变量后,例如 int a[10],*p;,则可以使用指针变量 p 指向数组 a 中的任何一个数组元素。通过下列写法可以使 p 指向 a[0]。

  p=&a[0];

  其结果可以用图 8.2 的方式表示。

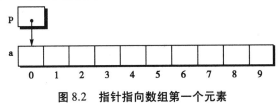

图 8.2 指针指向数组第一个元素

  当需要表示指针变量所指向的数组元素值时,使用指针运算符(*)。例如,有 p=&a[i]时,则 *p 等价于 a[i],此时如果要向数组 i 号元素赋值,可以使用下面两种形式:

   *p=<表达式> 或者 a[i]=<表达式>

  现在可以通过 p 访问 a[0]。例如,可以通过下列写法把值 5 存入 a[0] 中:

  *p=5;

  图 8.3 显示的是现在的情况。

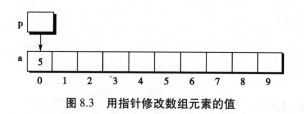

图 8.3　用指针修改数组元素的值

【例 8.6】　使用指针变量表示数组元素示例。

```c
/* Name: ex0806.c */
#include <stdio.h>
int main( )
{
    int a[5] = {0},i,*p;
    p = &a[2];
    *p = 100;
    p = &a[0];
    for(i = 0;i<5;i ++,p ++)
        printf("%5d",*p);
    printf("\n");
    return 0;
}
```

上面程序中,表达式 p=&a[2]使得指针变量 p 指向数组元素 a[2],表达式 *p=100 表示将指针变量 p 所指向的数据对象赋值为 100,即 a[2]被赋值为 100,所以程序的输出结果中,除数组元素 a[2]的值为 100 外,其余的数组元素值都为 0。另外,在输出数组值的操作中,首先让指针变量 p 指向数组 0 号元素,然后通过循环控制中的 p ++运算,使得指针变量 p 依次指向 a 数组的其他元素,通过 *p 的方式表达数组元素值。程序执行的结果为:

```
0    0  100    0    0
```

如果有两个指针变量分别指向同一个数组的两个不同元素,则两个指针变量之间的距离表示了它们之间的差距有多少个数组元素。例如,下面 C 语句序列执行后输出的结果为:"两个指针之间的数据元素个数为:5"。

```c
int a[100],*p1,*p2;
p1 = &a[5];
p2 = &a[10];
printf("两个指针之间的数据元素个数为:%d\n",p2-p1);
```

8.2.2　指向一维数组的指针变量

当指针变量指向一维数组的首元素时,称为指向了一维数组。由于数组名表示数组的起始地址(即第一个数组元素的地址),所以,如有定义 a[10],*p;,则 p=&a[0]和 p=a 都表示相同的意义:指针变量 p 指向 a 数组的第一个元素或称为指向数组 a,如图 8.4 所示。

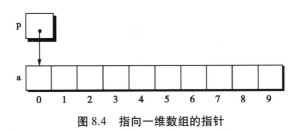

图 8.4　指向一维数组的指针

一个指针变量指向一个特定数组后,在指针没有移动的情况下(即指针始终指向数组的 0 号元素),对该数组某个元素(如 i 号元素)的地址和元素值而言常用 3 种等价的表示形式,见表 8.1。

表 8.1　一维数组元素地址和元素值的等价表示形式

等价的地址表示形式	等价的元素表示形式
&a[i]	a[i]
a+i	* (a+i)
p+i	* (p+i)

【例 8.7】　使用不同的指针形式引用一维数组元素示例。

```
/ *  Name: ex0807.c  */
#include <stdio.h>
int main( )
{
    int a[5],i, * p;
    printf("第一次输入数据,使用指向数组的指针:\n");
    p = a;
    for( i = 0;i<5;i ++)
        scanf("%d",p+i);          /*使用指向数组的指针变量输入数组元素值*/
    for( i = 0;i<5;i ++)
        printf("%5d",a[i]);       /*使用数组元素形式输出数组值*/
    printf("\n");
    for( i = 0;i<5;i ++)
        printf("%5d", * (p+i));    /*使用指向数组的指针变量输出数组值*/
    printf("\n");
    printf("第二次输入数据,使用数组名:\n");
    for( i = 0;i<5;i ++)
        scanf("%d",a+i);          /*使用数组名输入数组元素值*/
    for( i = 0;i<5;i ++)
        printf("%5d",a[i]);       /*使用数组元素形式输出数组值*/
    printf("\n");
```

第 **8** 章

指

针

```
    for(i=0;i<5;i ++)
        printf("%5d", *(a+i));    /*使用数组名输出数组值*/
    printf("\n");
    return 0;
}
```

上面程序只是为了说明表8.2中3种对应关系,程序一次执行的结果是:

第一次输入数据,使用指向数组的指针:

```
1 2 3 4 5                    //输入数据
    1    2    3    4    5
    1    2    3    4    5
```

第二次输入数据,使用数组名:

```
6 7 8 9 10                   //输入数据
    6    7    8    9    10
    6    7    8    9    10
```

在使用指针进行数组操作时还应特别注意,虽然使用数组名和指向数组的指针变量都可以表示对应的数组元素,但它们之间有一个根本的区别:数组名是地址常量,任何企图改变其值的运算都是非法的,如有定义:int a[5], *p;,则 a=p、a ++等操作都是错误的;而对于指针变量,其值是可以被改变的,例如:p=a、p ++、p+=3 等都是有意义的操作。

函数的数组形式参数本质上就是一个指针变量,用于接收传递过来的实参数组起始地址。所以,函数中一维数组形式参数可以用同类的指针形式参数替代;同理也可以用指向特定数组的指针变量来传递数组类实际参数。特别需要注意的是,函数的形式参数无论使用的是数组名形式还是指针变量形式,本质上都是一个指针变量,在被调函数中既可以将它当作数组名使用也可以将它当作指针变量使用。

【例8.8】 使用选择排序法将一组数据按降序排列,要求被排序数组用随机函数生成,排序功能在自定义函数内进行实现,并且要求函数的数组类形式参数和函数中对数组的操作都使用指针变量形式。

```
/* Name: ex0808.c */
#include <stdio.h>
#include <stdlib.h>
#include <time.h>
#define N 10
void sort(int *v,int n);              //排序函数
void MakeArray(int *v,int n);         //数组生成函数
void PrintArray(int *v,int n);        //数组输出函数
void swap(int *v,int x,int y);        //数组元素交换函数
int main()
{
    int a[N];
```

```
    MakeArray(a,N);          //数组名代表数组的首地址
    printf("Before Sort:\n");
    PrintArray(a,N);          //数组名代表数组的首地址
    sort(a,N);               //数组名代表数组的首地址
    printf("After Sort:\n");
    PrintArray(a,N);          //数组名代表数组的首地址

    return 0;
}
void MakeArray(int *v,int n)
{
    int i;
    srand(time(NULL));     //用时间作为随机函数的种子,可以产生真正意义的随
                            机数据
    for(i=0;i<n;i++)
        *(v+i)=rand()%1000;
}
void PrintArray(int *v,int n)
{
    int i;
    for(i=0;i<n;i++)
        printf("%5d",*(v+i));
    printf("\n");
}
void swap(int *v,int x,int y)
{
    int t;
    t=*(v+x);
    *(v+x)=*(v+y);
    *(v+y)=t;
}
void sort(int *v,int n)
{
    int i,j,k;
    for(i=0;i<n-1;i++)
    {
        k=i;
        for(j=i+1;j<n;j++)
```

```
              if( * (v+j)> * (v+k))
                      k=j;
           if(k!=i)
                 swap(v,i,k);
         }
}
```

数组参数传递的方法和选择法排序的基本思想在 4.3 和 4.4 小节已经讨论过,请读者参照上述知识自行分析程序执行过程,程序的一次执行结果为:

Before Sort:

7   30   259   413   552   55   761   825   366   484

After Sort:

825   761   552   484   413   366   259   55   30   7

8.3 指针与二维数组(*)

指针变量中主要存放目标变量的地址,这种指针称为一级指针。若指针变量中存放的不是变量的地址,而是一级指针变量的地址,则这种指针称为二级指针,可以以此类推多级指针。第 6 章中讨论过,数组中的数组元素就等同于同数据类型的普通变量。所以,程序中可以用数据类型相同的一级指针变量来指向数组的元素。在 C 语言中,二维数组是由一维数组作为数组元素的一维数组,因此,也可以用多级指针来处理。

8.3.1 多级指针的定义和引用

一般来说,对于一个 n(n>1)级指针变量其内容是存放一个 n-1 级指针变量的地址。如图 8.5 所示,普通变量 x 的值为 100,其占用空间的首地址为 10000。当指针变量 y 指向 x 时,其值就是 10000。同样,指针变量 y 占用空间的首地址为 10300,当指针变量 z 指向 y 时,其值就是 10300。虽然 y 和 z 都是指针变量,但它们指向的变量是不同的,显然不能用同一层次的指针变量来表示。

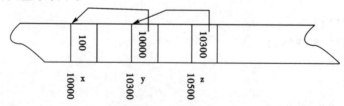

图 8.5   多级指针在存储系统中的关系

在 C 语言中,用指针变量的级别来区分不同层次的指针变量。指向普通变量的称为一级指针变量,指向一级指针变量的称为二级指针变量,以此类推。常用的二级和三级指针变量定义形式如下:

[存储类别符]数据类型符 * *指针变量名;

[存储类别符]数据类型符 * * *指针变量名;

更多级的指针变量的定义形式按照上述形式类推,只需指针变量名的前面增加更多的星号即可。而且,只要数据类型相同,任意级别的指针变量可以与普通变量、数组等一起定义。

对于指针变量而言,其拥有的值(内容)是另外一个同类型数据对象在存储系统中的起始地址,称为指针变量指向这个数据对象,下面代码段描述了普通变量 x,一级指针变量 y,二级指针变量 z 之间的关系:

```
int x=100,*y,**z;    //定义普通变量 x、一级指针变量 y 和二级指针变量 z
y=&x;                //一级指针变量 y 指向整型变量 x
z=&y;                //二级指针变量 z 指向一级指针变量 y
```

对于指针变量施加指针运算(*)则表示指针变量所指向的数据对象,可以得到下面的等价关系:

   *y 等价于 x

   *z 等价于 y

   **z 等价于 *y(同时等价于 x)

【例 8.9】 多级指针变量的引用示例。

```
/* Name: ex0809.c */
#include <stdio.h>
int main()
{
    int x=100,*y,**z;
    y=&x;
    z=&y;
    printf("*y 与 x 等价:*y=%d,x=%d\n",*y,x);
    printf("**z 与 x 等价:**z=%d,x=%d\n",**z,x);
    return 0;
}
```

程序的运行结果为:

   *y 与 x 等价:*y=100,x=100

   z 与 x 等价:z=100,x=100

8.3.2 指向二维数组元素的指针变量

前面讨论过只要是数组元素就等用于同数据类型的普通变量。所以,程序中可以用数据类型相同的一级指针变量来指向任意维数数组的元素。定义二维数组和合适的指针变量后,则可以使用指针变量指向数组中的任何一个元素。例如,下面的语句序列表示了二维数组 a 的元素和一级指针变量 p 之间的关系:

```
double a[5][8],*p;
p=&a[3][2];    //赋值方式,指针变量 p 指向数组元素 a[3][2]
```

或者

double a[5][8], * p=&a[3][2];//初始化方式,指针变量 p 指向数组元素 a[3][2]

一般地,对于数组 a 中的 i 行 j 列元素而言,使用 p=&a[i][j]就表示指针变量 p 指向数组中的 i 行 j 列数组元素。

如果一个指针变量已经指向了一个数组元素,对指针变量进行指针运算就表示被它指向的那个数组元素。例如,设一级指针变量 p 已经指向了二维数组元素 a[3][2],则表达式 * p 就等价于 a[3][2]。

【例 8.10】 随机产生 4 行 5 列二维数组的元素值,找出其中的最小值。要求在查找过程中使用指针变量遍历二维数组。

```c
/ *  Name: ex0810.c */
#include <stdio.h>
#include <stdlib.h>
#include <time.h>
#define M 4
#define N 5
void mkarr(int v[ ],int m,int n);
int main( )
{
    int a[M][N],i,minv, * p;
    mkarr( * a,M,N);
    minv=a[0][0];
    for(i=1,p=&a[0][1];i<M * N;i ++,p ++)
        if( * p<minv)
            minv= * p;
    printf("二维数组中最小元素值是:%d\n",minv);
    return 0;
}
void mkarr(int v[ ],int m,int n)
{
    int i,j;
    srand(time(NULL));
    for(i=0;i<m;i ++)
        for(j=0;j<n;j ++)
            v[i * n+j]=rand( )%1000;
}
```

由于二维数组在内存中的存放顺序是按行优先的顺序存储,如下程序段中才有可能采用指针沿着数组存储区移动(p ++)的方式遍历整个二维数组。

```c
    for(i=1,p=&a[0][1];i<M * N;i ++,p ++)
        if( * p<minv)
            minv= * p;
```

在这个程序段中,通过表达式 p=&a[0][1]的指针变量 p 指向了数组 a 的 0 行 1 列元素,然后在循环控制下通过执行表达式 p ++,使得指针变量 p 依次指向数组 a 的其他元素,通过表达式 *p 表示出相应的二维数组元素。程序仅输出了某次执行时的最小元素值,读者可以自行在程序中增加一个输出函数来检验结果的正确性。

8.3.3　指向二维数组的指针变量

在 C 语言中,二维数组是由一维数组作元素的一维数组。例如,int nums[2][3]可以看成由 nums[0]和 nums[1]两个元素组成的,而 nums[0]和 nums[1]分别是由 3 个元素构成的一维数组,如图 8.6 所示。

图 8.6　二维数组结构

二维数组名可以理解为是每个元素都是一维数组的一维数组首地址,而作为元素的一维数组名本身也表示地址,因此二维数组名是二级地址。

按照 C 语言地址加法的规则,一维数组 a[i]的 j 号元素地址可以表示为 a[i]+j 和&a[i][j]两种等价形式。根据上一小节讨论的一维数组与指针的关系,a[i]等价于 *(a+i),所以有二维数组 a 的 i 行 j 列元素地址有多种等价表示形式:a[i]+j、*(a+i)+j 和 &a[i][j]。

在二维数组 a 中,a、a+i、a[i]、*(a+i)、*(a+i)+j、a[i]+j 和 &a[i][j]都是地址,其中 a[i]、a+i 和 *(a+i)都是数组 a 的 i 行首地址,但它们表示的意义是有区别的。使用 a+i 的方式是将二维数组看成一个用一维数组作为元素的一维数组,其移动的方向是按每次移动过二维数组中的一行(即 1 个一维数组);而使用 *(a+i)或者 a[i]的方式则是将数组看成若干个简单变量元素组成的,其移动方向是每次移动二维数组中的一列(即一个元素)。图 8.7 展示的是一个 3 行 4 列数组 a 的存储示意图以及 a+i 和 *(a+i)两种不同指针形式移动跨距的比较。

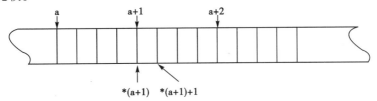

图 8.7　二维数组行指针和列指针移动比较

从图 8.7 中可以看出,a+i 和 *(a+i)都表示一行的起始地址,例如,a+1 和 *(a+1)都表示二维数组 a 中 1 行的首地址;对于行指针 a+i 而言,每次移动过的元素个数为二维数组一行所具有的元素个数,例如,从 a+1 到 a+2 之间有 4 个数组元素;对于列指针 *(a+i)而言,每次移动过的元素为 1 个,例如,从 *(a+1)到 *(a+1)+1 之间仅有一个数组元素(注意:*(a+1)也可以写为 *(a+1)+0)。

对于一个二维数组 a,其所占存储区域的首地址有 4 种表示方式,它们是:a、a[0]、&a[0][0]和 *a。这 4 种地址表示形式的地址级别是不同的,其中 a 是二级地址,其移动方式是每次移动过一行数组元素,所以其地址单位是二维数组中一行数据所占据的存储单元字节数;其余 3 个都表示一级地址,其移动方式是每次移动过一个数组元素,所以其地址单位为一个数组元素所占据的存储单元字节数。当需要用指针指向二维数组时,可以采用一级指针变量和二级指针变量两种处理形式。

1.使用一级指针变量指向二维数组

设有定义好的二维数组 a 和一级指针变量 p1,那么 p1 指向二维数组 a 可以通过 p1=a[0]、p1=&a[0][0] 或 p1=∗a 等表达式实现。特别需要注意的是:不能使用 p1=a 的方式将指针 p1 指向数组 a,原因是 p1 是一级指针,只能用一级地址值作为其值,而 a 表示的是二级地址值。

当一个一级指针变量正确地指向了一个见二维数组首地址且指针没有移动时,常用于表示数组元素地址以及元素值的等价表示形式见表 8.2。

表 8.2　二维数组元素地址和元素值的等价表示形式

等价的地址表示形式	等价的元素表示形式
&a[i][j]	a[i][j]
a[i]+j	∗(a[i]+j)
∗(a+i)+j	∗(∗(a+i)+j)
p1+i∗列数+j	∗(p1+i∗列数+j)

【例 8.11】　使用不同的指针形式引用二维数组元素示例。

```c
/ ∗ Name: ex0811.c ∗/
#include <stdio.h>
#include <stdlib.h>
#include <time.h>
#define ROW 2
#define COL 8
int main()
{
    void MakeArray(int ∗v,int m,int n);
    int a[ROW][COL],i,j,∗p;
    MakeArray(a[0],ROW,COL);
    for(p=a[0],i=0;i<ROW;i++)
    {
        for(j=0;j<COL;j++)
            printf("%5d",∗(p+i∗COL+j));
        printf("\n");
    }
    printf("\n");
    for(i=0;i<ROW;i++)
```

```
    {
        for(j=0;j<COL;j++)
            printf("%5d",*(*(a+i)+j));
        printf("\n");
    }
    printf("\n");
    for(i=0;i<ROW;i++)
    {
        for(j=0;j<COL;j++)
            printf("%5d",*(a[i]+j));
        printf("\n");
    }
    return 0;
}
void MakeArray(int *v,int m,int n)
{
    int i,j;
    srand(time(NULL));
    for(i=0;i<m;i++)
        for(j=0;j<n;j++)
            *(v+i*n+j)=rand()%1000;
}
```

上面程序用 3 种不同的指针方式实现了二维数组元素的输出,程序执行的输出结果为:

```
810   540   515   585   914   342   336   825
810   221   575   464   356   234   462   602

810   540   515   585   914   342   336   825
810   221   575   464   356   234   462   602

810   540   515   585   914   342   336   825
810   221   575   464   356   234   462   602
```

2.使用二级指针变量指向二维数组

二维数组的名字是二级地址,对应能够表达出其行列结构信息的二级指针变量。当一个能够表达出二维数组一行数据个数的二级指针变量指向一个二维数组后,既可以通过该指针变量与整型数据的加法表达式表示二维数组中的某行,也可以通过指针变量的移动指向二维数组的某一行。需要特别注意的是,不能用一个一般的二级指针变量直接指向一个二维数组,其原因是二维数组都具有特定的构造形式(即有指定的行数和列数),直接定义的二级指针不能表达出二维数组的这些特征。例如,下面的 C 程序代码段是错误的:

  double a[5][10],**p;

  p=a; //这条 C 语句是错误的,不能直接将二级指针变量指向二维数组

能够指向二维数组的二级指针变量需要能够表达出二维数组列数(即一行长度)特征。C 语言中可以通过指向由若干个元素组成的一维数组的指针变量来实现,指针变量定义的一般形式为:

  [存储类别符] 数据类型符(*变量名)[常量表达式];

其中,常量表达式的值就是指针变量一次移动所跨过的元素个数(即该指针变量的单位)。例如,int (*p)[10];表示定义了二级指针变量 p,指针 p 的一次移动即可以移动过 10 个整型数据所占用的连续存储区域。

如果已经根据二维数组的列数定义好了指向由若干个元素组成的一维数组二级指针变量 p,而且指针变量已经指向了特定的二维数组 a,则二级指针变量 p 表示二维数组元素地址和元素值的常用形式见表 8.3。

表 8.3 指向若干元素构成的一维数组指针变量表示二维数组元素

等价的地址表示形式	等价的元素表示形式
&a[i][j]	a[i][j]
*(p+i)+j	*(*(p+i)+j)
p[i]+j	*(p[i]+j)

【例 8.12】 使用指向由若干个元素组成的一维数组的指针处理二维数组。

```
/* Name: ex0812.c */
#include <stdio.h>
int main()
{
    int a[3][5]={1,2,3,4,5,6,7,8,9,10,11,12,13,14,15};
    int i,j,(*p)[5];
    p=a;            //二级指针变量 p 指向二维数组 a
    for(i=0;i<3;i++)
    {
        for(j=0;j<5;j++)
            printf("%3d",*(*(p+i)+j));//也可以使用 *(p[i]+j)
        printf("\n");
    }
    return 0;
}
```

上面程序中用指向若干个元素组成一维数组的二级指针变量 p 指向二维数组 a,使用 $*(*(p+i)+j)$ 形式输出二维数组元素(也可以用 $*(p[i]+j)$ 形式),程序一次执行的输出结果如下:

5	12	70	84	62	50	24	3
98	90	48	78	50	49	39	44
1	23	87	85	73	97	54	15
10	9	30	74	95	63	20	72

8.4 指针数组与命令行参数

处理一组相关的同类型数据时可以使用数组的概念,对一组同类型的相关指针变量也可以使用数组进行组织,每一个元素都是指针变量的数组称为指针数组。

C 程序运行时,可以通过命令行参数从外界向程序内传递数据。C 程序的命令行参数是指针数组的典型应用。

8.4.1 指针数组的定义和引用

指针数组是一组有序的指针的集合。指针数组的所有元素都必须是具有相同存储类型和指向相同数据类型的指针变量。指针数组定义的一般形式为:

[存储类别符] 数据类型符 *数组名[常量表达式];

例如,int *name[10];就定义了含有 10 个指针元素的指针数组,每一个指针数组元素都是一个整型的指针变量,即可以存放一个整型数据的地址(或者整型一维数组的始址)。例如,下面的语句序列所描述的指针数组与被指向数据对象之间的关系如图 8.8 所示。

```
int a[4],b[5], *p[2]; /* 定义两个数组 a、b 和一个指针数组 p */
double x,y, *p1[2]; /* 定义三个普通变量和一个指针数组 p1 */
p[0]=a;    /* 指针数组 p 的 0 号元素 p[0]指针变量,指向一维数组 a */
p[1]=b;
p1[0]=&x;  /* 指针数组 p1 的 0 号元素 p1[0]指针变量,指向变量 x */
p1[1]=&y;
```

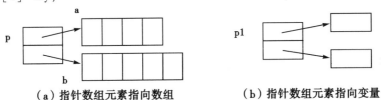

（a）指针数组元素指向数组　　　（b）指针数组元素指向变量

图 8.8　指针数组与被指向数据对象的关系示意图

指针数组也可以初始化,其形式如下:

[存储类别符] 数据类型符 *数组名[常量表达式]={地址量 1,地址量 2,…};

例如,int x,y, *add[]={&x,&y};和 double a[10],b[35], *p[]={a,b};等。

指针数组在 C 程序中常用于处理二维数组,此时指针数组中的每个元素被赋予二维数组每一行的首地址，即每个指针数组元素指向一个一维数组(二维数组中的一行)。

【例 8.13】 用一维指针数组处理二维数组示例。

```c
/* Name: ex0813.c */
#include <stdio.h>
#include <stdlib.h>
#include <time.h>
#define ROW 3
#define COL 5
int main()
{
    void MakeArray(int *v,int m,int n);
    int a[ROW][COL],i,j,*p[3];
    MakeArray(a[0],ROW,COL);
    for(i=0;i<ROW;i++)//指针数组元素依次指向二维数组各行
        p[i]=a[i];
    for(i=0;i<ROW;i++)
    {
        for(j=0;j<COL;j++)
            printf("%5d",*(p[i]+j));
        printf("\n");
    }
    return 0;
}
void MakeArray(int *v,int m,int n)
{
    int i,j;
    srand(time(NULL));
    for(i=0;i<m;i++)
        for(j=0;j<n;j++)
            *(v+i*n+j)=rand()%100;
}
```

上面程序在调用函数 MakeArray 生成二维数组后，通过循环使用表达式 p[i]=a[i]将二维数组的每行首地址赋值给指针数组的元素，使得指针数组的每一元素指向二维数组中的一行；最后通过用 *(p[i]+j)形式输出数组 a 的元素值。程序一次运行的结果为：

```
   11   41   50   19   61
   89   55   31   15   56
   53   28   79    4   28
```

指针数组还常用于处理若干个相关的一维数组,此时指针数组中的每个元素指向一个一维数组的首地址。

【例8.14】 编写程序解决下述问题:5个学生,每人所学课程门数不同(成绩存放在一维数组中,以-1表示结束),输出他们的各门课程的成绩。

```c
/* Name: ex0814.c */
#include <stdio.h>
int main( )
{
    int stu1[ ]={78,98,73,-1},stu2[ ]={100,98,-1},stu3[ ]={88,-1},
        stu4[ ]={100,78,33,65,-1},stu5[ ]={99,88,-1};
    int *grad[ ]={stu1,stu2,stu3,stu4,stu5},**p=grad,i;
    for(i=1;i<=5;i++)
    {
        printf("学生 %d 成绩:",i);
        while( **p>=0)          /*当取出的数组元素值不是-1时*/
        {
            printf("%4d", **p);
            (*p)++;        /*指针变量*p移动指向当前数组的下一个数组元素*/
        }
        p++;        /*指针变量p移动指向下一个指针数组元素(即下一个一维数组)*/
        printf("\n");
    }
    return 0;
}
```

上面程序综合使用了指针数组和二级指针变量,在数据对象的定义和初始化阶段完成后形成的处理结构如图8.9所示。

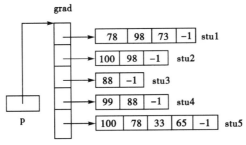

图8.9　例6.14程序的数据结构

二级指针变量p指向指针数组grad,而grad的每一个元素分别指向一个一维数组,最初时*p就等价于grad[0],也就是数组stu1的首地址。注意二级指针变量的每移动一步就指向grad的下一个数组元素,则*p就等价于当前所指向的指针数组元素,也就是指针数组元素指向的一维数组的首地址;对于*p而言,它仍然是一个指针变量,但它是一个一级指针变量,当其指向一个一维数组后,其每次移动就会指向下一个数组元素,程序中通过

*p指针的移动并取指针运算(**p)来操作数组元素。程序的执行结果为:

    学生 1　成绩: 78　　　98　　　73

    学生 2　成绩:100　　　98

    学生 3　成绩: 88

    学生 4　成绩:100　　　78　　　33　　　65

    学生 5　成绩: 99　　　88

8.4.2　命令行参数(*)

在操作系统下,为执行某个程序而键入的一行字符称为命令行。命令行的一般形式为:

    命令名 参数1 参数2 参数3…参数 n

命令行中的每一个成分之间以一个或者多个空格隔开。例如,DOS 操作系统的 copy 命令使用形式为:

    copy c:\source.c c:\bak\prg.c

上式中,copy 是 DOS 系统的文件拷贝命令,是执行文件名。命令实现的功能是将 C 盘根目录下的文件 source.c 拷贝到 C 盘 bak 子目录下,并改名为 prg.c。

在视窗系统中,也可以在 Windows 系统的运行对话框中通过输入命令行"winword d:\abc.doc",实现启动字处理程序 Word 的同时打开 D 盘根目录下 Word 文档"d:\abc.doc",如图 8.10 所示。

图 8.10　命令行参数

C 程序通过主函数带形参表来实现命令行参数功能,带参数的 main 函数形式为:

    intmain(int argc,char * argv[])

    {

      ⋮

    }

主函数的形式参数有两个,一个整型参数用于记录命令行输入的参数个数,习惯上用标识符 argc 表示;另一个是字符型指针数组 argv,用于存放命令行上输入的各实参字符串的起始地址,即指针数组的每一个元素指向一个由命令行上传递而来的字符串。

例如,若有 C 源程序文件 echo.c,程序中的主函数头为:

    int main(int argc,char * argv[])

源程序文件编译连接后生成执行文件 echo.exe, 执行程序时命令行为:

    echo file1.txt file2.txt

则参数传递的结果为：argc＝3、argv[0]指向字符串"echo.exe"(即第一个参数是 main 所在的可执行文件名)、argv[1]指向字符串"file1.txt"、argv[2]指向字符串"file2.txt"，如图 8.11 所示。

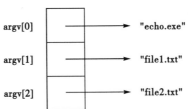

图 8.11   命令行参数结构示意图

【例 8.15】   命令行参数演示示例。

```
/* Name: ex0815.c */
#include <stdio.h>
int main(int argc,char * argv[])
{
    while(--argc>=0)
        printf("%s\n", * argv ++);
    return 0;
}
```

对 ex0615.c 编译、链接后得到执行文件 ex0615.exe。在命令提示符窗口中进入到 ex0615.exe 所在文件夹。在 DOS 命令提示符输入命令行：ex0615 hello world 执行，程序执行的结果为：

test

hello

world

在 VC ++6 集成环境中可以直接调试含有命令行参数的程序，具体方法请参考附录 C。

使用命令行参数时特别需要注意的是，通过命令行参数只是从程序外向程序内部传递了若干个字符串，程序中用字符指针数组来组织这些字符串，至于这些字符串的物理含义(即传递这些字符串的目的)由程序员自己解释，如表示某个文件的名字、表示被处理的字符串等。如果通过命令传递进来的是其他意义的数据，则需要按使用要求进行转换，下面的例 8.16 说明了这个问题。

【例 8.16】   编写程序实现功能：程序执行时从命令行上带入两个实数，求两个实数之和并输出。

```
/* Name: ex0816.c */
#include <stdio.h>
#include <math.h>
int main(int   argc, char * argv[])
{
```

```
        double x,y;
        if( argc! = 3)
        {
            printf("Using: command arg1 arg2<CR>\n");
            return -1;
        }
        x = atof( argv[1]); //取出 argv[1]指向的数字字符串,转换为对应实数
        y = atof( argv[2]);
        printf("sum = %f\n",x+y);
        return 0;
    }
```

上面程序执行时,如果没有按要求正确提供命令行参数(即命令行上的参数不是 3 个)则输出提示信息 Using:command arg1 arg2<CR>后退出程序。若正确提供了命令行参数(假设参数为 130.45 33.9)则输出结果为:sum = 164.350000。

8.5　使用指针构建动态数组

在编写一个 C 语言程序的过程中,如果要使用变量或数组必须先进行定义,然后才可以使用。当程序中定义变量或数组以后,系统就会给变量或数组按照其数据类型及大小来分配相应的内存单元,这种内存分配方式称为静态内存分配。也就是说,这些内存在程序运行前就分配好了,不可改变。例如:

int k;//系统将给变量 k 分配 2 个字节(vc 下分配 4 个字节)的内存单元

char ch[10];//系统将给这个数组 ch 分配 10 个字节的内存块,首地址就是 ch 的值

那么有没有一种方法,可以在程序运行的过程中,根据需要动态分配所需要的内存呢?答案是肯定的。

8.5.1　动态数据的概念和存储分配标准库函数

在 C 程序设计时,如果要使用变量或数组必须先进行定义,然后才可以使用。当程序中定义变量或数组以后,系统就会给变量或数组按照其数据类型及大小来分配相应的内存单元,这种内存分配方式称为静态内存分配。也就是说,这些内存在程序运行前就分配好了,不可改变。例如:

int k;//系统将给变量 k 分配 4 个字节的内存单元

char ch[10];//系统为数组 ch 分配 10 个字节的内存块,首地址就是 ch 的值

C 程序设计中,所谓"动态数据"指的是不需要事先定义使用的数据对象,而是在程序运行过程中按照实际需要向系统提出存储分配要求,然后通过指针运算方式使用从系统中分配到的存储空间。

为了能够在 C 程序中使用动态数据,就必须解决动态分配内存的问题。C 标准库中提供了一系列用于存储分配的函数,存储分配函数的原型在头文件 stdlib.h 和 alloc.h 中均有

声明,使用动态存储分配的应用程序中需要包含两个头文件之一。在与存储分配相关的函数族中,malloc 和 free 是最常用的两个函数。

1.存储分配函数 malloc

原型:void * malloc(size_t size);

功能:在主存储器中的动态存储区分配由 size 所指定大小的存储块,返回所分配存储块在存储器中起始位置(指针)。返回指针类型为 void(空类型),在应用程序中应根据需要进行相应的类型转换。如果存储器中没有足够的空间分配,即存储分配失败时返回 NULL。

2.存储释放函数 free

原型:void free(void * memblock);

功能:释放由指针变量 memblock 指明首地址的、通过 malloc 类库函数分配获取的存储块,即将该块归还操作系统。

需要注意的是,使用 free 函数只能释放由 malloc 类函数动态分配的存储块,不能用 free 函数试图去释放显式定义的存储块(如数组等)。

【例8.17】 malloc 函数和 free 函数使用示例。

```c
/* Name: ex0817.c */
#include <stdio.h>
#include <stdlib.h>
int main()
{
    int * p1;
    double * p2;
    char * p3;
    p1 = (int *)malloc(sizeof(int));            //分配一个整数所需的空间
    p2 = (double *)malloc(sizeof(double));      //分配一个双精度实数所需的空间
    p3 = (char *)malloc(sizeof(char));          //分配一个字符数据所需的空间
    printf("请依次输入整型、实型和字符数据:\n");
    scanf("%d,%lf,%c",p1,p2,p3);
    printf("整型数据为:%d\n", * p1);            // * p1 是整型变量
    printf("实型数据为:%f\n", * p2);            // * p2 是实型变量
    printf("字符型数据为:%c\n", * p3);          // * p3 是字符变量
    free(p1);                                   //以下代码释放动态分配的空间
    free(p2);
    free(p3);
    return 0;
}
```

在例 8.17 的程序中,通过存储分配标准库函数 malloc 分别按照所要求的长度分配存储空间,并将它们的起始地址转换为相应数据类型的指针赋值给对应的指针变量。然后将指针变量和对它们的指针运算分别作为数据的地址和数据本身进行操作。

在使用动态存储分配的程序设计中,特别要注意释放的问题。例 8.17 程序中去掉后面 3 行 free 函数的调用似乎也不会出现问题,这是由于程序运行完成后其占用的所有存储区域都会归还系统。在运行时间周期长或者动态存储分配操作频繁的程序设计中,特别要注意 free 函数的使用。对于动态分配的存储块使用完成后应尽快释放,否则有可能造成"内存泄漏"。

8.5.2 一维动态数组的建立和使用

在 C 程序设计中,使用指针的概念和 C 语言提供的存储分配类标准库函数可以非常容易地实现一维动态数组。实现一维动态数组的基本步骤为:

①定义合适数据类型的一级指针变量。

②调用 C 动态存储分配标准库函数按照指定的长度和数据类型分配存储。

③将动态分配存储区域的首地址转换为所需要的指针形式赋值给对应的指针变量。

④将指针变量名作为一维数组名操作。

【例 8.18】 编写程序实现冒泡排序功能,程序中假定事先并不知道排序元素的个数。为了模拟数据,程序中仍然要求被排序数组用随机函数生成。

```
/ * Name: ex0818.c * /
#include <stdio.h>
#include <stdlib.h>    / * 此头文件一定要用 * /
#include <time.h>
void sort( int v[ ] , int n) ; / * 排序函数 * /
void MakeArray( int v[ ] , int n) ; / * 数组生成函数 * /
void PrintArray( int v[ ] , int n) ; / * 数组输出函数 * /
int main( )
{
    int n , * pArr ;
    printf("请输入参加排序的元素个数:") ;
    scanf("%d",&n) ;
    pArr = ( int * )malloc( sizeof( int) * n) ;   //构造一维动态数组 pArr
    MakeArray( pArr,n) ;
    printf("排序前数据序列:\n") ;
    PrintArray( pArr,n) ;
    sort( pArr,n) ;
    printf("排序后数据序列:\n") ;
    PrintArray( pArr,n) ;
    free( pArr) ;
```

```
        return 0;
}
void MakeArray(int v[],int n)
{
        int i;
        srand(time(NULL));
        for(i=0;i<n;i++)
                v[i]=rand()%100;
}
void PrintArray(int v[],int n)
{
        int i;
        for(i=0;i<n;i++)
                printf("%4d",v[i]);
        printf("\n");
}
void sort(int v[],int n)
{
        int i,j,t;
        for(i=0;i<n-1;i++)
                for(j=0;j<n-i-1;j++)
                        if(v[j+1]<v[j])
                                t=v[j],v[j]=v[j+1],v[j+1]=t;
}
```

例 8.18 的程序除了被处理的数组是动态创建的之外,程序的功能和结构在第 4 章中已经进行了讨论,请读者参照第 4 章的知识自行分析。程序的一次执行过程和结果如下所示:

请输入参加排序的元素个数:15

排序前的数据序列:

43 50 64 10 41 22 22 84 65 17 81 30 42 64 73

排序后的数据序列:

10 17 22 22 30 41 42 43 50 64 64 65 73 81 84

从上面程序实现可以看出,使用动态数组可以根据应用的实际需要进行数据准备,给程序设计带来许多的灵活性。使用动态一维数组时,需要注意和直接定义一维数组之间的差异。在直接定义数组时,可以对数组进行初始化操作。但对于动态一维数组,则需要使用循环赋值的方式来实现数组赋初值工作。例如:

int a[100]={0};   //a 数组全部置初值 0

int i, *b;   //下面代码序列创建动态数组 b,并全部置初值 0

```
b=(int *)malloc(100);
for (i=0;i<100;i++)
    b[i]=0;
```

8.6 指针与字符串(*)

在C语言程序设计中,表示字符串的方式有两种:字符指针变量方式和字符数组方式。字符数组表示字符串数据在第4章已经讨论,本小节主要讨论使用字符指针变量表示字符串数据的问题。

8.6.1 字符串的指针表示

C语言通过定义字符型指针变量,并将字符串或字符串常量的首地址赋给该指针,即可用指向字符串的指针变量来表示其所指向的字符串数据,其定义格式有两种:

- 用字符串数据初始化指针变量,其一般格式为:

  char *字符指针变量名=字符串常量;

例如:char *sPtr="I Love China! ";

- 先定义字符指针变量,然后指向特定字符串常量,其一般形式为:

  char *sPtr;

  sPtr="I Love China!";

无论使用哪种形式,在此后的程序代码中,都可以使用字符指针变量 sPtr 表示字符串数据" I Love China!"。

当定义一个字符指针变量表示字符串时,如语句 char *sPtr="abcd";,其本质上的意义是首先在存储器中存放一个字符串常量,然后将字符串常量的首地址赋给字符指针变量 sPtr,字符指针变量与其所指向的字符串常量之间的关系如图 8.12 所示。由于 sPtr 是变量,所以在此后的程序代码中任何修改其指向的操作都是合法的,例如,使用语句 sPtr="1234"使得指针变量 sPtr 改变指向从表示字符串数据"abcd"转变成为表示字符串数据"1234",sPtr 与其所指向的字符串常量之间的关系如图 8.13 所示。

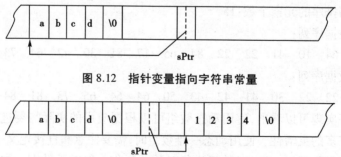

图 8.12 指针变量指向字符串常量

图 8.13 指针变量改变原指向指向另一字符串

而使用字符数组表示字符串时,例如,语句 char str[7]="abcd";,其本质意义是首先为字符数组 str 按指定长度分配连续的存储空间,字符数组的名字 str 表示这段连续存储空间的首地址,然后将其存储内容初始化为字符串数据"abcd",字符数组 str 与其初始值之间的关系如图 8.14 所示。

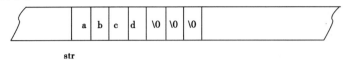

图 8.14　数组名与其初始化值之间的对应关系

由于字符数组名 str 是地址常量,数组亦不能作为整体操作,所以在此后的程序代码中任何试图修改数组名 str 值的操作或者试图为数组整体赋值的操作都是错误的。请仔细比较下面的两段代码段:

//正确的程序代码段	//错误的程序代码段
char *sPtr="abcd";	char str[7] = "abcd";
⋮	⋮
sPtr="123456";	str="123456";/*错误赋值操作*/

此外,在选择使用字符指针方式还是选择字符数组来表示字符串数据时还应注意:使用字符数组方式时,字符串数据是字符数组中存放的内容(可以认为是数组变量的值),只要有需要均可以通过合法的语句对数组中的内容进行修改;而使用字符指针变量来表示字符串数据时,字符串数据是常量,任何试图修改常量数据的操作都是非法的,亦即字符指针指向的常量字符串内容是不能被修改的。

使用字符指针变量表示字符串数据时,最容易出现的错误就是将未确定指向的字符串指针变量直接使用。未确定指向的意思是:指针变量既没有指向特定的字符数组,也没有指向动态分配的空间。例如,下面的代码段是错误的:

```
char *st;
gets(st);        //错误:st 是一个没有确定指向的字符指针变量
```

如果定义了字符数组,一个指向它的指针变量相当于是字符数组的另外一个名字。此时,无论是字符数组本身还是指向它的指针变量都可以用于处理字符串。如果仅定义了一个字符指针变量,那么必须使用该指针变量构成动态字符数组后才能用于处理字符串。

【例 8.19】　使用指向字符数组的指针变量处理字符串示例。

```
/* Name: ex0819.c */
#include <stdio.h>
#include <stdlib.h>
#include <string.h>
int main( )
{
    char s1[100], * s2;
    s2=(char * )malloc(sizeof(char) * 100);//构成动态字符数组
    printf("请输入字符串 s1 和 s2\n");
```

```
        gets(s1);
        gets(s2);
        strcat(s2,s1);
        puts(s2);
        free(s2);        //释放动态数组
        return 0;
    }
```

上面程序中,指针变量 s2 在进行存储分配后形成了动态字符数组,使用动态字符数组表示了被处理的字符串。程序一次执行的结果如下:

```
        请输入字符串 s1 和 s2
        ABCDEFG                //输入数据
        1234567                //输入数据
        1234567ABCDEFG         //输出数据
```

8.6.2　字符串处理标准函数的指针参数

在 6.2 节已经讨论过关于字符串数据最常见的处理,本小节将讨论字符串处理中较深入的问题,包括:字符串中字符的查找,字符串中字符的插入,字符串中字符的删除,字符串中子串的查找,字符串中子串的插入,字符串中子串的删除等。

标准库中提供的绝大多数关于字符串处理的标准库函数都是返回指针值的函数,其目的是使得操作后的结果可以作为下一次操作的左值或者函数调用的参数。在实际的应用程序设计过程中,对字符串处理标准库函数参数表中的字符指针参数(或字符数组参数)的理解是非常重要的。

1.字符串中字符的查找

在字符串中查找指定字符的基本思想是:从被操作字符串的第一个字符开始依次取出当前位置的字符与指定的字符相比较,若比较相符合则返回该字符的位置;否则进行下一轮比较直到被处理的字符串中所有字符取完为止。返回查找到的字符位置可以有返回下标序号方式和返回存放地址方式两种,在应用程序设计中应该根据需要选择,下面用示例描述这两种方式的基本方法。

【例 8.20】　编制函数实现功能:在字符串中查找指定的字符,若被查找字符存在则返回字符在字符串中的下标序号;若指定的字符在被查找的字符串中不存在,则返回-1;并用相应主函数进行测试。

```
/* Name: ex0820.c */
#include <stdio.h>
int main()
{
        int findchr(char *s1, char c);
        char str[100],ch;
```

```
        int pos;
        printf("Input the string:");
        gets(str);
        printf("Input the character:");
        ch=getchar();
        pos=findchr(str,ch);
        if(pos!=-1)
            printf("The position is str[%d].\n",pos);
        else
            printf("'%c' is not in'%s'.\n",ch,str);
        return 0;
}
int findchr(char *s1,char c)
{
        int i;
        for(i=0;s1[i]!='\0';i++)
            if(s1[i]==c)
                return i;        /*如果查到,则返回该字符在指定字符串中的位置*/
            return -1;           /*否则,返回-1*/
}
```

【例8.21】 编制函数实现功能:在字符串中查找指定的字符,若被查找字符存在则返回字符的存放地址;若指定的字符在被查找的字符串中不存在,则返回 NULL;并用相应主函数进行测试。

```
/* Name: ex0821.c */
#include <stdio.h>
int main()
{
        char *findchr(char *s1, char c);
        char str[80],ch,*pos;
        printf("Input the string:");
        gets(str);
        printf("Input the character:");
        ch=getchar();
        pos=findchr(str,ch);
        if(pos!=NULL)
            printf("The position is str[%d].\n",pos-str);
        else
            printf("'%c' is not in'%s'.\n",ch,str);
```

```
        return 0;
    }
char  * findchr( char  * s1 , char c)
    {
        for( ; * s1 != '\0' ; s1 ++ )      /* 常用的遍历字符串的循环结构使用方法 */
            if( * s1 == c)
                return s1 ;    /* 如果找到,则返回该字符串的地址 */
        return NULL ;
    }
```

标准函数库中提供了在字符串中查找指定字符的函数 strchr,函数的原型为:

```
    char  * strchr( const char  * s, int c) ;
```

函数的功能是:在由 s 表示的字符串中正向查找由 c 所表示的字符在串中首次出现的位置,若未找到则返回 NULL。

【例 8.22】 使用系统标准库函数在字符串中查找指定字符。

```
/ * Name: ex0822.c * /
#include <stdio.h>
#include <string.h>         /* 此头文件一定要加上 */
int main( )
    {
        char str[80] ,ch, * pos;
        printf( "Input the string:") ;
        gets( str) ;
        printf( "Input the character:") ;
        ch = getchar( ) ;
        pos = strchr( str,ch) ;
        if( pos ! = NULL)
            printf( "The position is str[ %d] .\n",pos-str) ;
        else
            printf( "' %c' is not in' %s' .\n",ch,str) ;
        return 0;
    }
```

2.字符串中字符的插入

在字符串指定位置插入一个字符的基本思想是:将字符串中从指定位置以后的所有字符由后向前依次向后移动一个字符位置以腾出所需要的字符插入空间;然后将指定的插入字符拷贝到指定位置。字符的插入分为前插(插入的字符在指定位置原字符之前)和后插(插入的字符在指定位置原字符之后)两种方式,这两种方式的基本思想完全一致,不同之处在于字符串部分字符后移时是否包括指定位置的原字符。

【例8.23】 编制函数实现功能:在字符串的指定字符之前插入另外一个指定字符,插入成功返回1;若在字符串中找不到插入位置,则返回0;并用相应主函数进行测试。

```c
/* Name: ex0823.c */
#include <stdio.h>
#include <string.h>
int main( )
{
    int insertchr( char *s1, char pos,char c);
    char str[80],pos,ch;  /*声明足够长的字符数组,使插入后仍然可以正常保存*/
    printf("Input the string:");
    gets(str);
    printf("Input a character for serarch:");
    pos=getchar( );getchar( );
    printf("Input a character for insert:");
    ch=getchar( );
    if(insertchr(str,pos,ch))
        puts(str);
    else
        printf("字符串\"%s\"中不包含字符'%c'。\n",str,pos);
    return 0;
}
int insertchr( char *s1,char pos,char c)
{
    char *p1,*p2;
    for(p1=s1;*p1!='\0';p1++)
        ;
    p2=strchr(s1,pos);
    if(p2==NULL)
        return 0;
    else
    {
        for( ;p1>=p2;p1--)
            *(p1+1)=*p1;
        *p2=c;
    }
    return 1;
}
```

3.字符串中字符的删除

在字符串中删除指定字符操作的基本思想是:首先在字符串中查找指定字符的位置,若找到则将字符串中自该位置之后所有字符依次向前移动一个字符位置。

【例8.24】 编制函数实现功能:在字符串中删除指定字符,删除成功返回1;若指定字符不存在则返回0;并用相应主函数进行测试。

```c
/* Name: ex0824.c */
#include <stdio.h>
#include <string.h>
int main()
{
    int deletechr(char *s1, char c);
    char str[80],ch;
    printf("Input the string:");
    gets(str);
    printf("Input a character for delete:");
    ch=getchar();
    if(deletechr(str,ch))
        puts(str);
    else
        printf("字符串\"%s\"中不包含字符'%c'。\n",str,ch);
    return 0;
}
int deletechr(char *s1,char c)
{
    char *p;
    p=strchr(s1,c);
    if(p==NULL)
        return 0;
    else
    {
        for(;*p!='\0';p++)
            *p=*(p+1);
        return 1;
    }
}
```

在字符删除过程中,自被删除字符之后的所有字符都向前移动一个位置,也可以理解成将删除字符开始的字符串向前复制一个位置,利用字符串复制的标准函数,删除字符函数可以简化为如下形式：

```
int deletechr( char * s1,char c)
{
    char * p;
    p=strchr( s1,c) ;
    if( p==NULL)
        return 0;
    else
    {   strcpy( p,p+1) ;
        return 1;
    }
}
```

4.字符串中子串的查找

子串查找的基本思想是：首先在主串中查找子串的首字符，如果找到则比较其后连续的若干个字符是否与子串相同。如果相同则返回子串首字符在主串中出现的地址；否则在主串中向后继续查找。如果在主串中再也找不到子串的首字符，则返回 NULL。

【例 8.25】 编制函数实现在字符串中查找子字符串的功能，并用相应主函数进行测试。

```
/ * Name: ex0825.c */
#include <stdio.h>
#include <string.h>
int main( )
{
    char * findsubstr( char * s1, char * s2) ;
    char str1[ 80] ,str2[ 80] , * pos;
    printf( "Input string str1 & str2:\n") ;
    gets( str1) ;
    gets( str2) ;
    pos=findsubstr( str1,str2) ;
    if( pos)
        printf( "' %s' is in' %s' at %d\n",str2,str1,pos-str1) ;
    else
        printf( "' %s' is not found in' %s' .\n",str2,str1) ;
    return 0;
}
char * findsubstr( char * s1,char * s2)
{
```

```
        int len=strlen(s2);
        while((s1=strchr(s1, * s2))!=NULL)
        {
            if(strncmp(s1,s2,len)==0)
                break;
            else
                s1++;
        }
        return s1;
}
```

还可以从另外一个方面去设计查找函数 findsubstr,其基本思想是:从主串中的第一个字符开始,以后每次依次向后移动一个字符的位置,取出主串中与子串长度相等的前几个字符与子串比较。若相等则返回子串在主串中的起始位置,否则继续,直到主串查找完毕为止。若主串中不存在子串,返回 NULL。例 8.25 中的子串查找函数 findsubstr 可以重写为:

```
char * findsubstr(char * s1,char * s2)
{
        int len=strlen(s2);
        while(strncmp(s1,s2,len)!=0&& * (s1+len-1)!='\0')
            s1 ++;
        return * (s1+len-1)!='\0' ? s1:NULL;
}
```

5.字符串中子串的插入

在字符串指定位置插入子串的基本思想和在字符串中指定位置插入字符类似。仍然是首先在字符串中找到插入位置,然后仍然需要移动插入点之后的所有字符以腾出插入位置,最后进行插入操作。与插入一个字符不同的是需要按插入的子串长度腾出足够的插入位置,即需要将字符向后移动过足够的跨距而不是一个字符位置。

【例 8.26】 编制实现子串插入功能的函数,插入点为子串的首字符在主串中第一次出现的位置,插入操作成功返回 1,否则返回 0,用相应主函数对子串插入函数进行测试。

```
/ * Name: ex0826.c * /
#include <stdio.h>
#include <string.h>
int main()
{
        int insertsubstr(char * s1, char * s2);
        char str1[80],str2[80];
        printf("Input string str1 & str2:\n");
```

```
            gets(str1);
            gets(str2);
            if(insertsubstr(str1,str2))
                puts(str1);
            else
                printf("' %c' is not in \"%s\".\n", *str2,str1);
            return 0;
        }
    int insertsubstr(char *s1,char *s2)
    {

        char *p1, *p2;
        int len=strlen(s2);
        for(p1=s1; *p1!='\0';p1 ++)
            ;
        p2=strchr(s1, *s2);
        if(p2==NULL)
            return 0;
        else
        {

            for( ;p1>=p2;p1 --)
                *(p1+len)= *p1;
            for( ; *s2;s2 ++,p2 ++)
                *p2= *s2;

        }
        return 1;

    }
```

上面程序中的子串插入操作是按照插入子串的基本思想编制的,如果充分利用系统标准库函数则可以使得编程过程更加简洁而高效。充分利用标准库函数,可以将函数 insertsubstr 按如下形式重写,请读者自行分析比较。

```
    int insertsubstr(char *s1,char *s2)/* 注意与例 6.26 比较 */
    {

        char *p1;
        p1=strchr(s1, *s2);
        if(p1)
        {   strcat(s2,p1);
            strcpy(p1,s2);
            return 1;

        }
```

```
        return 0;
    }
```

6.字符串中子串的删除

在字符串中删除子串的基本思想和在字符串中删除字符类似。仍然是首先在主串中找到欲删除的子串,然后需要向前移动被删除子串之后的所有字符。与删除一个字符不同的是要将子串后的字符向前移动过足够的跨距而不是一个字符位置。

【例 8.27】 编制函数实现功能:在一个主串中查找指定的子串,找到则将子串从主串中删除,删除操作成功返回 1,否则返回 0;用相应的主函数进行测试。

```
/ *  Name: ex0827.c  */
#include <stdio.h>
#include <string.h>
int main( )
{
    int delsubstr( char  * s1, char  * s2) ;
    char str1[ 80] , str2[ 80] ;
    printf( "Input string str1 & str2: \n") ;
    gets( str1) ;
    gets( str2) ;
    if( delsubstr( str1, str2) )
        puts( str1) ;
    else
        printf( "\"%s\" is not in \"%s\". \n", str2, str1) ;
    return 0;
}
int delsubstr( char  * s1, char  * s2)
{
    char * findsubstr( char  * s1, char  * s2) ;
    char * pos;
    int len;
    pos = findsubstr( s1, s2) ;
    if( pos)
    {
        len = strlen( s2) ;
        for( ; ( * pos = * ( pos+len) ) ! = '\0' ; pos ++)
            ;
        return 1;
    }
```

```
        return 0;
    }
char * findsubstr(char * s1,char * s2)
    {
        int len = strlen(s2);
        while(strncmp(s1,s2,len)! = 0&& * (s1+len−1)! = '\0' )
            s1 ++;
        return * (s1+len−1)! = '\0' ? s1:NULL;
    }
```

同样,充分利用标准库函数可以将函数 delsubstr 重写为如下形式,请读者自行分析比较。

```
int delsubstr(char * s1,char * s2)
    {
        char * findsubstr(char * s1,char * s2);
        char * pos;
        pos = findsubstr(s1,s2);
        if(pos)
        {   strcpy(pos,pos+strlen(s2)); / * 注意与例 6.31 比较 * /
            return 1;
        }
        return 0;
    }
```

习题 8

一、单项选择题

1.若有定义:int a[8];,则以下表达式中不能代表数组元素 a[1]地址的是(   )。

 A.&a[0]+1   B.&a[1]

 C.&a[0]++   D.a+1

2.若有以下语句且 0< = k<6,则正确表示数组元素地址的表达式是(   )。

 static int x[ ] = {1,3,5,7,9,11} , * ptr = x,k;

 A.x ++   B.&pr

 C.&ptr[k]   D.&(x+1)

3.设已有定义:char * st = "how are you";,下面程序段中正确的是(   )。

 A.char a[11], * p;strcpy(p = a+1,&st[4]);

 B.char a[11];strcpy(++a,st);

 C.char a[11];strcpy(a,st);

D.char a[ ], * p;strcpy(p=a[1],st+2);

4.下面程序段的运行结果是(　　)。

```
char s[ ]="abcdefgh", * p=s;
p+=3;
printf ("%d\n",strlen(strcpy(p,"ABCD")));
```

A.8　　　　　　　　　　　　　　　　B.12

C.4　　　　　　　　　　　　　　　　D.7

5.设有语句int array[3][4];,则在下面几种引用下标为 i 和 j 的数组元素方法中,不正确的是(　　)。

A.array[i][j]　　　　　　　　　　B. * (* (array+i)+j)

C. * (array[i]+j)　　　　　　　　　D. * (array+i * 4+j)

6.下面程序的运行结果是(　　)。

```
#include <stdio.h>
void sub (int x,int y,int * z)
{
    * z=y-x;
}
void main ( )
{
    int a,b,c;
    sub(10,5,&a);
    sub(7,a,&b);
    sub(a,b,&c);
    printf("%d,%d,%d\n",a,b,c);
}
```

A.5,2,3　　　　　　　　　　　　　B.-5,-12,7

C.-5,-12,-17　　　　　　　　　　D.5,-2,-7

7.在说明语句int * f();中,标识符 f 代表的是(　　)。

A.一个用于指向整形数据的指针变量

B.一个用于指向一维数组的行指针

C.一个用于指向函数的指针变量

D.一个返回值为指针型的函数名

8.若有以下说明和定义,在必要的赋值之后,对 fun 函数的正确调用语句是(　　)。

```
int fun(int * c)    {...}
void main()
{
    int ( * a)(int * )=fun, * b( ),w[10],c;
    ...
```

}
  A.a＝a(w);   B.(＊a)(&c);
  C.b＝＊b(w);   D.fun(b);

9.下面程序运行时,若从键盘输入:abc def,则输出结果是( )。

```
void main( )
{
    char * p, * q;
    p=( char * ) malloc( sizeof( char ) * 20); q=p;
    scanf( "%s%s",p,q);   printf( "%s %s\n",p,q);
}
```

  A.def def   B.abc def
  C.abc abc   D.def abc

10.设被函数指针变量 ptr 指向的函数 min 具有两个形式参数,下面所列函数调用方法中,正确的是( )。

  A.(＊ptr)min(a,b)   B.＊ptr min(a,b)

  C.(＊ptr)(a,b)   D.＊ptr(a,b)

二、填空题

1.语句:char ＊func1( );和 char(＊func2)( );的区别是_____。

2.在说明语句:float ＊ fun( );中,标识符 fun 代表的是_____。

3.有函数 max(a,b,c),已经使函数指针变量 p 指向它,使用函数指针变量 p 调用函数的语句是_____。

4.对于指向数组的指针变量而言,对指针变量进行自增/自减运算时,实质上就是将指针变量指向_____的位置。

5.mystrlen 函数的功能是:计算 str 所指字符串的长度,并作为函数值返回。请完善函数定义。

```
int mystrlen( char * str)
{
    int i;
    for (i=0;_____ ;i ++)
        ;
    return _____ ;
}
```

6.下面函数 strcen 的功能是:将 b 字符串连接到 a 字符串的后面,并返回 a 中新字符串的长度。请完善函数定义。

```
int strcen ( char *a, char *b)
{
    int num=0, n=0;
```

```
        while( * (a+num)! =_____ )
            num ++;
        while(b[n])
        {
            * (a+num)= b[n];
            num ++;
            _____;
        }
        _____;
        return num;
    }
```

三、程序阅读题

1.阅读下面的程序,写出程序的运行结果。

```c
#include <stdio.h>
int f1(int x)
{
    return x * x;
}
int f2(int y)
{
    return y * y * y;
}
int f(int ( * f3)(int),int ( * f4)(int),int z)
{
    return f4(z) -f3(z);
}
int main()
{
    int result;
    result=f(f1,f2,2);
    printf("%d\n",result);
    return 0;
}
```

2.阅读下面的程序,写出程序的运行结果。

```c
#include <stdio.h>
int funca(int x,int y)
{
```

```c
        return x * x+y * y;
}
int funcb(int x,int y)
{
        return x * x-y * y;
}
int sub(int ( * t)(int,int),int x,int y)
{
        return ( * t)(x,y);
}
int main()
{
        int a,( * p)(int,int);
        p=funca;
        a=sub(p,6,2);
        p=funcb;
        a+=sub(p,9,3);
        printf("%d\n",a);
        return 0;
}
```

3.阅读下面的程序,写出程序的运行结果。

```c
#include <stdio.h>
int main()
{
        int a[ ]={1,2,3,4,5,6,7,8,9,10,11,12};
        int * p[4],i;
        for(i=0;i<4;i ++)
            p[i]=&a[i * 3];
        printf("%d\n",p[3][1]);
        return 0;
}
```

4.阅读下面的程序,写出程序的运行结果。

```c
#include <stdio.h>
int main()
{
        int b[ ]={2,4,6,8,10}, * p=b;
        printf("%d", * p ++);
        printf("%d", * ++p);
```

```c
        printf("%d",( * ++p)++);
        printf("%d\n",( * p ++));
        return 0;
}
```

5.阅读下面的程序,写出程序的运行结果。

```c
#include <stdio.h>
int   main( )
{
    float a[5][3] = {1,2,3,4,5,6,7,8,9,0,9,9,8,7,6}, * p[5], * * pp=p;
    int i;
    for( i=0;i<5;i ++)
        p[i]=a[i];
    for( i=0;i<5;i ++)
        printf("%5.0f", * * pp ++);
    printf("\n");
    return 0;
}
```

6.阅读下面的程序,写出程序的运行结果。

```c
#include <stdio.h>
#define M 5
void f( int * v);
int   main( )
{
    int b[M][M] = {{13,12},{0},{3,5,8},{5,6}},i,j;
    f(b[1]);
    for( i=0;i<M;i ++)
    {
        for( j=0;j<M;j ++)
            printf("%3d", * ( * (b+i)+j));
        printf("\n");
    }
    return 0;
}
void f( int * v)
{
    int i;
    for( i=0;i<M * (M-1);i ++)
        * (v+i)+=3;
}
```

四、编程题

1.编写一个交换变量值的函数,利用该函数交换数组 a 和数组 b 中的对应元素值。

2.编程判断输入的一串字符是否为"回文"。所谓"回文"是指顺读和倒读都一样的字符串,如"level""ABCCBA"。

3.编写一个函数 strlshif(char * s, int n),其功能是:把字符串 s 中的所有字符左移 n 个位置,字符串中的前 n 个字符移到最后。

4.编写一个函数 totsubstrnum(char * str, char * substr),其功能是:统计子字符串 substr 在字符串 str 中出现的次数。

5.编写一个带命令行参数的程序输出星期一到星期日的英文名。

6.函数的原型为:void sort(int * v, int n);,其功能是:实现一个线性序列的升序排序。现有一批个数未知的整数需要按降序排序,请利用函数 sort 实现所求功能。程序实现要求:

(1)数据的个数在程序运行过程中输入;

(2)使用动态数组作为数据结构;

(3)使用随机产生的数据模拟处理数据。

第9章 编译预处理基础

编译预处理是 C 语言区别于其他高级程序设计语言的特征之一。编译预处理是在对 C 程序进行编译之前就要进行的工作。编译器在对 C 源程序进行处理前,首先根据预处理命令对 C 程序进行预加工,之后再对预加工后的 C 源程序进行编译,生成对应的目标程序代码。预处理命令不是 C 语言的语句,其特点是用#开始,不需要用分号";"作为语句的结束标志。常用的编译预处理命令有 3 类:宏定义、文件包含和条件编译。

9.1 宏定义预处理命令及其简单应用

宏定义又称为宏代换、宏替换,简称"宏",是 C 程序中常用的预处理命令之一。宏定义的本质是一个标识符来表示一个字符串,正确使用宏定义可以提高可读性和可移植性。宏定义可以分为两类:不带参数的宏定义和带参数的宏定义。

9.1.1 不带参数的宏定义

不带参数的宏定义一般形式是:

    #define 宏名　字符串

例如:#define　PI　3.1415926

其中,宏名用标识符表示,也就是前面讨论过的符号常量,上面示例中的 PI 就是宏名。预处理过程中,将 C 源程序中的宏名用对应的字符串进行替换,如将 PI 替换为 3.1415926,这个过程称为宏调用或宏展开。宏调用的格式为:

      标识符

宏定义预处理的工作只是纯粹的替换或展开,没有任何计算功能。正确使用"宏定义"的关键是宏调用时的"原样替换"。

【例9.1】 宏定义使用的简单示例。

```
/ * Name: ex0901.c * /
#include <stdio.h>
#define N 100                //宏定义:用符号 N 表示字符串 100
int main( )
{
int sum;
sum = N+20;                //此语句有宏调用
    printf( "%d\n", sum);
    return 0;
}
```

上面程序在预处理时,语句 sum = 20 + N;中出现的宏名(标识符 N)代换为100。即将上面的程序处理成如下所示程序后再进行程序代码的编译工作。

```
#include <stdio.h>
#define N 100                    //宏定义:用符号 N 表示字符串100
int main( )
{
    int sum;
    sum = 100 + 20;              //宏调用的结果是用字符串100替换 N 标识符
    printf("%d\n", sum);
    return 0;
}
```

在 C 程序中使用宏定义预处理时,还应注意以下几方面问题:

①宏名一般用大写,以区别程序中使用的变量名。

②宏定义不分配内存,变量定义分配内存。

③预处理是在编译之前的处理,而编译工作的任务之一就是语法检查,预处理不做语法检查。

④宏定义不存在类型问题,它的参数也是无类型的。

⑤宏定义写在函数的花括号外边,作用域为其后的程序,通常在文件的最开头。

⑥字符串常量(" ")中永远不包含宏,即宏名出现在字符串常量中时,不进行替换工作。

⑦宏定义允许嵌套。如:

```
#define   N   100
#define   M   2 * N
#define   K   5+M
```

⑧可以用#undef 或不带替换字符串的宏定义终止宏定义的作用域。如下面两条预处理命令都可以终止#define N 100 的作用域。

```
#undef    N
#define   N
```

⑨宏定义末尾不需要用分号结尾,如果末尾有分号,则分号将作为字符串的组成部分。如上例中,假设定义为:#define N 100;,则替换后变为 sum = 100;+20;,显然本程序是有语法错误的。假如本语句改为 sum = 20+100;,此时程序并没有语法错误,语句后多余的分号可以看成一个空语句。预处理后也可以得到正确结果。

⑩使用宏可提高程序的通用性和易读性,减少不一致性,减少输入错误和便于修改。在阅读含有宏定义的源程序时,一定要掌握"先替换,后计算"的原则,切忌"边替换,边计算"。

【例9.2】 编写程序实现功能:输入 100 个实型数据到数组中,然后求出数组中所有元素之和。

```
/ * Name: ex0902.c * /
#include <stdio.h>
```

```
#define N 3          //通过使用宏定义减少调试程序时的输入数据量
int main( )
{
    double a[N],sum=0;
    int i;
    for(i=0;i<N;i++)
        scanf("%lf",&a[i]);
    for(i=0;i<N;i++)
        sum+=a[i];
    printf("sum=%lf\n",sum);
    return 0;
}
```

上面程序中,如果设计时直接使用长度为100的数组,那么每次调试程序就需要输入100个数据,这样势必给程序的调试工作带来极大的工作量。程序中通过宏定义#define N 3的使用,使得在程序调试的时候仅需输入3个数据。当程序调试成功后,只需要将程序中宏定义语句修改为:#define N 100,然后重新编译即可实现对100个数据进行处理的程序设计要求。

9.1.2 带参数的宏定义

带参数宏定义除了进行字符串替换外,还通过参数的代入实现更加复杂的宏代换功能,带参数宏定义的一般形式为:

　　#define 标识符(形参表) 表达式样式字符串

宏调用的格式为:

　　标识符(实参表)

带参数的宏调用时一般分为两个步骤。例如,对于宏定义:#define S(a,b) a*b进行宏调用的形式为T=S(3,2);,第一步将宏换为T=a*b;,第二步将实参代入换为T=3*2;。

使用带参数宏定义时,除了前面提到的使用宏定义预处理的注意事项外,还要注意下面几点:

①带参宏定义中,宏名和形参表之间不能有空格出现。

如:#define S(a,b) a*b

如果误写为:#define S (a,b) a*b,则将被认为是无参宏定义,宏名为S,字符串为(a,b) a*b。

②带参宏定义中,形式参数不分配内存单元,因此不必作类型定义。

③在宏定义中的形参是标识符,而宏调用中的实参可以是表达式。为了避免当实参是表达式时的替换错误,定义时应将用于替换字符串中的所有形参用圆括号括起来。请比较并区别下面两种形式。

宏定义:#define S(r) r*r	宏定义:#define S(r) (r)*(r)
宏调用:T=S(a+b);	宏调用:T=S(a+b);
替换后的 C 语句:T=a+b*a+b;	替换后的 C 语句:T=(a+b)*(a+b);

在 C 程序中使用带参数宏代换时,特别需要注意宏代换和函数调用的区别:

①函数调用时,先求出实参表达式的值,然后代入形式参数。而带参数的宏对实参表达式不作计算直接照原样代换,只是进行简单的替换。

②函数调用是在程序运行时处理的,因为形参要分配临时的存储单元。而带参数宏的展开则是在编译前进行的,在展开时并不分配内存单元,不进行值的传递处理,也没有返回值的概念。

③带参数宏的形式参数与函数中的形式参数不同,它没有确定的数据类型。在宏调用时随着代入的实际参数数据类型的不同,其运算结果的类型随之而变。

在程序设计时,采用宏定义还是函数需要根据情况而定,有关函数的部分已经在前面章节介绍过,与函数比较,宏定义的好处是宏替换是在编译阶段进行的,不占运行时间。同时它也有缺点,宏定义在预处理时原地进行替换展开,一般会增加代码的长度;此外,宏调用时并没有参数类型的检查,有可能引起不可预料的程序设计错误。

【例 9.3】 带参数宏调用替换问题的理解示例。

```
/* Name: ex0903.c */
#include <stdio.h>
#define Min(x,y) (x)<(y)? (x):(y)
int main( )
{
    int a=1,b=2,c=3,d=4,t;
    t=Min(a+b,c+d)*1000;
    printf("t=%d\n",t);
    return 0;
}
```

在阅读理解上面程序时最容易得到的错误结果是:t=3000。事实上,宏替换后得到的表达式为:t=Min(a+b,c+d)*1000;→t=(a+b)<(c+d)? (a+b):(c+d)*1000;,从预处理完成的语句可以看出,在条件表达式中,当(a+b)<(c+d)的结果是 1(非 0)时,表达式最后的 1000 与应该取得的值毫无关系。程序运行的正确结果为:t=3。

9.2 文件包含预处理命令及其简单应用

文件包含是 C 预处理器中的另一个重要功能,利用文件包含预处理命令可以使当前源文件包含另外一个文件的全部内容。

9.2.1 文件包含的书写形式及意义

文件包含编译预处理语句的功能是:把指定的文件插入该命令行位置取代该命令行,

从而把指定的文件和当前的源程序文件连成一个源文件。文件包含编译预处理语句有两种使用形式：

形式 1:#include <文件名>

形式 2:#include "文件名"

在前面章节中已多次用此命令包含过库函数的头文件。例如：

#include　"stdio.h" 或 #include　<stdio.h>

#include　"math.h" 或 #include　<math.h>

两种形式都可以实现嵌入其他文件内容的目的,只是对指定文件的搜索路线不同。采用形式 1 时,系统直接到系统规定的目录下去寻找被包含文件。采用形式 2 时,系统先在当前源文件所在的目录中寻找被包含文件,如找不到再按系统规定的路径搜索被包含文件。书写文件包含预处理语句的一般原则是:包含系统配置的文件使用形式 1,包含用户自定义文件使用形式 2。

9.2.2　用文件包含方式组织多源文件 C 程序

一个 C 程序可以由一个或多个称为函数的程序块组成,这些函数可以存放在同一个源程序文件中,也可以按某种方式分门别类地存放到不同的源程序文件中。函数在 C 程序中作为一个整体对待,不能将一个函数拆开放到不同的源程序文件中。

在程序设计中,一个大的程序可以分为多个模块,一些公用的符号常量或宏定义等也可单独组成一个文件。程序设计时,可以通过下面 3 种常用方法组织多源文件 C 程序：

●单独编译每一个源程序文件,然后用连接程序对编译好的目标文件进行连接构成执行文件。

●使用工程文件方式,这也是现代开发环境中使用的方法。

●使用文件包含预处理方式,在 C 程序设计中使用文件包含预编译语句将需要的源文件组合进来。这是最简单的组合多源文件 C 的方式。

【例 9.4】　使用文件包含组合多源文件 C 程序示例。

问题描述:求[a,b]区间内的绝对素数,区间上下限值从键盘输入。

问题分析:所谓"绝对素数",指的是一个素数的倒序数也是素数。从问题的描述可以直观地分离出"判定素数"和"求倒序数"两个相对独立的功能。考虑到"判定素数"和"求倒序数"在许多问题上都会使用到,可以分别使用单独的 C 源文件进行存放,以方便使用。

①源程序文件 isprime.c 的内容如下：

```
/* Name: isprime.c
    函数功能:判断 n 是否是素数,是素数返回 1,否则返回 0
*/
#include "math.h"
int isprime(int n)
{
    int i,k;
    if(n<=1)
```

```
            return 0;
        else if(n == 2)
            return 1;
        k = (int)sqrt(n);
        for(i = 2; i <= k; i ++)
            if(n%i == 0)
                return 0;
        return 1;
}
```

②源程序文件 ReverseOrderNnumber.c 的内容如下：

```
/* Name: ReverseOrderNnumber.c
    函数功能:返回 n 的倒序数
*/
int ReverseOrderNnumber(int n)
{
    int revn = 0;
    while(n)
    {
        revn = revn * 10+n%10;
        n/ = 10;
    }
    return revn;
}
```

③求指定区间中所有"绝对素数"的 C 程序如下：

```
/* Name: ex0904.c */
#include <stdio.h>
#include "isprime.c"
#include "ReverseOrderNnumber.c"

int main()
{
    int a,b,n,nt;
    printf("请输入区间的下限和上限:");
    scanf("%d,%d",&a,&b);
    for(n = a; n <= b; n ++)
    {
        nt = ReverseOrderNnumber(n);
        if(isprime(n)&&isprime(nt))
```

```
            printf("绝对素数对:%d -- %d\n",n,nt);
        }
    return 0;
}
```

在上面程序中,用文件包含方式将含有"求倒序数"功能和"判定素数"功能的源程序文件嵌入到程序 ex0904.c 中,构成了一个解决问题的完整 C 程序。由于被包含的 C 文件逻辑上被嵌入在书写文件包含预处理语句,被调函数 ReverseOrderNnumber 和 isprime 出现在对它们的调用点之前,所以主函数中不需要对其进行声明。程序一次执行过程如下:

```
请输入区间的下限和上限:1,50//输入数据
绝对素数对:2 -- 2
绝对素数对:3 -- 3
绝对素数对:5 -- 5
绝对素数对:7 -- 7
绝对素数对:11 -- 11
绝对素数对:13 -- 31
绝对素数对:17 -- 71
绝对素数对:31 -- 13
绝对素数对:37 -- 73
```

9.3　条件编译预处理命令及其简单应用

一个 C 语言源程序的所有非注释语句都要经过编译来形成目标代码。如果希望对 C 语言源程序中的部分内容只在满足一定条件时才进行编译,或者希望当满足某个条件时对一部分语句进行编译,而当条件不满足时对另一部分语句进行编译,就可以使用条件编译预处理命令来实现。条件编译可有效地提高程序的可移植性,并广泛地应用在商业软件中。最常使用的条件编译预处理命令有#if、#ifdef、#ifndef。

9.3.1　#if、#elif、#else、#endif

条件编译预处理命令#ifdef 的形式如下:

```
#if    标识符 1
        程序段 1
#elif   标识符 2
        程序段 2
        ……
#elif   标识符 n
        程序段 n
#else
        缺省程序段
#endif
```

条件编译预处理语句不是 C 语句,它们不会被编译成执行代码。条件编译预处理的作用是指示编译器在进行编译处理时如何挑选 C 代码段进行编译处理。上面代码段的含义是:当条件表达式为非 0("逻辑真")时,编译对应程序段,否则编译缺省程序段。而且还需注意,#if 后面的条件表达式部分可以不要圆括号,用空格和#if 分开也可以,也可以像 if-else 语句中一样用圆括号把条件括起来。对于上面的代码段中出现的程序段可以包含任意条语句,且不需要用花括号括起来。

【例 9.5】 利用条件编译#if 实现选择星期六或者星期日作为活动日。

```
/* Name: ex0905.c */
#include <stdio.h>
#define ACTIVEDAY 1              //第 3 行
int   main( )
{
    #if ACTIVEDAY                //第 6 行
        printf("%s\n","星期六为活动日");
    #else
        printf("%s\n","星期天为活动日");
    #endif
    return   0;
}
```

在上面程序中,第 3 行含有宏定义"#define ACTIVEDAY 1",则第 6 行#if 条件表达式运算结果为真,编译器将第 7 行的 C 语句编译处理成执行代码,实际编译处理的 C 程序形式如下:

```
#include <stdio.h>
int   main( )
{
    printf("%s\n","星期六为活动日");
    return   0;
}
```

程序运行结果为:

星期六为活动日

如果期望输出星期天为活动日的信息,只需将对宏 ACTIVEDAY 的定义改为:

```
#define ACTIVEDAY 0
```

9.3.2 #ifdef 和#ifndef

1.#ifdef 编译预处理语句

#ifdef 预处理语句的基本使用格式是:

```
#ifdef   标识符
```

　　　　　　　程序段1

　　　#else

　　　　　　　程序段2

　　　#endif

上面预处理代码段的含义是:如果"标识符"已经被#define命令定义过,则编译程序段1,否则编译程序段2,使用时需要注意的问题与#if序列相同。

【例9.6】 编程求解表达式$2^3+3^4+4^5$的值。

```
/* Name: ex0906.c */
#include <stdio.h>
#define    TEST              //第3行
int power(int x,int y);
int    main()
{
    printf("M=%d\n",power(2,3)+power(3,4)+power(4,5));
    return 0;
}
int power(int x, int y)
{
    int k,g=1;
    for(k=1;k<=y;k++)
    {
        g=g*x;
#ifdef    TEST              //第16行
        printf("k=%d,g=%d\n",k,g);
#endif
    }
    return g;
}
```

程序中第3行定义了宏:#define　TEST,第16行语句是条件编译指令,用于判断程序中是否定义过宏名TEST。如果前面定义过宏名TEST,则用于调试的输出语句(第17行)被编译进执行代码中,程序执行时将输出中间变量k和g的值;否则不会编译此调试语句,也不会输出中间变量k和g的值。

程序调试过程结束后,把第3行的宏定义改为注释语句,使得调试用的输出语句失效。当再需要使用调试语句时,只要去掉第3行的注释符号即可重新启用宏定义命令,恢复所有的调试输出语句。

2.#ifndef编译预处理语句

#ifndef预处理语句的基本使用格式是:

```
#ifndef   标识符
          程序段 1
#else
          程序段 2
#endif
```

上面预处理程序段的意思是:如果没有用#define 预处理语句定义过"标识符",则编译程序段 1,否则编译程序段 2。注意,#ifndef 后面的标识符部分不需要圆括号,仅需用空格和#ifdef 分开即可。通过比较发现,#ifndef 编译预处理的含义与#ifdef 刚好相反。

习题 9

一、单项选择题

1.C 系统对宏定义的处理工作是在( )。

  A.程序进行编译时进行的   B.程序进行连接时进行的

  C.程序运行时进行的   D.程序编译之前进行的

2.下面关于宏定义的叙述中,不正确的是( )。

  A.宏替换不占用运行时间   B.宏名没有类型

  C.宏替换仅仅是字符替换   D.宏名必须用大写字母表示

3.C 语言中,若要在源程序文件结束之前提前撤销宏定义,应使用( )。

  A.#infdef   B.#endif

  C.undefine   D.#undef

4.C 语言中,以下说法中正确的是( )。

  A.#define 和 printf 都是 C 语句   B.#define 是 C 语句,而 printf 不是

  C.printf 是 C 语句,但#define 不是   D.#define 和 printf 都不是 C 语句

5.#inlucde <mycode.h>是一条( )。

  A.文件包含预处理命令   B.宏定义预处理语句

  C.条件编译预处理命令   D.C 语句

6.设有宏定义:#define NU 123,则 printf("The NU is %\n",NU);被处理成( )。

  A.printf("The NU is %\n",123);   B.printf("The 123 is %\n",123);

  C.printf("The 123 is %\n",NU);   D.printf("The NU is %\n",NU);

7.设 C 程序中有宏定义:#define fun(x,y) 2*x+1/y,则按 fun((2+1),1+4) 调用该宏后,得到的值为( )。

  A.10   B.11

  C.5.2   D.6.2

8.下列宏定义在任何情况下计算平方数都不会引起歧义的是( )。

  A.#define Power(x) x*x   B.#define Power(x) ((x)*(x))

  C.#define Power(x*x)   D.#define Power(x) (x)*(x)

9.设有如下所示程序,程序执行后输出的结果是(   )。

```
#include <stdio.h>
#define MA( x )  x * ( x-1 )
void main( )
{    int a=1,b=2;
     printf("%d \n",MA(1+a+b)) ;
}
```

A.10   B.12

C.8   D.16

10.下面程序的执行结果是(   )。

```
#include <stdio.h>
#define DEBUG
void main( )
{    int a=14,b=15,c;
     c=a/b;
#ifdef DEBUG
     printf("a=%d,b=%d,",a,b) ;
#endif
     printf("c=%d\n",c) ;
}
```

A.a=14,b=15,c=0   B.a=14,c=0

C.b=15,c=0   D.c=0

二、填空题

1.C 程序中的预处理命令并不是 C 语句,其特点是用_____开始,_____用分号“;”作为语句的结束标志。

2.在定义代参数的宏定义时最好将宏定义中_____中出现的形式参数用_____括起来。

3.下面的程序段执行后,变量 k 的值为_____。

```
#define WIDTH 80
#define LEN ( WIDTH+40)
int k=LEN * 2;
```

4.下面的程序段执行后,数组 a 有_____个元素,最后一个元素是_____。

```
#define N 3
#define M N+2
float a[ M ][ N ];
```

5.下面的程序实现的功能是:计算半径为 r 的圆周长、圆面积和球体积。请完善程序。

```
#include <stdio.h>
```

```
_____
int main( )
{
    double len, r, s, v;
    printf("input the radus r: ");
    scanf("%lf", &r);//
    len = 2.0 * PI * r;
    s = PI * r * r;
    v = 4.0/3 * (_____);
    printf("len = %.4f\ns = %.4f\nv = %.4f\n", len, s, v);
    return 0;
}
```

6.下面程序实现的功能是:求出 x 的 y 次方值。请完善程序。

```
#include <stdio.h>

_____
int main( )
{
    int x = 2, y = 3;
    printf("%d\n", (int)pow(x, y));
    return 0;
}
```

三、阅读程序题

1.阅读下面的程序,写出程序的运行结果。

```
#include<stdio.h>
#define M 3
#define N (M+1)+2
#define MM N * N/4
int main( )
{
    printf("5N = %d\n", 5 * N);
    printf("MM = %d\n", MM);
    return 0;
}
```

2.阅读下面的程序,写出程序的运行结果。

```
#include<stdio.h>
#define W 2.5+2
#define T(x) W * x * 2
```

```c
int main()
{
    int x = 1, y = 2;
    printf("%f\n", T(x+y));
    return 0;
}
```

3.阅读下面的程序,写出程序的运行结果。

```c
#include<stdio.h>
#define Min(x,y) (x)<(y)? (x):(y)
#define Max(x,y) x<y? x:y
int main()
{
    int a = 2, b = 4, c = 27, d = 15, t, m;
    t = Min(c-b, a*d);
    m = Max(c+d, a*b);
    printf("t=%d,m=%d\n", t, m);
    return 0;
}
```

4.阅读下面的程序,写出程序的运行结果。

```c
#include<stdio.h>
#define f(x) x*x
int main()
{
    int a = 6, b = 2, c;
    c = f(a)/f(b);
    printf("%d\n", c);
    return 0;
}
```

5.阅读下面的程序,写出程序的运行结果。

```c
#include<stdio.h>
#define ADD(x) x+x
int main()
{
    int m = 1, n = 2, k = 3;
    int sum = ADD(m+n) * k;
    printf("sum=%d\n", sum);
    return 0;
}
```

6.阅读下面的程序,写出程序的运行结果。

```c
#include<stdio.h>
#define LETTER 0
int main( )
{
    char str[100]="C Programming Language",c;
    int i;
    i=0;
    while((c=str[i])!='\0')
    {
        i++;
        #if LETTER
        if(c>='a'&&c<='z')
            c=c-32;
        #else
        if(c>='A'&&c<='Z') c=c+32;
        #endif
        printf("%c",c);
    }
    printf("\n");
    return 0;
}
```

四、程序设计题

1.定义一个能够实现两个整型数据交换的带参数宏定义 Swap(x,y),并利用该宏定义实现两个长度相同的整型数组所有元素值的交换。

2.定义一个含 3 个参数的带参数宏定义,利用该宏定义实现已知三边求三角形面积的功能。

3.定义一个能够判定字符 c 是否是英语字母的宏 isALPHA(c),并利用该宏定义统计文本文件 data.txt 中英文字母的个数。

4.定义一组宏用于实现英语字母的大小写互换,这组宏包含:判断是否是大写字母的宏 IsUp,判断是否是小写英文字母的宏 IsLow,字母转换为大写的宏 toUp,字母转换为小写字母的宏 toLow。用字符串数据测试这些宏。

5.定义一个带参数宏,实现从三个数中找出最大数的功能。

6.编程利用宏定义和条件编译方法实现功能:输入一行英文字母,可以任选两种方式输出,一为原文输出;二为密码方式输出(密码的编写方式是将字母变成为它的下一个字母,如 a 变成 b,其他非字母字符不变)。

第 10 章　结构体和联合体

在计算机应用问题的处理中,常常需要将不同类型数据组合起来统一处理,如一个学生的信息包括:学号、姓名、年龄、性别、成绩。这些既属于不同类型、又相互之间具有关联的数据,无法用前面已经讨论过的简单变量或数组进行描述。C 语言中通过结构体数据类型来适应这种对数据描述的需求。

10.1　结构体类型的定义和使用

结构体类型是构造类型的一种,是在程序中使用基本数据类型自定义的一种数据类型,其成员可以包含多个相同或不同数据类型的变量。要使用结构体类型,必须要定义结构体数据类型的变量。

10.1.1　结构体类型和结构体变量的定义

结构体类型定义的一般形式为:

```
struct 结构体名
{
        数据类型名    结构体成员 1；
        数据类型名    结构体成员 2；
                ⋮
        数据类型名    结构体成员 i；
                ⋮
        数据类型名    结构体成员 n；
};
```

在结构体类型的定义形式中,各组成成分的意义如下:

①struct 是结构体声明的关键字,不能省略。"struct　结构体名"为结构体数据类型名字,使用结构体类型名才能在程序中定义结构体变量。

②结构体名是一个标识符,命名是既要考虑其名字的含义,又必须要符合标识符的命名规则。

③"数据类型名　结构体成员 i；"指定了结构体类型中的一个结构体成员,结构体成员必须像以前的变量定义一样进行说明,成员名的命名规则与变量名相同,要符合标识符的命名原则。

④结构体类型定义语句是一条完整的 C 语句,所以结构体类型的声明要用";"作为结束符。

例如,描述学生信息的结构体可以如下定义:

```
struct student
{
    int num;                /*学号*/
    char name[20];          /*姓名*/
    char sex;               /*性别*/
    int score[5];           /* 5门课程的成绩 */
};
```

在这个结构体类型定义示例中,结构体数据类型的名字为:struct student;该结构体数据类型由4个成员组成:第一个成员名为 num,是一个整型变量;第二个成员名为 name,是一个字符数组(字符串);第三个成员名为 sex,是一个字符变量;第四个成员为 score,是一个含有5个元素的整型数组。

在程序中定义好结构体类型后,还需要定义变量才能使用这个结构体类型。在C程序中,可以使用下面三种方法来定义结构体类型变量:

- 先定义结构体数据类型,然后定义该数据类型的变量。

```
struct 结构体名
{
    成员列表;
};
struct 结构体名 变量列表;
```

例如,上面已经定义了结构体数据类型 struct student,则C语句:

```
struct student stu1,stu2;
```

定义 struct student 结构体类型的变量 stu1 和 stu2。

- 定义结构体数据类型的同时定义结构体类型变量。

```
struct 结构体名
{
    成员列表;
}变量列表;
```

例如,下面的C语句序列在定义结构体数据类型 struct student 的同时定义了结构体变量 stu3 和 stu4。

```
struct student
{
    int num;
    char name[20];
    char sex;
    int score[5];
}stu3,stu4;
```

- 省略结构体名,直接定义结构体变量。其一般形式为:

```
struct
{
     成员列表;
}变量列表;
```

例如,下面的 C 语句序列直接定义了结构体变量 stu5 和 stu6。

```
struct
{    int num;
     char name[20];
     char sex;
     int score[5];
}stu5,stu6;
```

使用前两种方法时,都定义了完整的结构体数据类型,在程序中都可以使用该结构体数据类型名来定义另外的变量。使用第三种方法,由于没有定义完整的结构体类型(即该定义后没有结构体数据类型的名字),在程序中仅能使用同时定义的那几个变量,不能再定义另外的变量。

在结构体数据类型和结构体变量定义和使用过程中,还需要注意以下几点:

①结构体类型和结构体变量是两个不同的概念,不能混淆。结构体类型只是描述一个结构体数据类型的形式,编译系统并不对它分配内存空间。只有定义结构体类型变量时,系统才为该变量分配存储空间。

②结构体变量的存储长度为各成员长度之和。在程序中常用 sizeof 运算符获取,如 sizeof(stu1)、sizeof(struct student)等。

③使用结构体变量时,一般不能将它作为一个整体来使用,只能使用结构体变量的各成员分量。

④结构体成员名字既可以与程序中其他变量名相同,也可以与其他结构体类型中的成员名相同。

⑤为使用方便,常用#define 定义一个符号常量(宏定义)来代表一个结构体类型。例如,有宏定义为:

```
#define STUDENT struct student
```

则在程序此后的代码中,可以使用宏名字 STUDENT 表示 struct student。下面两条 C 语句表示了同样的意义:

```
STUDENT stu1,stu2;//定义 struct studeng 类型变量 stu1 和 stu2
struct student stu1,stu2;//定义 struct studeng 类型变量 stu1 和 stu2
```

⑥结构体成员也可以是一个其他类型的结构体变量,即该成员的数据类型是另外一个结构体类型,这种情况称为结构体类型的嵌套定义。例如,下面代码段描述了结构体嵌套定义的一个示例:

```
struct date              //定义结构体数据类型 struct date
{
     int year;
```

```
    int month;
    int day;
};
struct Student          //定义结构体数据类型 struct student
{
    int num;
    char name[20];
    struct date birthday;/* birthday 的数据类型为 struct date */
    char sex;
    int score[5];
};
```

10.1.2 typedef 关键字的简单应用

C 语言中提供了一个关键字 typedef,使用 typedef 可以给已有的数据类型声明一个别名,也可以根据需要构造复杂的数据类型。

1.使用 typedef 为数据类型取别名

声明别名的一般形式为:

```
typedef 数据类型 别名;
```

例如,typedef int INTEGER;就为系统内置数据整型(int)类型取了另外一个名字 INTE-GER。此后,int j,k;和 INTEGER j,k;的意义相同。

在定义结构体类型时,为了描述结构体类型对应的意义,常常使用比较长的数据类型名。可以使用 typedef 为结构体数据类型取一个方便程序中使用的别名。例如,可以通过如下 C 语句为前面定义好的结构体数据类型 struct student 取别名:

```
typedef struct student STU;
```

对于结构体这种自定义类型,还可以在定义数据类型的时候就同时为其取别名。例如,下面的代码段就在定义结构体数据类型 struct student 的同时为其取别名 STU:

```
typedef struct student
{
    int num;
    char name[20];
    char sex;
    int score[5];
}STU;
```

结构体类型 struct student 取别名后,下面两种定义结构体变量的意义相同:

```
STU stu1,stu2,stu3;
struct student stu1,stu2,stu3;
```

typedef 与#define 有相似的地方,但二者是不同的,前者是由编译器在编译时处理的;

后者是由编译器在编译预处理时处理的,而且只能作简单的字符串替换。

2.使用 typedef 构造复杂数据类型

使用 typedef 还可以构造复杂结构的数据类型,由于不同的应用环境对复杂结构数据的要求不同,所以使用 typedef 关键字构造复杂结构数据没有统一的形式,在应用程序中应该根据需要构造合适形式的数据类型。下面用几个示例演示复杂结构数据类型的构造方法。

【例 10.1】 用 typedef 构造指定长度的字符串(一维数组)数据类型。

```c
/* Name: ex1001.c */
#include <stdio.h>
#include <string.h>
typedef char String[100];        //构造了长度为 100 的字符串数据类型 String
int main()
{
    String s1,s2;                //定义字符串变量
    printf("Input string s1 & s2 :\n");
    gets(s1);
    gets(s2);
    puts(strcat(s1,s2));         //连接字符串
    return 0;
}
```

【例 10.2】 用 typedef 构造指定行数和列数的二维数组类型。

```c
/* Name: ex1002.c */
#include <stdio.h>
#include <stdlib.h>
#include <time.h>
#define N 5
#define M 6
typedef int arr[N];         //构造了长度为 N 的一维数组类型,数据类型名为:arr
typedef arr Array[M];       //构造了行数为 M 的二维数组类型,数据类型名为:Array
int main()
{
    Array a;                //定义一个 M 行 N 列的二维数组 a
    int i,j;
    srand(time(NULL));
    for(i=0;i<M;i++)
        for(j=0;j<N;j++)
            a[i][j]=rand()%100;
```

```
        for(i=0;i<M;i++)
        {
            for(j=0;j<N;j++)
                printf("%5d",a[i][j]);
            printf("\n");
        }
        return 0;
}
```

【例 10.3】 用 typedef 构造指针数据类型。

```
/* Name: ex1003.c */
#include <stdio.h>
typedef int *IP;          //构造了一级整型指针数据类型,类型名为 IP
typedef IP *IIP;          //构造了二级整型指针数据类型,类型名为 IIP
int main()
{
    int x=100;
    IP p=&x;              //定义一级指针变量 p
    IIP p1=&p;            //定义二级指针变量 p1
    printf("%d,%d,%d\n",x,*p,**p1);
    return 0;
}
```

10.1.3　结构体变量的使用方法

在 C 程序中,定义了结构体类型后还需要定义该类型的变量才能使用,结构体变量是一个组合形式的变量,一个结构体变量中包含了若干个成员分量。

1.结构体变量的初始化

与普通变量一样,定义结构体类型变量的同时也可以进行初始化。按照所定义的结构体类型各成员的数据类型,依次写出各初始值,在编译时将这些值依次赋给该结构体变量的各成员。结构体变量初始化的一般形式为:

struct 结构体名 变量名={结构体变量成员值列表};

例如,对于前面已有结构体数据类型 struct Student,则下面的 C 语句在定义结构体类型变量 s1 的同时对其进行了初始化操作:

struct Student s1={20161234, "LiMing",1999,12,30,'m', 98,78,99,100,88};

对于含有结构体嵌套的变量进行初始化时,也可以把内层结构体中的所有成员数据用一对花括号括起来,上述初始化也可以写成:

struct Student s1={20161234, "LiMing",{1999,12,30},'m', 98,78,99,100,88};

结构体变量在初始化时类似于一维数组的初始化。唯一的区别是数组中各元素类型相同,结构体变量中各成员类型可以不同,初始化时每个成员值必须与各成员所定义的数据类型一致,并不能对某些成员缺省赋值。

2.结构体变量的引用

结构体变量的操作方法与操作数组类似,通过对其中的每一个数据项的操作达到操作结构体变量的目的。对于结构体变量中每一个成员的引用要使用成员运算符(点运算符)以构成结构体成员分量,成员运算符"."是优先级别最高的运算符,结合方向为从左到右。结构体成员分量的一般形式为:

　　　　结构体变量名.成员分量名

例如,s1.name、s1.sex 等。

对于嵌套的结构体类型变量,访问其成员时应采用逐级访问的方法,直到获得所需访问的成员为止。只能对最后一级的成员进行赋值、输入、输出或其他运算。其形式为:

　　　　结构体变量名.一级成员分量名.二级成员分量名…

例如,s1.birthday.year、s1.birthday.month、s1.birthday.day 等。

3.结构体变量的输入输出

C 语言不允许把一个结构体变量作为一个整体进行输入或输出操作,只能对结构体变量中的各个成员分别进行输入和输出。对结构体变量成员输入输出操作时应该特别注意对应成员的数据类型,例如下面的语句序列:

```
scanf("%s,%d,%d ",s1.name,&s1.num,&s1.score[0]);
printf("%s,%d,%d\n ",s1.name,s1.num,s1.score[0]);
gets(s1.name);
puts(s1.name);
```

对结构体变量的成员可以像普通变量一样进行各种运算,当两个结构体变量同类型时,可以将一个结构体变量作为一个整体赋值给另外一个结构体变量。例如,下面的 C 语句序列将结构体变量 s1 赋值给同类型结构体变量 s2:

```
struct Student s1 = {20161234, "LiMing",1999,12,30,' m', 98,78,99,100,88};
struct Student s2=s1;      /* 将结构体变量 s1 赋值给同类型结构体变量 s2 */
```

【例 10.4】　结构体变量的输入/输出示例。

```
/ * Name: ex1004.c * /
#include <stdio.h>
typedef struct stu
{
    int no;
    char name[13];
    char sex;
    float score;
}STUDENT;
int main()
```

```
{
    STUDENT stu1,stu2;
    stu1.no = 102;
    printf("请输入姓名:");
    gets(stu1.name);
    printf("请输入性别和成绩:");
    scanf("%c,%f",&stu1.sex,&stu1.score);  //注意成员分量的数据类型
    stu2 = stu1;
    printf("学号:%d\n 姓名:%s\n",stu2.no,stu2.name);
    printf("性别:%c\n 成绩:%.2f\n",stu2.sex,stu2.score);
    return 0;
}
```

程序运行时,通过赋值语句给 stu1 的学号部分赋值,通过格式化输入函数的调用为 stu1 的其他部分输入值;然后将 stu1 变量直接赋值给 stu2,最后输入 stu2 变量的所有成员值。程序一次运行过程和执行结果为:

请输入姓名:zhang san　　//输入数据

请输入性别和成绩:f,99　　//输入数据

学号:102

姓名:zhang san

性别:f

成绩:99.00

4.结构体变量作函数的参数

与基本数据类型的变量一样,结构体类型变量和结构体类型变量的成员都可以作为函数的参数在函数间进行传递,数据的传递仍然是"值传递方式"。使用结构体类型变量作为函数参数时,被调函数的形参和主调函数的实参都是结构体类型的变量,而且属于同一个结构体类型。使用结构体类型变量的成员作为函数参数时,其中被调函数中的形参是普通变量,而主调函数中的实参是结构体类型变量中的一个成员,并且形参和实参的数据类型应该对应一致。

【例 10.5】　利用结构体变量作函数参数,实现计算某学生 3 门课程平均成绩的功能。

```
/* Name: ex1005.c */
#include <stdio.h>
typedef struct stu
{
    int num;
    char name[13];
    float math;
    float english;
```

```
        float C_Language;
    }STUDENT;
    int main()
    {
        float Average(STUDENT stu);
        float ave;
        STUDENT stu={101,"Liping",85,70,88};
        ave=Average(stu);
        printf("该学生的平均成绩为%6.2f.\n",ave);
        return 0;
    }
    float Average(STUDENT stu)
    {
        float ave=0;
        ave+=stu.math;
        ave+=stu.english;
        ave+=stu.C_Language;
        ave/=3;
        return ave;
    }
```

　　程序中定义了函数 Average,函数具有一个结构体类型 STUDENT 形式参数。函数被调用时,为其形式参数 stu 在内存中开辟存储空间,将实参结构体变量 stu 的所有成员依次拷贝给形参 stu。由于仍然是实现的数值参数传递,所以在被调函数中仍然不能修改主调函数中的实参值。程序的执行结果是:该学生的平均成绩为 81.00。

　　5.结构体作函数的返回值类型
　　在 C 程序中定义结构体数据类型后,同一程序中也可以用该结构体数据类型作为函数的返回值类型。函数的返回值类型是结构体类型时,函数执行完成后返回的就是一个结构体数据,称这种函数为返回结构体类型的函数。其函数定义的一般形式为:

```
    struct 标识符 函数名(形式参数表及其定义)
    {
        //函数体
    }
```

　　【例 10.6】　已知某学生几门课程的成绩,利用返回结构体类型函数实现统计总成绩功能。

```
/* Name: ex1006.c */
#include <stdio.h>
typedef struct stu
```

```
    {
        int num;
        char name[13];
        int math;
        int english;
        int C_Language;
        int sum;
    }STUDENT;
int    main()
    {
        STUDENT stu = {101,"LiMing",75,95,88,0};
        STUDENT count(STUDENT stu);
        stu = count(stu);
        printf("该学生的总成绩为:%d\n",stu.sum);
        return 0;
    }
STUDENT count(STUDENT stu)
    {
        stu.sum = stu.math+stu.english+stu.C_Language;
        return stu;
    }
```

函数 count 通过形式参数结构体变量 stu 接收主调函数传递过来的结构体类型数据值,计算出其成员分量 stu.sum 的值,并将该值作为函数的执行结果返回给主调函数。程序执行的结果是"该学生的总成绩为:258"。

10.2 结构体数组

元素由结构体类型数据构成的数组称为结构体数组。结构体数组中的每一个数组元素都是结构体变量。结构体数组在实际中应用非常广泛,如一个班级全体学生的信息,一个学校全体教师的信息等。

10.2.1 结构体数组的定义和数组元素的引用

定义结构体数组的方式与定义结构体变量相同,也有 3 种方法,分别是:先定义结构体类型然后定义结构体数组;在定义结构体类型的同时定义结构体数组;只定义某种结构体类型的数组。在定义结构体数组的同时还可以定义同类型的结构体变量。下面是这 3 种定义方式的示例:

```
struct person                struct person                struct
{                            {                            {
    char name[20];               char name[20];               char name[20];
    int count;                   int count;                   int count;
};                           }p1[30],p2[100];             }p1[30],p2[100];
struct person p1[30],p2[100];
```

结构体数组各元素首先以数组的形式在系统内存中连续存放,其中的每一数组元素的成员分量则按类型定义中出现的顺序依次存放,结构体数组也可以进行初始化。初始化的一般形式是:

$$struct\ 结构体名\ 数组名[长度]=\{初始化数据列表\};$$

在对结构体数组进行初始化时,由于结构体数组元素(结构体变量)一般总是由若干不同类型的数据组成的,而且结构体数组又由若干个结构体变量组成,所以结构体数组初始化形式与较它高一维的普通数组初始化形式类似。例如,对一维结构体数组的初始化就类似于普通二维数组的初始化,初始化中的注意事项也与二维普通数组初始化时相同或类似。设有结构体类型定义如下:

```
typedef struct person
{
    char name[20];
    int count;
}PER;
```

那么,下面两种初始化形式表达了同样的意义:

```
PER per[3]={"Zhang",0, "Wang",0, "Li",0};          //单行初始化形式
PER per[3]={{ "Zhang",0},{"Wang",0},{"Li",0}};     //分元素初始化形式
```

结构体数组一般情况下也不能作为整体操作,也必须通过操作数组的每一个元素达到操作数组的目的。由于一个结构体数组元素就相当于一个结构体变量,结构体数组元素需要用下标变量的形式表示。将引用数组元素的方法和引用结构体变量的方法结合起来就形成了引用结构体数组元素成员分量的方法,其一般形式为:

数组名[下标].成员名

例如,per[2].name、per[2].count 等。

同样也不能将结构体数组元素作为一个整体直接进行输入输出,也需要通过输入输出数组元素的每一个成员分量达到输入输出结构体数组元素的目的。对结构体数组元素操作的唯一例外是可以将结构体数组元素作为一个整体赋给同类型数组的另外一个元素,或赋给一个同类型的结构体变量。

【例10.7】 结构体数组操作(数组元素引用、数组元素的输入输出)示例。

```
/* Name: ex1007.c */
#include <stdio.h>
```

```
#include <stdlib.h>
#define N 3
typedef struct person
{
    char name[20];
    int count;
}PER;
int main()
{
    PER per[N];
    char in_buf[20];
    int i;
    for(i=0;i<N;i++)
    {
        printf("为数组元素 per[%d]输入数据:\n",i);
        gets(per[i].name);
        gets(in_buf);
        per[i].count=atoi(in_buf);
    }
    printf("以下是输出数据:\n");
    for(i=0;i<N;i++)
    {
        printf("per[%d].name=%s, ",i,per[i].name);
        printf("per[%d].count=%d\n",i,per[i].count);
    }
    return 0;
}
```

10.2.2 结构体数组作函数的参数

结构体数组作为函数参数与普通数组作为函数参数相似,传递的也是数组的地址。如果需要把整个实参结构体数组传递给被调函数中的形参结构体数组,可以使用实参结构体数组的名字或者实参结构体数组第一个元素(0 号元素)的地址;如果需要把实参结构体数组中从某个元素值后的部分传递给被调函数中的形参结构体数组,则使用实参结构体数组某个元素的地址。结构体数组作为函数参数时,实参数组与形参数组之间的关系如图 10.1所示。

//结构体类型定义
```
struct A
{   int x;
```

```
    char c;
};
```

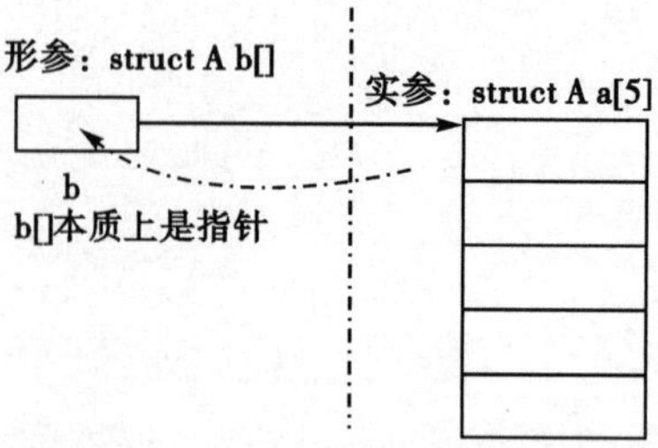

形参: struct A b[]　　实参: struct A a[5]

b
b[]本质上是指针

图 10.1　结构体数组作函数参数时实参与形参的关系

【例 10.8】　编写程序实现功能:统计并输出年龄在 18 岁以上的学生人数。

```
/ * Name: ex1008.c */
#include <stdio.h>
#define N 3
typedef struct stu_type
{
    char no[13];
    char name[20];
    int age;
}STUDENT;
int main()
{
    int count(STUDENT st[]);
    int i,sum=0;
    STUDENT stu[N];
    printf("请依次输入学生数据信息:\n");
    for(i=0;i<N;i++)
    {
        gets(stu[i].no);
        gets(stu[i].name);
        scanf("%d",&stu[i].age);
        getchar();          //本语句用于处理掉 scanf 函数输入时的换行符
    }
    sum=count(stu);      //函数调用语句
    printf("年龄大于 18 岁的学生人数有:%d 人.\n",sum);
    return 0;
}
int count(STUDENT st[])
```

```
{
    int sum=0;
    int i;
    for(i=0;i<N;i++)
        if(st[i].age>=18)
            sum++;
    return sum;
}
```

count 函数使用结构体类型数组 st 作为形式参数,函数调用时接收从主函数传递过来的结构体数组 stu 的起始位置。count 函数执行过程中通过使用形参数组名 st 直接操作主调函数中的实际参数数组 stu。程序一次执行过程和结果如下:

请依次输入学生数据信息:

20141001　　　//以下是输入数据

李胜男

18

20141002

张杰

17

20141003

魏小杰

19

年龄大于 18 岁的学生人数有:2 人。　　　//输出数据

10.3　结构体数据类型与指针的关系

指针可以指向普通变量,也可以指向结构体变量,还可指向结构体数组。本节主要讨论结构体数据类型的变量、数组和指针的关系。

10.3.1　结构体类型变量与指针的关系

指向结构体变量的指针变量叫结构体类型指针变量,其定义方式、使用方法与指向基本变量的方法相同。其定义形式为:

struct 结构体名　　*结构体指针变量;

例如:若已定义结构体类型 struct Student,则 struct Student　* ptr;定义了一个 struct student 类型的指针变量 ptr。

要使结构体指针变量指向某个结构体变量,其基本形式为:

结构体指针变量=& 结构体变量;

例如,下面的 C 语句段:

struct Student stu, * ptr;

ptr=&stu;

也可以在定义结构体类型指针变量的同时对其初始化,例如:

  struct Student stu, * ptr = &stu;

通过指向结构体变量的指针变量访问结构体变量成员使用如下形式:

  (* 结构体指针变量).结构体成员;

例如:(* ptr).name、(* ptr).sex 等。

在使用指向结构体变量的指针来引用结构体变量时,注意括住指针变量引用形式的圆括号是必不可少的,如(* ptr)。因为成员符".″的优先级高于" * "。如果去掉括号写作 * ptr.sex 则等价于 * (ptr.sex),这样意义就完全不对了。由于用结构体类型指针变量表示结构体变量成员时,表达式形式非常容易错写为: * 指针变量.成员名,为了使得表达式更清晰且不容易误写,C 语言提供了指向运算符"->",对通过指针变量访问结构体变量成员给出了一种简洁的表示形式:

  结构体指针变量->成员;

例如:(* ptr).sex 和 ptr->sex 表达了同样的结构体成员分量。

使用结构体指针变量时还需要特别注意,结构体变量的地址与结构体变量成员的地址是不同的。例如,有定义:struct Student stu2, * ptr;,则使用指针变量 ptr 即可指向结构体变量 stu2,但结构体变量成员 stu2.sex 在示例结构体类型中是一个字符类型变量,不能被结构体类型指针指向,而只能使用字符类型指针变量存放它的起始地址。

【例 10.9】 已知某学生 3 门课程的成绩存放在一个结构体变量中,请设计一个独立的函数计算该学生的平均成绩,要求函数使用结构体指针变量做函数的形式参数。

```c
/* Name: ex1009.c */
#include <stdio.h>
typedef struct stu
{
    int num;
    char * name;
    float math;
    float english;
    float C_Language;
} STUDENT;
int main()
{
    float Average(STUDENT * s);
    float ave;
    STUDENT stu = {101,"Li ping",85,70,88};
    ave = Average(&stu);
    printf("该学生的平均成绩为%6.2f\n",ave);
    return 0;
}
float Average(STUDENT * s)
```

```
{
    float ave=0;
    ave+=s->math;
    ave+=s->english;
    ave+=( * s).C_Language;
    ave/=3;
    return ave;
}
```

Average 函数中使用结构体指针变量 s 作为形式参数,函数被调用时该指针变量指向实参结构体变量 stu,函数中分别使用了 s->math 和(* s).C_Language 两种表达形式操作了指针变量指向的结构体数据的成员。程序执行的结果是:该学生的平均成绩为 81.00。

10.3.2　结构体类型数组与指针的关系

定义结构体类型指针变量后,既可以使用该指针变量指向结构体数组元素,也可以使用其指向结构体数组,该指针变量的值有两种情况:当该指针变量指向结构体数组元素时,表示该结构体数组元素的地址;当该指针指向结构体数组时,表示该结构体数组的首地址。

例如,有如下所示的 C 语句序列:

```
struct A
{   char c;
    int x;
};
struct A a[5], * p1, * p2;
p1=&a[2];
p2=a;
```

则结构体指针变量 p1 指向结构体数组元素 a[2],其关系如图 10.2 所示。当需要表示指针变量所指向的数组元素值时,使用星号(*)运算符。此时应该注意到被指针变量 p1 指向的结构体数组元素(结构体变量)本身是不能作为整体操作的,所以 * p1 也不能作为整体操作。如果要使用 p1 指针为其指向的结构体数组元素 a[2]的成员 x 赋值时,可以使用如下所示的两种形式:

```
( * p1).x=100;
p1->x=100;
```

如果结构体指针变量(例如,指针变量 p2)指向结构体数组,并且指针并没有移动,其关系如图 10.3 所示。此时可以使用 p2+i 的形式来表示结构体数组 i 号元素的地址,用 * (p2+i)来表示结构体数组的 i 号元素。此时如果要用指针变量来表示数组元素成员 x 的值,可以使用下面两种形式:

```
(p2+i)->x
( * (p2+i)).x
```

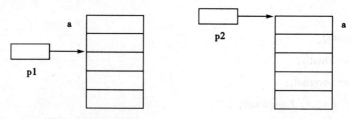

图 10.2　指针变量指向数组元素　　　图 10.3　指针变量指向数组

【例 10.10】　编写程序实现功能:统计并输出年龄在 18 岁以上的学生人数。

```c
/* Name: ex1010.c */
#include <stdio.h>
#define N 3
typedef struct stu_type
{
    char no[13];
    char name[20];
    int age;
}STUDENT;
int main()
{
    int count(STUDENT *p);
    void ptstu(STUDENT *s);
    int i,sum;
    STUDENT stu[N];
    STUDENT *p=stu;
    printf("请依次输入学生数据信息:\n");
    for(i=0;i<N;i++)
    {
        gets((p+i)->no);
        gets((p+i)->name);
        scanf("%d",&(p+i)->age);
        getchar();        //本语句用于处理掉 scanf 函数输入时的换行符
    }
    ptstu(stu);
    sum=count(p);        //函数调用语句
    printf("年龄大于 18 岁的学生人数有:%d 人。\n",sum);
    return 0;
}
int count(STUDENT *p)
```

```
    {
        int sum=0;
        int i;
        for(i=0;i<N;i++)
            if((p+i)->age>=18)
                sum++;
        return sum;
    }
    void ptstu(STUDENT * s)
    {
        int i;
        printf("下面是输出的学生信息数据:\n");
        for(i=0;i<N;i++)
            printf("%s %s %d\n",(s+i)->no,(s+i)->name,(*(s+i)).age);
        printf("\n");
    }
```

程序执行时,首先通过指向结构体数组 stu 的指针变量输入了结构体数组的数据,然后将数组传递到函数 ptstu 进行输出操作,操作时使用了两种通过指向结构体数组指针变量表示数组元素成员的方式:(s+i)->name 或(*(s+i)).age。程序一次执行过程和运行结果如下:

请依次输入学生数据信息:
20141001//以下是输入数据
李胜男
18
20141002
张杰
17
20141003
魏小杰
19
年龄大于 18 岁的学生人数有:2 人。   //输出数据

10.3.3 结构体类型的简单应用——单链表基本操作(*)

线性表是常见的一种数据逻辑结构,线性表各数据元素之间的逻辑结构可以用一个简单的线性结构表示出来,其特征是:除第一个和最后一个元素外,任何一个元素都只有一个直接前驱和一个直接后继;第一个元素无前趋而只有一个直接后继;最后一个元素无后继而只有一个直接前趋。单链表是一种链式存储结构,是处理线性表的常用的数据表示形式。

1.单链表使用的数据结构

单链表的数据元素称为结点。单链表的每个结点由两部分组成：一个是用于存储实际数据的存储区，称为数据域；另一个是用于提供链表的链接作用的指针，称为指针域。其结点结构如图 10.4 所示。

数据域	指针域

10.4　结点结构

在单链表的构造中，除第一个结点之外，其余每一个结点的存放位置由该结点的前驱在其指针域中指出。为了确定单链表第一个结点的存放位置，使用一个指针变量指向链表的表头，这个指针变量称作"头指针"。单链表的最后一个结点没有后继，为了表示这个概念，该结点的指针域赋值为空（NULL 或 ∧）。单链表的一般结构如图 10.5 所示。

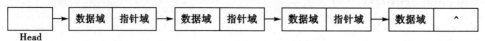

图 10.5　单链表的存储结构

常用的结点结构 C 语言描述方式如下：

```
typedef struct node
{
    elementtype data;
    struct node * next;
}NODE;
```

其中：elementtype 是某种用于表示结点数据域的数据类型，可以是基本数据类型或者是结构体之类的构造数据类型；NODE 是结点类型 struct node 的别名。

【例 10.11】　下面示例中的数据类型 NODE 定义如下：

```
/* 功能：构造示例程序使用的数据结构，存入头文件 ex1011.h */
typedef struct stu
{
    char name[20];
    double score;
    struct stu * next;
}NODE;
```

设计单链表基本运算实现程序需要使用存储分配和释放标准库函数，常用的是存储分配函数 malloc 和存储释放函数 free，这两个标准库函数的使用方法在 6.5.1 小节中已经讨论过，请读者自行参考。

2.单链表的构造

单链表的构造方法有两种：一种是将新结点添加到链表的头部，一种是将新结点添加到链表的尾部。下面程序段描述的是用第一种方法构造单链表。

```
/* Name: ex101101.c
    函数功能：通过将新结点添加到链表的头部方法构造单链表
*/
NODE * create(int n)/* 构造具有 n 个结点的单链表 */
```

```
{
    NODE  * p, * h;
    int i;
    char inbuf[10];
    h = (NODE  * )malloc(sizeof(NODE));        /* 创建单链表的头结点 */
    h->next = NULL;
    for(i = n;i>0;i --)
    {
        p = (NODE  * )malloc(sizeof(NODE));     /* 为每一个新结点分配存储 */
        gets(p->name);
        gets(inbuf);
        p->score = atof(inbuf);
        p->next = h->next;                 /* 将新建结点插入到单链表的头结点之后 */
        h->next = p;
    }
    return h;
}
```

在函数中首先创建单链表的头结点,构成一个空的单链表。然后根据所需要创建的链表长度,反复地依次为每一个结点分配存储空间、输入结点的数据、将新建的结点插入到单链表的头结点之后。

3.单链表的输出

单链表的输出实质上就是对某一头指针指向的单链表进行遍历,也就是将单链表中的每一个数据元素结点从表头开始依次处理一遍。下面程序段描述了单链表输出的基本概念。

```
/* Name: ex101102.c
    函数功能:遍历单链表
*/
void printlist(NODE  * h)
{
    NODE  * current = h;
    while(current->next! = NULL)
    {
        current = current->next;
        printf("%s\t%f\n",current->name,current->score);
    }
}
```

4.单链表上的插入运算

如果将一个新的结点插入链表中间的某个位置,其操作只需要如图 10.6 所示修改两个结点的指针域即可。

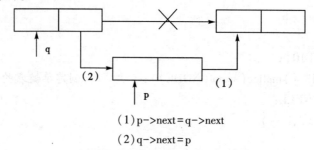

(1) p->next = q->next
(2) q->next = p

图 10.6　在单链表中插入新结点

实现在单链表上插入一个结点的基本过程如下：

①创建一个新结点；

②按要求寻找插入点；

③被插入结点的指针域指向插入点结点的后继结点；

④插入点结点的指针域指向被插入的结点。

下面的程序段描述带头结点的单链表中实现的插入结点运算。

```
/ *  Name: ex101103.c
      函数功能:在单链表指定位置插入结点
*/
void insertlist( NODE  * h,char  * s)
{
    NODE  * p, * old, * last;
    char inbuf[ 20] ;
    p = ( NODE  * ) malloc( sizeof( NODE) ) ;    / * 创建新结点 * /
    printf( "\tInput the data of the new node: \n") ;
    gets( p->name) ;
    gets( inbuf) ;
    p->score = atof( inbuf) ;
    last = h->next;/ * 按某种方法寻找新结点的插入位置 * /
    while( strcmp( last->name,s) ! = 0&&last->next ! = NULL)
    {
        old = last;
        last = last->next;
    }
    if( last->next ! = NULL)         / * 找到插入位置,插入新结点 * /
    {
        old->next = p;
        p->next = last;
    }
```

```
    else                    /* 未找到插入位置,新结点添加到链表末尾 */
    {
        last->next = p;
        p->next = NULL;
    }
}
```

在函数中首先创建被插入的新结点,然后通过对结点某一数据域(本例中为 name)进行比较,确定新结点的插入位置,最后将新建结点插入链表中。

5.单链表上的删除运算

在单链表中删除一个结点的实质就是将该结点从链表中移出,使得被删除结点的原后继结点成为被删除结点原前趋结点的直接后继,如图 10.7 所示。

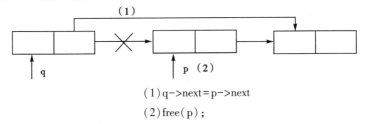

(1) q->next = p->next

(2) free(p);

图 10.7　在单链表中删除结点

删除结点被从链表中移出后,仍然占据存储单元,必须使用存储释放函数将其所占据的存储单元释放归还系统。

实现在单链表中删除一个数据元素结点的基本过程如下:

①查找被删除结点以及其前趋结点;

②被删除结点的前趋结点指针域指向被删除结点的直接后继结点;

③释放被删除结点。

下面程序段描述带头结点的单链表中实现的删除结点运算。

```
/* Name: ex101104.c
    函数功能:删除单链表上的指定结点
*/
void deletelist(NODE * h, char * s)
{
    NODE  * q = h, * p = h->next;
    while(strcmp(p->name, s) != 0&&p->next != NULL)      /* 定位被删除结点及
                                                            其前趋 */
    {
        q = p;
        p = p->next;
    }
    if(p->next != NULL)        /* 找到被删除结点则将其从链表中删去 */
```

```
        {
            q->next = p->next;
            free(p);
        }
        else      /* 找不到被删除结点则给出提示信息 */
        {
            printf("no this element! \n");
            getch();
        }
    }
```

在函数中首先按某种条件定位被删除结点和它的前趋结点,然后将被删除结点从链表中取出并释放其所占的存储空间。

6.单链表操作综合示例

上面分别讨论了单链表的最基本运算,可以将这些函数组织起来形成一个能够对单链表进行简单处理的程序,下面的示例展示了组织方法,请读者结合前面对单链表各种基本运算的介绍自行分析。

【例10.12】 带头结点单链表基本操作示例。要求设计一个简单的菜单,根据对菜单项的选择分别实现带头结点单链表的构造操作、插入操作、删除操作和输出操作。

```
/* Name: ex1012.c */
#include <stdio.h>
#include <stdlib.h>
#include <string.h>
#include <conio.h>
#include "ex0811.h"          //包含示例程序使用的数据结构
#include "ex081101.c"        //包含构造单链表函数源程序
#include "ex081102.c"        //包含遍历单链表函数源程序
#include "ex081103.c"        //包含单链表上插入结点函数源程序
#include "ex081104.c"        //包含单链表上删除结点函数源程序
int main()
{
    char chose, sname[20];
    int n;
    NODE * head = NULL;
    for(;;)
    {
        system("cls");;
        printf("1: Create the list.\n");
```

```
        printf("2：Insert element to the list.\n");
        printf("3：Delete element from the list.\n");
        printf("4：Print the list.\n");
        printf("0：Exit.\n");
        printf("\nChose the number：");
        chose=getchar();
        getchar();
        switch(chose)
        {
            case'1'：printf("Input the number of List：");
                    scanf("%d",&n);
                    getchar();
                    head=create(n);
                    break;
            case'2'：printf("Input the name for INSERT：");
                    gets(sname);
                    insertlist(head,sname);
                    break;
            case'3'：printf("Input the data for delete：");
                    gets(sname);
                    deletelist(head,sname);
                    break;
            case'4'：printlist(head);
                    printf("Enter any key for return menu.\n");
                    getch();
                    break;
            case'0'：exit(1);
            default：break;
        }
    }
    return 0;
}
```

10.4　联合体数据类型

在实际程序设计过程中,有时希望在不同的时刻能够把不同类型的数据存放在同一段内存单元中。例如,一个学校人员通用管理程序处理的数据中存在一项特殊的数据,该数据根据对应人员的职业不同而存放不同类型的数据,如是学生则取值为成绩等级,是教师则取值为职称,是职员则取值为职务等。C 语言通过使用联合体(共用体)数据类型来满足这一要求。

10.4.1 联合体数据类型的定义及联合体变量的引用

联合体(共用体)类型定义的一般形式为:

union 联合体名
{
      数据类型   成员项 1;
      数据类型   成员项 2;
            ⋮
      数据类型   成员项 n;
};

联合体类型的定义确定了参与共用存储区域的成员项以及成员项具有的数据类型。C 语言中还允许结构体、联合体以及数组等构造类型数据相互嵌套。定义联合体变量的形式与定义结构体变量完全相似,只是把关键字 struct 换成 union。也可以将类型定义和变量定义分开,或者直接定义联合体变量,有以下 3 种形式:

- 先定义联合体类型,然后定义联合体变量。

union 联合体名
{
      成员列表;
};
union 联合体名 变量列表;

- 定义联合体类型的同时定义联合体类型变量。

union 联合体名
{
      成员列表;
}变量列表;

- 不定义类型名直接定义联合体类型变量。

union
{
      成员列表;
}变量列表;

例如,有如下所示 C 程序代码段:

```
union test
{
    int a;
    double b;
}key;
```

定义了一个联合体类型 union test 和一个该联合体类型的变量 key。

与结构体类型变量处理类似，联合体变量不能直接进行操作处理，也只能通过操作它的成员达到操作它的目的。引用联合体变量成员的方式与引用结构体变量成员的方式相似，一般形式如下：

　　　联合体类型变量名.成员名；

特别值得注意的是：一个联合体类型变量不是同时存放多个成员的值，而只能完整地存放一个成员项的值，这个值就是该联合体变量最后一次赋值后所具有的内容。

例如：有如下语句序列：

　　　union test key；

　　　key.a = 100；

　　　key.b = 40000.123；

那么，联合体变量 key 中只有一个值，那就是 key.b 的值。

使用联合体变量时，由于存放入联合体变量中的值只可能是若干个成员值中的一个，所以一般情况下，对联合体变量都不会进行初始化。如果非要对联合体变量初始化，则注意只能对联合体变量的第一个成员分量进行初始化。请比较下面两个程序段：

```
//正确的联合体变量初始化形式
union test
{
    int a;
    double b;
};
union test key = {100};
```

```
//错误的联合体变量初始化形式
union test
{
    int a;
    double b;
};
union test key = {100,123.456};
```

可以定义指向联合体变量的指针，进而通过指针使用联合体变量。例如：

　　　union test key, * ptr；

　　　ptr = &key；

　　　ptr->a = 100；

　　　ptr->b = 40000.123；//或者（ * ptr）.b = 40000.123；

只有在两个同类型的联合体类型变量之间才可以直接赋值。例如：

　　　union test key, x；

　　　key.a = 100；

　　　x = key；

上述操作后，x.a 的值为 100。

【例 10.13】　在人事数据管理中，对"职级"数据项处理方式如下：如类别是工人则登记其"工资级别"；如类别是技术人员则登记其"职称"。

```
/ * Name: ex1013.c * /
#include <stdio.h>
#include <stdlib.h>
```

```
#define N 3
struct personal
{
    long id;
    char name[20];
    char job;
    union
    {
        int salary;
        char zc[10];
    } category;
};
int main( )
{
    struct personal person[N];
    char inbuf[20];
    int i;
    for(i=0;i<N;i++)
    {
        printf("\nInput all data of person[%d]:\n",i);
        gets(inbuf);
        person[i].id=atol(inbuf);
        gets(person[i].name);
        person[i].job=getchar();getchar();
        if(person[i].job=='w')
        {
            gets(inbuf);
            person[i].category.salary=atoi(inbuf);
        }
        else if(person[i].job=='t')
            gets(person[i].category.zc);
    }
    for(i=0;i<N;i++)
    {
        printf("Person %d:%ld,%s",i,person[i].id,person[i].name);
        if(person[i].job=='w')
            printf(",%d\n",person[i].category.salary);
        else
```

```
        printf(",%s\n",person[i].category.zc);
    }
    return 0;
}
```

【例 10.14】 联合体变量作为函数参数。
```c
/* Name: ex1014.c */
#include <stdio.h>
union intchar
{
    unsigned int i;
    char ch[2];
};
int main()
{
    void intTochar(union intchar x);
    union intchar y;
    y.i=24897;          //0x6141
    intTochar(y);
    return 0;
}
void intTochar(union intchar x)
{
    printf("i=%d\n",x.i);
    printf("ch0=%d,ch1=%d\nch=%c,ch1=%c\n",x.ch[0],
        x.ch[1],x.ch[0],x.ch[1]);
}
```

【例 10.15】 用指向联合体变量的指针作为函数的参数。
```c
/* Name: ex1015.c */
#include <stdio.h>
union intchar
{
    unsigned int i;
    char ch[2];
};
int main()
{
    void intTochar(union intchar *pt);
    union intchar y,*ptr;
```

```
        y.i = 24897;
        ptr = &y;
        intTochar(ptr);
        return 0;
    }
    void intTochar(union intchar * pt)
    {
        printf("i = %d\n", pt->i);
        printf("ch0 = %d, ch1 = %d\nch = %c, ch1 = %c\n",
            pt->ch[0], pt->ch[1], pt->ch[0], pt->ch[1]);
    }
```

10.4.2 联合体类型与结构体类型的区别

联合体类型和结构体类型无论在定义上还是在使用上都有许多相似的地方,但这两种数据类型是完全不同的数据构造形式,其使用的范畴也有区别。联合体与结构体的不同之处主要有以下两个方面:

1.变量占据的存储区域长度不同

一个结构体变量中的所有成员同时存在,所以在使用该结构体变量时系统会为该变量的每一个成员同时分配存储空间。结构体变量所占内存长度等于所有成员所占长度之和。

一个联合体变量任何时候都只有一个成员存在,联合体变量使用时系统按照变量所有成员中需要存储区域最大的一个分配存储空间。联合体变量所占内存长度等于最长的成员长度。

【例10.16】 结构体变量与联合体变量空间需要的比较示例。

```c
/* Name: ex1016.c */
#include <stdio.h>
struct A
{
    int x;
    double y;
}a;
union B
{
    int x;
    double y;
}b;
int main()
{
```

```
        printf("size of a is %d\n",sizeof(a));
        printf("size of b is %d\n",sizeof(b));
        return 0;
}
```

在 VC ++6.0 环境中程序一次运行的结果是:

size of a is 16   //结果不是 12 的原因请读者参阅存储字节对齐概念相关知识

size of b is 8

2.赋值后所呈现的状态不同

对于结构体变量,由于其每一个成员占用的是不同的存储空间,所以对其某一个成员的赋值不会影响其他成员。

对于联合体变量,所有成员是分时复用一段存储区域的关系,所以对其一个成员的赋值会影响到其他成员。

【例 10.17】 结构体变量与联合体变量赋值比较示例。

```
/* Name: ex1017.c */
#include <stdio.h>
struct A
{
    short x;
    char c[2];
}a;
union B
{
    short x;
    char c[2];
}b;
int main()
{
    a.x=0x4142;
    a.c[0]='a';
    a.c[1]='b';
    printf("%x,%c,%c\n",a.x,a.c[0],a.c[1]);/*输出结果:4142,a,b*/
    b.x=0x4142;
    b.c[0]='a';
    b.c[1]='b';
    printf("%x,%c,%c\n",b.x,b.c[0],b.c[1]);/*输出结果:6261,a,b*/
    return 0;
}
```

上面程序演示了对结构体变量 a 和联合体变量 b 使用相同过程操作后的不同结果,参照图 10.8 和图 10.9 理解结果。程序运行的结果是:

4142,a,b

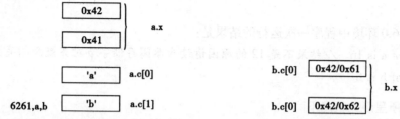

6261,a,b

图 10.8　结构体变量赋值后内存示意图　　　图 10.9　联合体变量赋值后内存示意图

习题 10

一、单项选择题

1.设有下面的语句序列,则能够得到值为 101 的表达式是(　　)。

```
struct ws
{   int a;
    int * b;
};
int x0[2] = {11,12},x1[2] = {31,32};
struct ws x[2] = {100,x0,300,x1};
struct ws * p=x;
```

A. * p->b
B.p->a
C.++p->a
D.(p ++)->a

2.若有下面的定义,则 printf("%d\n",sizeof(them));的输出是(　　)。

```
typedef union {long x[2];int y[4];char z[8];} MYTYPE;
MYTYPE them;
```

A.32
B.16
C.8
D.24

3.设有如下定义,则能够正确引用 data 中成员 a 的选项是(　　)。

```
struct sk {int a;float b;} data, * p=&data;
```

A.(* p).data.a
B.(* p).a
C.p->data.a
D.p.data.a

4.把一些属于不同类型的数据作为一个整体来处理时,常用(　　)。

A.简单变量
B.数组类型数据
C.指针类型数据
D.结构体类型

5.定义一个结构体变量后,系统分配给它的存储空间是(   )。

    A.该结构体中第一个成员所需存储空间

    B.该结构体中最后一个成员所需存储空间

    C.该结构体中占用最大存储空间的成员所需存储空间

    D.该结构体中所以成员所需存储空间的总和

6.下面说法中,错误的选项是(   )。

    A.所谓结构体变量的指针就是这个结构体变量所占内存单元的起始地址

    B.经 struct stu *p;定义后,指针 p 可以指向任何类型的结构体变量

    C.p->num+1 等价于(p->num)+1

    D.p->num ++等价于(*p).num ++

7.设有如下定义,则表达式 *(++p)->y 的结果是(   )。

```
struct
  { int x;
    char * y;
  }tab[2]={{1,"ab"},{2,"cd"}}, * p=tab;
```

    A.a   B.b   C.c   D.d

8.设有定义如下所示,则合法的表达式是(   )。

```
struct bthd
  {int year;
   int month;
   int day;
  }my_b, * p=&my_b;
```

    A.my_b={1980,12,20}   B.my_b.year=1980

    C.bthd={1980,12,20}   D.p.year=1980

9.设有定义如下所示,则下列引用方式中不正确的是(   )。

```
struct worker
  { int no;
       char * name;
  }work, * p=&work;
```

    A.work.no   B.p->no

    C.work->no   D.(*p).no

10.下面程序执行后的输出结果是(   )。

```
#include<stdio.h>
void main()
{ struct{ int x;int  y;}
  d[2]={{1,3},{2,7}};
  printf("%d\n",d[0].y/d[0].x * d[1].x);
}
```

    A.0   B.1   C.3   D.6

二、填空题

1.结构体数据类型仍然是一类变量的抽象形式,系统_____为数据类型分配存储空间。要使用结构体数据类型,必须要_____。

2.一个结构体类型变量中的所有成员分量_____,所以系统会为该变量的所有成员分量分配存储空间。

3.设有如下所示程序段,则对 w 数组中第 k 个元素中各成员的正确引用形式是_____。

```
struct aa
｛  int   b;
    char   c;
    double   d;
｝;
struct aa w［10］;
int k＝3;
```

4.设有如下所示的程序段,结构体成员 day 除了可以用 a.day 引用外,还可以使用的另外两种引用形式是_____和_____。

```
struct
｛  int day;
    char mouth;
    int year;
｝a,＊b;
b＝&a;
```

5.设有如下所示程序段,则能够输出"Mary"中字母 M 的语句是_____。

```
struct person
｛  char name［9］;
    int age;
｝;
struct person calss［4］＝｛ "Johu",17,"Paul",19,"Mary",18,"Adam",16,｝;
```

6.下面程序实现的功能是:输出 person 数组中年龄最大者的姓名和年龄信息。请完善程序。

```
#include<stdio.h>
struct man
｛
    char name［20］;
    int age;
```

```
}person[ ] = { "li=ming",18,"wang-hua",29,"zhang-ping",20};
int main( )
{
    struct man  * p, * q;
    int old=0;
    p=person;
    for( ;_____;p ++)
        if( old<p->age )
        {
            q=p;
            old=p->age;
        }
    printf("%s %d\n",_____);
    return 0;
}
```

三、阅读程序题

1.阅读下面的程序,写出程序的运行结果。

```
#include <stdio.h>
struct tree
{
    int x;
    char  * s;
}t;
func( struct tree   t )
{
    t.x=10;
    t.s="computer";
    return 0;
}
int main( )
{
    t.x=1;
    t.s="minicomputer";
    func( t );
    printf("%d,%s\n",t.x,t.s);
```

```
        return 0;
}
```

2.阅读下面的程序,写出程序的运行结果。

```
#include <stdio.h>
struct T
{
    int x;
    char c;
};
int main( )
{
    void f(struct T b);
    struct T a = {110,'z'};
    f(a);
    printf("%d,%c\n",a.x,a.c);
    return 0;
}
void f(struct T b)
{
    b.x = 20;
    b.c = 'y';
}
```

3.阅读下面的程序,写出程序的运行结果。

```
#include <stdio.h>
struct st
{
    int   x;
    int   *y;
} *p;
int s[] = {10,20,30,40};
struct st a[] = {1,&s[0],2,&s[1],3,&s[2],4,&s[3]};
int main( )
{
    p = a;
    printf("%d,",p->x);
    printf("%d,",(++p)->x);
    printf("%d\n", *(++p)->y);
```

```
        return 0;
}
```

4.阅读下面的程序,写出程序的运行结果。

```c
#include<stdio.h>
int main( )
{
    struct as
    {   int m;
        int n;
    }a[ ]={21,23,32,47};
    printf("%d\n",a[0].n/a[0].m*a[1].m);
    return 0;
}
```

5.阅读下面的程序,写出程序的运行结果。

```c
#include <stdio.h>
int main( )
{
    struct byte
    {
        int x;
        char y;
    };
    union
    {
        int i[2];
        long j;
        char m[2];
        struct byte d;
    }r, *s=&r;
    s->j=0x98765432;
    printf("%x,%x\n",s->d.x,s->d.y);
    return 0;
}
```

6.阅读下面的程序,写出程序的运行结果。

```c
#include<stdio.h>
typedef union
{
```

```
        int a[2];
        double b;
        char c[8];
    }TY;
    int main()
    {
        TY our = {10};
        printf("%d\n", sizeof(our)+10);
        return 0;
    }
```

四、程序设计题

1.利用结构体类型编写一个程序,实现输入一个学生的英语期中和期末成绩,然后计算并输出其平均成绩。

2.一个班有 30 名学生,每个学生的数据包括学号、姓名、性别及 2 门课的成绩,现从键盘上输入这些数据,并且要求:

(1)输出每个学生 2 门课的平均分。

(2)输出每门课的全班平均分。

(3)输出姓名为"zhangliang"的学生的 2 门课的成绩。

3.编写程序,使用结构体类型,输出一年 12 个月的英文名称及相应天数。

4.编写输入、输出 10 个朋友数据的通讯录程序,每个朋友数据包括姓名、地址、邮编、电话、手机等。

5.编写程序,计算四边形的面积和周长,要求用结构体类型描述四边形。

6.编写演讲比赛评分程序,假定有 30 个选手、8 个评委,选手的得分是去掉最高分和最低分的平均分。计算出每个选手的得分及本次比赛的平均分,并从高分到低分输出所有选手的得分情况。

第 11 章 枚举类型和位运算

11.1 枚举类型及其简单应用

在某些应用问题的解决方案中,程序中某些变量只能从由若干个特定数值构成的集合中取值。例如,可以将表示星期一到星期日的 7 个数据元素构成一个有序的数据集合{ Sun,Mon,Tue,Wed,Thu,Fri,Sat },其中的每一个数据元素都可以表示其所包含的物理意义。C 程序设计中,通过把该集合自定义为描述星期的枚举数据类型,用名称来代替有特定含义的数字,从而达到限定数据取值范围和增加程序可读性的目的。

11.1.1 枚举类型的定义和枚举变量的引用

在 C 语言中,枚举数据类型属于基本数据类型,但它并不是内置基本数据类型。程序中如果需要某种枚举类型仍然需要自行定义,枚举数据类型定义的一般形式为:

enum 枚举类型名{ 枚举元素标识符列表};

其中,enum 是定义枚举类型的关键字,枚举元素必须使用合法的标识符予以表示。例如,下面语句定义了数据类型名为 enum weekday 的枚举数据类型:

enum weekday{ Sun,Mon,Tue,Wed,Thu,Fri,Sat };

枚举元素标识符不是字符常量也不是字符串常量,定义时不要加单、双引号。枚举元素在同一程序中唯一的,即使在不同的枚举类型中也不能存在同名的枚举元素标识符。

编译器在编译程序时,会给每一个枚举元素指定一个整型常量值。若枚举类型定义中没有给元素指定整型常量值,默认情况下,整型常量值从 0 开始依次递增。因此,枚举数据类型 weekday 的 7 个元素 Sun、Mon、Tue、Wed、Thu、Fri、Sat 对应的整型常量值分别为 0、1、2、3、4、5、6。

定义枚举类型时也可以从某一枚举元素开始指定起始值,从指定位置之后的每个枚举元素值依次递增 1。还可以在枚举类型定义中对枚举元素起始值作多次改变,每次改变后枚举值从该处开始递增直到遇到下一次起始值的指定为止。例如,下面的枚举定义语句:

enum Weekday{ Thu=4,Fri,Sat,Sun,Mon=1,Tue,Wed };

从 Thu 到 Sun 的枚举常量值依次为 4、5、6 和 7,接着的 Mon 到 Wed 的枚举常量值依次为 1、2 和 3。

枚举数据类型定义完成后,仍然需要定义枚举变量才能使用,常见的方法有:

①先定义枚举类型,然后定义枚举变量。例如:

enum weekday{Sun,Mon,Tue,Wed,Thu,Fri,Sat};

```
enum weekday a,b,c;          //定义变量 a,b,c
enum weekday day＝Mon;         //定义变量 day 并赋初值
```

②定义枚举类型与定义变量同时进行。例如：

```
enum weekday｛Sun,Mon,Tue,Wed,Thu,Fri,Sat｝a,b,c;  //同时定义变量 a,b,c
```

③只定义几个某种枚举数据类型的枚举变量。例如：

```
enum ｛Sun,Mon,Tue,Wed,Thu,Fri,Sat｝a,b;  //定义无枚举数据类型名的变量
                                              a,b
```

使用枚举数据类型和枚举变量时必须注意以下几点：

①不能在程序中修改枚举元素对应的整数值,例如：

```
enum weekday｛Sun,Mon,Tue,Wed,Thu,Fri,Sat｝day;
day＝Sun;
Sat＝7;                       //错误,Sat 不是变量,Sat 表示某常量值
```

②枚举变量只能用枚举元素标识符进行赋值,不能把对应的整型常数值直接赋给枚举变量。例如：

```
enum weekday｛Sun,Mon,Tue,Wed,Thu,Fri,Sat ｝day;
day＝Wed;

day＝3;                       //错误
```

如一定要把常数值赋给枚举变量,则必须用强制类型转换。例如：

```
day＝(enum weekday)3;         //与语句 day＝Wed;等效
```

③枚举类型变量和枚举类型数据可以进行关系运算。

枚举变量可与元素常量进行关系比较运算,同类枚举变量之间也可以进行关系比较运算,它们之间的关系运算是按它们表示的序号值进行的。例如：

```
enum weekday｛Sun,Mon,Tue,Wed,Thu,Fri,Sat ｝day1,day2;
day1＝Wed;

day2＝Mon;
```

则表达式 day2>day1 的值为 0,表达式 Sat>day1 的值为 1。

④程序中不能直接输入或输出枚举变量的值(即枚举元素的标识符,如 Mon),只能输入或输出枚举变量值对应的序号值。

【例 11.1】 枚举变量的输入输出示例。

```c
/* Name: ex1101.c */
#include <stdio.h>
enum Colors
｛ RED,YELLOW,GREEN ｝;
int main( )
｛
    enum Colors c;
    printf("RED --%d,YELLOW --%d,GREEN --%d\n",RED,YELLOW,GREEN);
    printf("输入颜色号(0--2):");
```

```
    scanf("%d",&c);
    switch(c)
    {
    case RED：
        printf("颜色号%d: RED\n",c);
        break;
    case YELLOW：
        printf("颜色号%d: YELLOW\n",c);
        break;
    case GREEN：
        printf("颜色号%d: GREEN\n",c);
        break;
    default：printf("没有对应的颜色！\n");
        break;
    }
    return 0;
}
```

程序的运行结果为：

```
RED --0,YELLOW --1,GREEN --2
输入颜色号(0 --2):2
颜色号2: GREEN
```

11.1.2 枚举数据类型的简单应用

在程序设计中使用枚举类型的主要意义在于限制数据的取值范围,使得应用程序尽可能避免出现一些毫无意义的结果。同时,使用枚举型数据还可以在一定程度上描述数据对象的物理含义,使得程序更加清晰、更容易理解,下面的程序演示了枚举数据类型的一些应用。

【例11.2】 某部门每天需要安排两名技术人员值班,该部门有5位技术人员:程利华、李小明、王琳、高小杰、潘俊民,请编写程序为他们安排1~5天的轮流值班表。

```c
/* Name: ex1102.c */
#include<stdio.h>
#define N 10
enum staff
{ Cheng,Li,Wang,Gao,Pan };        //用姓氏拼音作为枚举元素
int main()
{
    enum staff day[N],j;
    int i,n,k;
```

```
        char  * name[ ] = {"程利华","李小明","王琳","高小杰","潘俊民"};
        j = Cheng;
        for( i = 0 ; i<N ; i ++)                //生成轮流值班信息
        {
            day[ i ] = j;
            j = ( enum staff ) ( ( int ) j+1 ) ;
            if( j>Pan )
                j = Cheng;
        }
        for( i = 0 ; i<N/2 ; i ++)       //每两个 day 数组元素保存有同一天值班人员的信息
        {
            n = int( day[ i * 2 ] ) ;  //将枚举值转换成整数,作为数组 name 的下标使用
            k = int( day[ i * 2+1 ] ) ;
            printf(" %2d %-8s %-8s\n",i+1,name[ n ],name[ k ] ) ;
        }
        printf( "\n" ) ;
        return 0;
}
```

本程序中采用了另一种利用枚举数据输出信息的方法,指针数组 name 共有 5 个数组元素,数组元素 name[0]指向字符串"程利华", name[1]指向字符串"李小明",name[2]指向字符串"王琳",name[3]指向字符串"高小杰",name[4]指向字符串"潘俊民"。程序的运行结果为:

```
1   程利华     李小明
2   王 琳      高小杰
3   潘俊民     程利华
4   李小明     王 琳
5   高小杰     潘俊民
```

【例 11.3】 设有 A,B,C,D,E 共 5 个旅游景点,某旅游团只能选择去其中的 3 个景点,输出该旅游团可能的景点游览方案。

```
/ * Name: ex1103.c */
#include <stdio.h>
enum scene {A,B,C,D,E};
int main( )
{
    void print( enum scene k ) ;
    enum scene x,y,z;
    int i = 0;
    for( x = A ; x< = E ; x = ( enum scene ) ( ( int ) x+1 ) )
```

```
    for ( y = ( enum scene ) ( ( int ) x+1 ) ; y < = E ; y = ( enum scene ) ( ( int ) y+1 ) )
        for( z = ( enum scene ) ( ( int ) y+1 ) ; z < = E ; z = ( enum scene ) ( ( int ) z+1 ) )
        {
            i ++;
            printf("旅游方案%d:",i);
            print( x );
            print( y );
            print( z );
            printf( "\n") ;
        }
    return 0;
}
void print( enum scene k )
{
    switch( k )
    {
    case A:
        printf( "%2c",' A' );
        break;
    case B:
        printf( "%2c",' B' );
        break;
    case C:
        printf( "%2c",' C' );
        break;
    case D:
        printf( "%2c",' D' );
        break;
    case E:
        printf( "%2c",' E' );
        break;
    }
}
```

上面的程序中,用三重循环控制挑选出了 A 到 E 的所有每组 3 个的不同组合,程序运行的结果是:

　　　旅游方案 1: A B C

　　　旅游方案 2: A B D

　　　旅游方案 3: A B E

旅游方案4：A C D

旅游方案5：A C E

旅游方案6：A D E

旅游方案7：B C D

旅游方案8：B C E

旅游方案9：B D E

旅游方案10：C D E

11.2　位运算及其应用

二进制位(Bit)是计算机系统中能够表达信息的最小单位,一个二进制位能够表达出两个信息"0"和"1"之一。字节(byte)是计算机系统中的基本信息单位,一个字节由8个二进制位组成,其中最右边一位称为"最低有效位",最左边的一位称为"最高有效位"。C语言提供了位运算的功能,使用C语言可以开发出一些直接对计算机系统硬件(如存储器、外部设备端口、显示系统等)进行操作的软件。在使用C语言中提供的位运算功能时需要注意以下两点:

- 位运算的数据对象只能是整型类型兼容的数据,如字符型(char)、整型(int)、无符号整型(unsigned)以及长整型(long)等。

- 位运算符对于数据对象的处理方式和C语言提供的其他运算符不同。对于其他运算符而言,操作时将其能够处理的数据对象作为一个整体看待;而对于位运算符而言,则将其能够处理的数据对象(整型类型)拆分为二进制位分别对待。

11.2.1　位运算符

C语言中,提供了用于二进制位操作的运算符以及复合运算符对程序设计中的位运算提供支持,见表11.1。

表 11.1　C 语言中的位运算符

运算符	运算符含义	运算符	运算符含义
&	按位与	|	按位或
^	按位异或	~	按位取反
<<	按位左移	>>	按位右移
&=	位与赋值	|=	位或赋值
^=	位异或赋值	<<=	左移赋值
>>=	右移赋值		

1.按位与运算符(&)

按位与运算符(&)是一个双目运算符,其功能是:将参加操作的两个对象的各个二进制位分别对应进行"与"运算,即:两者都为1时结果为1,否则结果为0。

按位与运算通常用来对被操作数据对象的某些位清0或保留某些位。例如,把整型变量a的高16位清0,保留数据的低16位,可以对变量a进行a&65535运算(65535对应的二进制数为00000000000000001111111111111111)。位运算的表达式中,描述整型常量时使用16进制书写形式更为方便和简单明了,例如,a&65535可以用十六进制常数的形式写为a&0xffff。

【例11.4】 按位与运算示例。

```
/* Name: ex1104.c */
#include <stdio.h>
int main( )
{
    unsigned int x,y;
    printf("Input x and y:");
    scanf("%u,%u",&x,&y);
    printf("x&y=%u\n",x&y);
    return 0 ;
}
```

运行该程序,当输入数据为:128,64时,结果为x&y=0。其运算过程为:

```
     00000000000000000000000010000000    （十进制数：128）
&)   00000000000000000000000001000000    （十进制数：64）
     00000000000000000000000000000000    （十进制数：0）
```

2.按位或运算符(|)

按位或运算符(|)是一个双目运算符,其功能是:将参加操作的两个对象的各个二进制位分别对应进行"或"运算,即:两者都为0时结果为0,否则结果为1。

按位或运算常用来将被操作数某些位置1,而保持其他位不变。例如,把整型变量a的低16位置1,保留高16位,可以通过对变量a施加a|0xffff运算实现(0xffff对应的二进制数为00000000000000001111111111111111)。

【例11.5】 按位或运算示例。

```
/* Name: ex1105.c */
#include <stdio.h>
int main( )
{
    unsigned int x,y;
    printf("Input x and y:");
    scanf("%u,%u",&x,&y);
    printf("x|y=%u\n",x|y);
    return 0;
}
```

运行该程序,当输入数据为:128,64 时,结果为 x|y＝192。其运算过程为:

```
        00000000000000000000000010000000    （十进制数：128）
｜）     00000000000000000000000001000000    （十进制数：64）
        00000000000000000000000011000000    （十进制数：192）
```

3.按位异或运算符(^)

按位异或运算符(^)是一个双目运算符,其功能是:将参加操作的两个对象的各个二进制位分别对应进行"异或"运算,运算规则为:两者值相同时结果为 0,否则结果为 1。

按位异或运算常用于将被操作数某些特定位的值取反,例如,把整型变量 a 的低 16 位值取反,保留高 16 位,可以通过对变量 a 施加 a^0xffff 运算实现(0xffff 对应的二进制数为0000000000000000111111111111111111)。

【例 11.6】 按位异或运算示例。

```c
/ * Name: ex1106.c * /
#include <stdio.h>
int main( )
{
    unsigned int x,y;
    printf( "Input x and y:") ;
    scanf( "%u,%u",&x,&y) ;
    printf( "x^y＝%u\n",x^y) ;
    return 0;
}
```

运行该程序,当输入数据为:128,64 时,结果为 x^y＝192。其运算过程为:

```
        00000000000000000000000010000000    （十进制数：128）
^）     00000000000000000000000001000000    （十进制数：64）
        00000000000000000000000011000000    （十进制数：192）
```

4.按位取反运算符(~)

按位取反运算符(~)是一个单目运算符,其功能是:将参加操作的对象的各个二进制位进行"取反"操作,即:0 变为 1,1 变为 0。

【例 11.7】 按位取反运算示例。

```c
/ * Name: ex1107.c * /
#include <stdio.h>
int main( )
{
    unsigned int x;
    printf( "Input x:") ;
    scanf( "%u",&x) ;
    printf( "~x＝%u\n", ~x) ;
```

```
    return 0;
}
```

运行该程序,当输入数据为:128 时,结果为~x = 4294967167。其运算过程为:

$$00000000000000000000000010000000 \quad （十进制数：128）$$
$$\text{~x= } 11111111111111111111111101111111 \quad （十进制数：4294967167）$$

5.左移运算符(<<)

左移运算符(<<)是一个双目运算符,其功能是:将参加操作的左操作数的全部二进制位向左移动右操作数指定的位数,左移出去的数位丢失,左移后数的右边补0。例如,a<<3表示将 a 中的各位全部向左移动 3 位。在计算机系统中,只要没有出现溢出现象(即移位后的数据仍在取值范围之内),那么某数左移一位相当于将该数乘2,左移两位相当于将该数乘4,以此类推。

【例 11.8】 左移运算示例。

```
/* Name: ex1108.c */
#include <stdio.h>
int main()
{
    unsigned int x,n;
    printf("Input x:");
    scanf("%u",&x);
    printf("Input number to move:");
    scanf("%u",&n);
    printf("x<<%u = %u\n",n,x<<n);
    return 0;
}
```

运行该程序,当输入数据为:128,移动位数为:2 时,结果为 x<<2 = 512。其运算过程为:

$$00000000000000000000000010000000 \quad （十进制数：128）$$
$$\text{x<<2 } \quad 00000000000000000000001000000000 \quad （十进制数：512）$$

当输入数据为:128,移动位数为:25 时,出现溢出现象,结果为 x<<25 = 0。其运算过程为:

$$00000000000000000000000010000000 \quad （十进制数：128）$$
$$\text{x<<25 } \quad 1\ 00000000000000000000000000000000 \quad （十进制数：0，最前面的1丢失）$$

6.右移运算符(>>)

右移运算符(>>)是一个双目运算符,其功能是:将参加操作的左操作数的全部二进制位向右移动右操作数指定的位数,右移出去的数位丢失,右移后左边留下的空位填充取决于左操作对象的数据类型。

①对无符号数据(unsigned char 和 unsigned int),左边补 0。

②对有符号数据(int 和 char)左边补其符号位,即正数补 0、负数补 1。

与左移运算类似,如果移位后没有溢出,右移 1 位相当于将该数除以 2。

【例 11.9】 右移运算示例。

```
/ * Name: ex1109.c */
#include <stdio.h>
int main( )
{
    int x,n;
    printf("Input x:");
    scanf("%d",&x);
    printf("Input number to move:");
    scanf("%d",&n);
    printf("x>>%d=%d\n",n,x>>n);
    return 0;
}
```

运行该程序,当输入数据为:128,移动位数为:2 时,结果为 x>>2=32。其运算过程为:

```
        00000000000000000000000010000000        （十进制数：128）
x>>2    00000000000000000000000000100000        （十进制数：32）
```

11.2.2 位运算的简单应用

前面章节介绍的运算都是基于数据对象作为整体对待的基础上进行的,当需要编写对系统的软硬件进行控制的程序时,经常要求对二进制位进行处理。利用 C 语言提供的位运算功能,可以开发出一些直接对存储器、外部设备等进行操作的程序。下面的程序示例给出了位运算的一些简单应用。

【例 11.10】 编写程序实现功能:不用临时变量交换两个整型变量的值。

```
/ * Name: ex1110.c */
#include <stdio.h>
int main( )
{   void swap(int * x,int * y);
    int a,b;
    printf("input a,b:");
    scanf("%d,%d",&a,&b);
    printf("交换前 a=%d,b=%d\n",a,b);
    swap(&a,&b);
    printf("交换后 a=%d,b=%d\n",a,b);
    return 0;
}
void swap(int * x,int * y)
{   * x = * x ^ * y;
```

```
    * y = * y ^ * x ;
    * x = * x ^ * y ;
}
```

根据二进制位异或运算的规则,对于任意两个整数 x 和 y,则有等式 y = y^x^x 一定成立,上面程序正是利用位异或运算的这一性质实现数据交换的。

【**例** 11.11】 编写程序实现功能:利用二进制位运算进行十进制整数到二进制数的转换。

从数的进制以及进制之间的转换原理上说,十进制整数到二进制数的转换可以使用"除 2 取余法"。从前面的介绍得知,对整型数据而言在系统存储器中存储的是其二进制补码形式。如果被转换的十进制数是正数,则其补码与其原码相同,转换时只需要判断出最高位(符号位)以外的所有二进制位,二进制位值为 1 时输出 1,二进制位值为 0 时输出 0 即可得到转换后的二进制数据。如果被转换的十进制数是负数,首先单独处理数据符号位,然后将其在存储器中的数据转换为对应的原码后再按处理正整数的方法进行处理即可。实现利用二进制位运算进行十进制整数到二进制数的转换的 C 程序如下:

```c
/ * Name: ex1111.c * /
#include <stdio.h>
int getwordlen( );                      //测试整型数据长度(位数)
int main( )
{
    int j, num, intlen;
    unsigned int mask;
    intlen = getwordlen( );
    if( intlen == 16)
        mask = 0x8000;                  //16 位系统时
    else if( intlen == 32)
        mask = 0x80000000;              //32 位系统时
    printf( "请输入要转换的数据:");
    scanf( "%d", &num);
    printf( "%d 的二进制码为:", num);
    if( mask&num)                       //如果是负数求出其原码
    {
        num = ~ num;
        num += 1;
        printf( "-");
    }
    mask >> = 1;
    for( j = 0; j < intlen - 1; j ++)
    {
```

```
            printf("%d",mask&num? 1:0);
            mask>>=1;
        }
        printf("\n");
        return 0;
    }
    int getwordlen()
    {
        int i;
        unsigned v = ~0;
        for(i=1;v>>=1>0;i++)
            ;
        return i;
    }
```

在程序中,为了保证在不同位数开发环境(例如,16 位系统或者 32 位系统)中都能够按正确的二进制位数输出,设计并定义了函数 getwordlen,函数 getwordlen 的功能是测试出当前所用的系统环境的字长是多少位,然后用该字长控制二进制转换的长度,下面是程序两次执行的过程和输出的结果:

请输入要转换的数据:12345//第一次执行输入正整数测试

12345 的二进制码为:0000000000000000011000000111001

请输入要转换的数据:-12345//第二次执行输入负整数测试

-12345 的二进制码为:-0000000000000000011000000111001

【例 11.12】 函数 moveRightLeft 的原型是:short int moveRightLeft(short int num,short int k),其功能是把 num 循环位移 k 位,若 k>0 表示右移,k<0 表示左移。编写函数 moveRightLeft,并编写主函数进行测试。

```
/* Name: ex1112.c */
#include <stdio.h>
short int moveRightLeft(short int num,short int k);
void showBin(short int num);
int main()
{
    unsigned short int num;
    int n;
    printf("请输入要移动的数据:");
    scanf("%d",&num);
    printf("请输入要移动的位数:");
    scanf("%d",&n);
    printf("移动前的二进制码为:");
```

```
        showBin(num);
        num = moveRightLeft(num,n);
        if(n>0)
            printf("\n 右移%d 位\n",n);
        else
            printf("\n 左移%d 位\n",-n);
        printf("移动后的二进制码为:");
        showBin(num);
        printf("\n");
        return 0;
}
short int moveRightLeft(short int num,short int k)
{
        short unsigned int mask,t;
        if(k<0)                    //循环左移 k 位转换成循环右移 16+k 位
            k = 16+k;
        t = num<<(16-k);
        num = num>>k;              //num 右移 k 位
        mask = 0xffff>>k;
        num = num&mask;            //使 num 的最高 k 位为 0
        return num|t;
}
void showBin(short int num)
{
        short unsigned int mask = 0x8000;
        int j;
        for(j=0;j<16;j ++)
        {
            printf("%d",mask&num? 1:0);
            if(j==8) printf(" ");
            mask>>=1;
        }
}
```

对于一个 short int 类型的数据,循环左移 n 位,相当于循环右移 16-n 位,根据这一点,上面程序中把循环左移转换成了循环右移。下面是程序两次执行的过程和输出结果:

        请输入要移动的数据:5   //第一次执行时的输入和输出
        请输入要移动的位数:2
        移动前的二进制码为:00000000 00000101

　　　右移2位

　　　移动后的二进制码为:01000000 00000001

　　　请输入要移动的数据:-5　　　　　　　　//第二次执行时的输入和输出

　　　请输入要移动的位数:-2

　　　移动前的二进制码为:11111111 11111011　　//-5的补码

　　　左移2位

　　　移动后的二进制码为:11111111 11101111

习题 11

一、单项选择题

1. C语言中,下面关于枚举类型的叙述中不正确的是(　　　)。

　　A.枚举变量的取值范围限定在对应枚举类型的枚举元素表中

　　B.可以在定义枚举类型的同时对枚举元素进行初始化

　　C.枚举元素表中的元素可以参加比较运算

　　D.枚举元素的取值可以是整数或字符串

2. C程序中,定义枚举数据类型时使用的关键字是(　　　)。

　　A.typedef　　　　　　　　　　　　　　　B.struct

　　C.union　　　　　　　　　　　　　　　　D.enum

3. 在下面的枚举类型定义中,正确的定义形式是(　　　)。

　　A.enum a = {one,two,three};　　　　　　B.enum a {a1,a2,a3};

　　C.enum a = {'1','2','3'};　　　　　　　　D.enum a {"one","two","three"};

4. C语言中要求被操作数必须是整型或字符型数据的运算符是(　　　)。

　　A.!　　　　　　　　　　　　　　　　　　B.&&

　　C.||　　　　　　　　　　　　　　　　　　D.&

5. 设有以下语句:int a=3,b=6,c;c=a^b<<2;执行后c的低8位二进制值是(　　　)。

　　A.00011011　　　　　　　　　　　　　　B.00010100

　　C.00011100　　　　　　　　　　　　　　D.00011000

6. 表达式 0x13^0x17 的值是(　　　)。

　　A.0x04　　　　　　　　　　　　　　　　B.0x13

　　C.0xE8　　　　　　　　　　　　　　　　D.0x1C

7. 下列程序的执行结果是(　　　)。

```
#include <stdio.h>
void main()
{   unsigned char a,b;
    a=4|3;
    b=4&3;
```

```
        printf("%d,%d\n",a,b);
    }
```

　　A.0,7　　　　　　　　　　　　　B.7,0

　　C.1,1　　　　　　　　　　　　　D.43,0

　　8.位运算中,操作数每左移一位,在不溢出的情况下其结果相当于(　　　)。

　　A.操作数乘以2　　　　　　　　　B.操作数除以2

　　C.操作数除以4　　　　　　　　　D.操作数乘以4

　　9.设有以下语句:int a = 3, b = 6,c;c = a^b<<2;,执行后变量 c 的低 8 位二进制值是(　　　)。

　　A.00011011　　　　　　　　　　B.00010100

　　C.00011100　　　　　　　　　　D.00011000

　　10.设有如下枚举类型定义,则枚举量 Fortran 的值为(　　　)。

```
        enum language{Basic = 3,Assembly,Ada = 100,COBOL,Fortran};
```

　　A.4　　　　　　　　　　　　　　B.7

　　C.102　　　　　　　　　　　　　D.103

二、填空题

　　1.表达式 128>>2 的值是_____。

　　2.设有 int a = 4,b = 0;,则表达式 ~a&&! b 的值是_____。

　　3.设有 int b = 2;,则表达式(b>>2)/(b>>1)的值是_____。

　　4.设有 int x = 1,y = -1;,则语句 printf("%d",(x --& ++y));的输出结果是_____。

　　5.语句 printf("%d",12&012);的输出结果是_____。

　　6.设整型变量 a 的值是 00101101,若想通过异或运算 a^b 使 a 的高 4 位取反,4 位不变,则整型变量 b 应是_____。

三、程序阅读题

　　1.阅读下面的程序,写出程序的运行结果。

```
#include <stdio.h>
int main()
{
    unsigned chara,b;
    a=4|3;
    b=4&3;
    printf("%d %d\n",a,b);
    return 0;
}
```

2.阅读下面的程序,写出程序的运行结果。

```c
#include <stdio.h>
int main()
{
    int x=3,y=2,z=1;
    printf("%d\n",x/y&~z);
    return 0;
}
```

3.阅读下面的程序,写出程序的运行结果。

```c
#include <stdio.h>
int main()
{
    unsigned chara,b,c;
    a=0x3;
    b=a|0x8;
    c=b<<1;
    printf("%d%d\n",b,c);
    return 0;
}
```

4.阅读下面的程序,写出程序的运行结果。

```c
#include <stdio.h>
int main()
{
    int x=2;
    char z='a';
    printf("%d\n",(x&1)&&(z<'z'));
    return 0;
}
```

5.阅读下面的程序,写出程序的运行结果。

```c
#include <stdio.h>
int main()
{
    char x=0x40;
    printf("%d\n",x=x<<1);
    return 0;
}
```

6.阅读下面的程序,写出程序的运行结果。

```c
#include <stdio.h>
```

```
int main( )
{
    unsigned char a,b;
    a = 4 | 3;
    b = ! a&3;
    printf("%d,%d\n",a,b);
    return 0;
}
```

四、编程题

1.编程实现功能:取出一个整数 a 从右端开始的 4~7 位。

2.编程实现功能:输出一个整数中由 8~11 二进制位构成的整数。

3.编程实现功能:利用位运算将一个正整数扩大为原数的 10 倍。

4.编程实现功能:将一个 32 位正整数所有奇数位(从最右边起第 1,3,5,…,31)保留原值,偶数位清零。

5.函数的原型为:int Rmove(int x,int n) ;,其功能是:将整数 x 向右循环移动 n 位。所谓"循环右移",就是将从右边最低位移出去的内容,移入左边最高位空出的二进制位上。请设计函数 Rmove,并用相应主函数进行测试。

6.编程实现功能:统计从键盘输入字符对应的 ASCII 码中 1 的个数。